U0227500

开发者书库·Python

应用轻松入门

赵会军 ◎ 编著

清华大学出版社

北京

内 容 简 介

本书以实战项目为主线,系统介绍了 Python 在自动化办公、图像处理、控制各种传感器、搭建网络等工作中的实际应用案例,能够让初学者快速入门 Python 系列知识。

本书共分为六篇,第一篇为 Python 基础(第 1~3 章),详细介绍了 Python 的基础知识;第二篇为自动化办公(第 4~6 章),介绍了 txt、CSV、Excel、Word、PPT、JSON、图像、声频、视频等各种文件的自动化操作;第三篇为 PyQt5 编程(第 7~10 章),介绍了用 Designer 可视化设计程序图形界面的知识;第四篇为 OpenCV 图像处理(第 11~15 章),介绍了 OpenCV 如何处理图像的基础知识;第五篇为树莓派(第 16章),介绍了 Python 如何控制各种传感器;第六篇为网站搭建与进阶(第 17 章和第 18 章),介绍了 Flask 搭建网站的基础知识、文字识别、人脸识别、语音识别等开源项目及提升自己的学习路线图。

本书配有大量源代码,适合初学者入门,大量办公自动化的案例对于提高办公效率也有帮助,也可作为大学生的 Python 自学用书。

图书在版编目(CIP)数据

Python 应用轻松入门/赵会军编著. —北京:清华大学出版社,2023.6
(清华开发者书库. Python)
ISBN 978-7-302-62693-0

Ⅰ. ①P… Ⅱ. ①赵… Ⅲ. ①软件工具-程序设计 Ⅳ. ①TP311.561

中国国家版本馆 CIP 数据核字(2023)第 023827 号

责任编辑:赵佳霓
封面设计:刘 键
责任校对:时翠兰
责任印制:杨 艳

出版发行:清华大学出版社
      网 址:http://www.tup.com.cn,http://www.wqbook.com
      地 址:北京清华大学学研大厦 A 座 邮 编:100084
      社 总 机:010-83470000 邮 购:010-62786544
      投稿与读者服务:010-62776969,c-service@tup.tsinghua.edu.cn
      质量反馈:010-62772015,zhiliang@tup.tsinghua.edu.cn
      课件下载:http://www.tup.com.cn,010-83470236
印 装 者:大厂回族自治县彩虹印刷有限公司
经 销:全国新华书店
开 本:185mm×260mm 印 张:26 字 数:633 千字
版 次:2023 年 7 月第 1 版 印 次:2023 年 7 月第 1 次印刷
印 数:1~2000
定 价:99.00 元

产品编号:097482-01

前言
PREFACE

笔者的许多学生反映,刚上大学,老师就让他们做 Python 项目,项目涉及 Python、PyQt5、OpenCV 等内容,知识较多,专业的书籍又太深奥,感觉无从下手;笔者的大孩子刚上大学、小孩子也要小学毕业,想用暑假时间教他们学习 Python 编程,于是就把笔者学习 Python 的笔记去掉深奥的底层原理,去掉不常用的知识,留下高频使用的知识,用通俗易懂的语言和实例整理成了本书。

选择 Python 的原因是,Python 语法简洁、生态丰富、容易入门、适合开发人工智能。

本书主要内容

第 1 章介绍了 Python 程序的下载、安装、语法结构、变量、输入/输出函数。

第 2 章介绍了 Python 语言的分支结构、循环结构、异常处理和函数。

第 3 章介绍了 Python 语言的数字、字符串、元组、列表、字典等数据类型。

第 4 章介绍了 Python 语言的库操作,如处理时间的 time 库,处理文件和路径的 pathlib、glob、shutil 库,处理文本的 Jieba、WordCloud 库,处理图像的 Pillow 库,处理条形码和二维码的 Pyzbar、pystrich、MyQR 库,以及打包工具 PyInstaller。

第 5 章介绍了 Python 语言的代码编写工具 PyCharm 的使用,txt、CSV、Excel、Word、PPT、JSON 等各种文件的操作,用 FFmpeg 处理声频和视频,用 Pandas 进行数据分析,用 Matplotlib 可视化数据,用百度 AI 进行文字识别、语音转文本、人脸识别、文本纠错、图像处理,用 os 库调用 Windows 的 WinRAR 程序进行文件和文件夹的压缩,自动发送邮件。

第 6 章介绍了用 Python 语言编写的 29 个实例,如批量修改文件名和按人脸、时间、城市自动分类照片等。

第 7 章介绍了 Python 语言中类的概念,PyQt5 的安装、配置,图形界面设计工具 Qt Designer 的使用方法。

第 8 章介绍了 PyQt5 各种控件的使用。

第 9 章介绍了 PyQt5 高级控件的使用,包括布局管理,信号和槽,eric6 的使用,鼠标、键盘、窗口事件,以及 SQLite 数据库操作。

第 10 章介绍了 PyQt5 的 10 个案例,如多窗口跳转、文本纠错、生成配音 MP3、学生成绩管理数据库等。

第 11 章介绍了图像的基础知识,以及 OpenCV 的安装及使用。

第 12 章介绍了 OpenCV 绘图,OpenCV 与鼠标交互,以及 OpenCV 进行图像的几何变换。

第 13 章介绍了 OpenCV 进行图像轮廓的获取,以及轮廓的拟合和计算。

第 14 章介绍了用 OpenCV 处理视频,各种图像的转换,视频播放器实例,以及替换背景实例。

第 15 章介绍了辅助阅卷系统的开发。

第 16 章介绍了树莓派的购买、组装、配置,以及树莓派对各种传感器的控制。

第 17 章介绍了 HTML 的基础知识,Flask 的安装与配置,网页的交互访问,以及网页与树莓派的交互。

第 18 章介绍了 Anaconda 创建、管理虚拟环境的方法,打包成单个文件,文字识别开源项目,人脸识别开源项目,语言识别开源项目,以及 Python 学习路线图。

本书第 1～3 章由张延一编写,第 4～15 章由赵会军编写,第 16～18 章由赵玉彩编写。

阅读建议

为了使知识通俗易懂,让读者快速入门,本书采用了由浅入深、层层递进的写作方法,例如字符格式化的 3 种方式,先在 3.2 节介绍最简单的 format() 用法,直到读者熟练掌握后才在 5.9 节介绍%s 和 f-string 的用法,最后在第 17 章的 17.6. py 和 17.7. py 文件中融入实际案例,所以建议初学者按顺序逐章学习全书。

对于有一定 Python 基础的读者,可以跳过第一篇(第 1～3 章)的学习。

对于书中案例的学习,建议先运行 code 目录中的源代码,再对照书中的代码解释去理解代码的含义,最后独立编写代码,如果想不明白,则可再扫码观看视频操作。

本书源代码

扫描下方二维码,可获取本书源代码。

本书源代码

致谢

感谢我的父母,疫情几年,笔者远在内蒙古,连续教了 4 届高中毕业班,3 年没有回家了,父母总是说:"视频电话就行了,回来会给国家添麻烦。"离 2021 年高考还有一个月的时候,收到奶奶病重的消息,电话中奶奶几分钟才能说出一个字:"孩子,别哭,别回来,毕业班不能误。"奶奶我想您了,今年一定回家。

感谢我的爱人,对全书进行了反复校对,提出了宝贵的修改意见,感谢一生有你!

感谢石英老师,是您带我走进 Python 的世界。石老师的语言生动、幽默、富有感染力。

感谢我的学生杨浩博、赵卓凡对书稿进行了校对。

由于时间仓促,书中难免存在不妥之处,请读者见谅并提出宝贵意见。

赵会军

2023 年 4 月

目录
CONTENTS

第一篇　Python 基础

第 1 章　Python 安装与基本语法 ·· 3

  1.1　Python 环境搭建 ·· 3

  1.2　简单使用 ·· 6

  1.3　Python 的语法结构 ·· 6

  1.4　变量 ·· 8

  1.5　输入/输出函数 ·· 8

第 2 章　程序的控制结构与函数 ·· 11

  2.1　分支结构 ·· 11

  2.2　循环结构 ·· 13

  2.3　程序的异常处理 ·· 16

  2.4　函数 ·· 17

第 3 章　数据类型 ·· 20

  3.1　数字类型 ·· 20

  3.2　字符串类型 ·· 21

  3.3　字符串类型的操作 ·· 24

  3.4　序列型数据元组和列表 ·· 26

  3.5　无序型数据字典和集合 ·· 29

第二篇　自动化办公

第 4 章　库操作 ·· 35

  4.1　标准库 time ·· 35

  4.2　标准库 pathlib、glob、shutil ·· 38

  4.3　pip 的使用和 Jieba、WordCloud 库 ·· 40

  4.4　Pillow 库处理图像 ·· 42

  4.5　条形码与二维码处理库 ·· 43

4.6　打包工具 PyInstaller ･････････････････････････････････････ 45

4.7　自定义库･･ 46

第 5 章　办公自动化 ･･ 48

5.1　PyCharm 的使用 ･･ 48

5.2　txt 文件的读写 ･･ 55

5.3　CSV 文件的读写 ･･･ 56

5.4　图形界面的自动操作 ･･･････････････････････････････････････ 57

5.5　Excel 文件的操作 ･･ 58

5.6　Word 文件的操作 ･･ 61

5.7　PPT 文件的操作 ･･･ 64

5.8　JSON 文件的操作 ･･ 66

5.9　视频文件的操作 ･･･ 67

5.10　自动发送邮件 ･･ 70

5.11　Pandas 数据分析 ･･ 72

5.12　Matplotlib ･･･ 75

5.13　百度 AI ･･ 81

5.13.1　图像文字识别 ･････････････････････････････････ 81

5.13.2　语音与文字互转 ･･･････････････････････････････ 83

5.13.3　人脸识别 ･････････････････････････････････････ 84

5.13.4　文本纠错 ･････････････････････････････････････ 86

5.13.5　图像增强与特效 ･･･････････････････････････････ 87

5.14　语音与文件互转 ･･･ 88

5.15　Python 压缩文件和文件夹 ･････････････････････････････････ 90

第 6 章　Python 应用实例 ･･････････････････････････････････････ 94

6.1　倒计时关机 ･･･ 94

6.2　周期性提醒 ･･･ 94

6.3　定时提醒･･･ 95

6.4　生成没交作业的学生名单 ･･･････････････････････････････････ 96

6.5　"问卷星"下载文件重命名 ･････････････････････････････････ 96

6.6　批量转换图像格式 ･･･ 97

6.7　扫描试卷批量修改文件名 ･･･････････････････････････････････ 97

6.8　根据条形码重命名试卷 ･････････････････････････････････････ 98

6.9　批量生成条形码考号并保存到 Word 文件 ･･････････････････････ 99

6.10　根据拍摄时间自动分类照片 ･･･････････････････････････････ 101

6.11　根据拍摄城市自动分类照片 ･･･････････････････････････････ 101

6.12　根据人脸自动分类整理照片 ･･･････････････････････････････ 102

6.13　截图识别文字･･ 103

6.14 视频转换为文字 ·· 105

6.15 实时语音转换为文字 ··· 106

6.16 把 Excel 分数打印到试卷上 ································ 107

6.17 由 Excel 生成 Word 表彰文件 ····························· 109

6.18 由 Excel 成绩表生成家长会的 PPT ······················ 111

6.19 由 Word 生成 PPT ·· 113

6.20 截图转换成 PPT ·· 114

6.21 合并 Excel 成绩登分表 ····································· 115

6.22 生成错题 Excel 列表 ······································· 116

6.23 生成 Word 错题集 ·· 118

6.24 批量打包文件夹 ··· 119

6.25 群发邮件 ·· 120

6.26 计算机桌面定时截屏并发送到邮箱 ························ 121

6.27 统计 txt 文件中的词频 ····································· 122

6.28 自动合并多个 Word 文件 ··································· 122

6.29 采集试题库 ··· 123

第三篇 PyQt5 编程

第 7 章 PyQt5 安装配置与初步应用 ································ 127

7.1 类 ·· 127

7.2 配置 PyQt5 ··· 130

7.3 Qt Designer 简介 ·· 135

第 8 章 PyQt5 窗体控件 ·· 139

8.1 模拟 QQ 登录 ··· 139

8.2 模拟留言板 ··· 143

8.3 模拟 LCD 显示 ·· 147

8.4 时间日期控件 ··· 150

8.5 对话框 ·· 153

8.6 字体、颜色、字号的设置 ···································· 155

8.7 文件对话框 ··· 157

8.8 模拟饭店点餐(列表视图) ··································· 159

8.9 模拟电影院选票(表格视图) ································ 160

8.10 选项卡 ··· 163

8.11 树结构 ··· 163

8.12 菜单栏、工具栏与状态栏 ··································· 165

第 9 章　PyQt5 的高级功能 ··· 167

　9.1　布局管理 ··· 167

　9.2　编辑 Tab 顺序 ··· 172

　9.3　常用的图像操作类 ··· 172

　9.4　eric6 与信号和槽 ·· 174

　9.5　多线程 ··· 181

　9.6　鼠标事件 ·· 182

　9.7　键盘事件 ·· 183

　9.8　窗口事件和操作 ··· 184

　9.9　窗口常用的 22 种操作 ··· 185

　9.10　数据库 SQLite ··· 187

第 10 章　PyQt5 实例 ·· 198

　10.1　时钟 ··· 198

　10.2　事件提醒 ··· 199

　10.3　频率记忆 ··· 201

　10.4　批改Ⅱ卷程序 ·· 203

　10.5　学生成绩管理数据库 ·· 210

　10.6　多窗口跳转 ··· 216

　10.7　文本纠错 ··· 221

　10.8　图像查看器：滚动区域 ······································· 227

　10.9　采集像素的坐标 ·· 229

　10.10　生成配音 MP3 ·· 233

第四篇　OpenCV 图像处理

第 11 章　OpenCV 的安装和简单使用 ·· 241

　11.1　图像的基础知识 ·· 241

　11.2　NumPy 库简介 ··· 245

　11.3　OpenCV 的安装 ·· 249

　11.4　OpenCV 打开、显示与保存 ·································· 249

　11.5　查看图像属性 ·· 250

　11.6　像素的访问与修改 ·· 251

　11.7　图像类型的转换 ·· 252

第 12 章　绘图与几何变换 ·· 253

　12.1　绘图 ··· 253

　12.2　鼠标交互 ··· 254

12.3　图像的几何变换 ……………………………………………………… 256

第 13 章　图像轮廓的获取 ……………………………………………………… 260

13.1　轮廓的获取 ……………………………………………………………… 260

13.2　轮廓的拟合 ……………………………………………………………… 264

第 14 章　视频处理与图像转换 ………………………………………………… 268

14.1　视频处理 ………………………………………………………………… 268

14.2　PIL、OpenCV 格式的图像转换为 QPixmap 格式 ……………………… 269

14.3　OpenCV 与 PIL 格式的相互转换 ……………………………………… 271

14.4　PyQt5 标签显示摄像头视频 …………………………………………… 271

14.5　视频播放器实例 ………………………………………………………… 272

14.6　替换图像背景色 ………………………………………………………… 275

第 15 章　辅助阅卷系统 ………………………………………………………… 280

15.1　需求分析 ………………………………………………………………… 280

15.2　项目文件夹结构及业务流程 …………………………………………… 280

15.3　项目开发环境 …………………………………………………………… 283

15.4　图形界面设计 …………………………………………………………… 283

15.5　主程序的创建 …………………………………………………………… 285

15.6　选择文件夹按钮的功能 ………………………………………………… 287

15.7　【开始阅卷】按钮功能 ………………………………………………… 294

15.8　【调整区域】按钮功能 ………………………………………………… 301

15.9　【导出 Excel】按钮功能 ……………………………………………… 304

15.10　【查询学生】按钮功能 ………………………………………………… 306

15.11　其他功能 ………………………………………………………………… 307

15.12　打包整合 ………………………………………………………………… 309

第五篇　树　莓　派

第 16 章　树莓派 ………………………………………………………………… 315

16.1　硬件购买 ………………………………………………………………… 315

16.2　硬件组装与系统设置 …………………………………………………… 316

16.3　远程访问树莓派 ………………………………………………………… 320

16.4　树莓派引脚 ……………………………………………………………… 328

16.5　树莓派控制传感器的实例 ……………………………………………… 331

16.6　连接摄像头 ……………………………………………………………… 352

16.7　安装显示屏 ……………………………………………………………… 356

第六篇　网站搭建与进阶

第 17 章　Flask 框架搭建网站 ··· 359

17.1　HTML 基础 ·· 359

17.2　Flask 安装与网站运行 ·· 365

17.3　网页的交互访问 ·· 370

17.4　网页与树莓派交互 ··· 378

第 18 章　Python 进阶 ··· 383

18.1　Anaconda 介绍 ·· 383

18.2　PyCharm 的外部工具与实时模板 ··· 388

18.2.1　PyCharm 的外部工具配置 ·· 389

18.2.2　PyCharm 的实时模板 ·· 391

18.3　虚拟环境下打包成单个文件 ··· 392

18.4　文字识别库 PaddleOCR ··· 395

18.5　人脸识别库 face_recognition ·· 398

18.6　语音转换为文字 ·· 400

参考文献 ·· 402

第一篇　Python基础

第1章

Python 安装与基本语法

Python 是语法最简洁、生态最丰富、最容易入门、最适合开发人工智能的编程语言，Python 几度霸占编程语言的榜首。

1.1 Python 环境搭建

本书使用 Windows 10 操作系统、32 位 Python 3.6.5 版本，建议读者在 Windows 10 上安装 32 位 Python 3.6.5 版本。

打开 Python 的下载网页后，找到 Python 3.6.5 版本，如图 1-1 所示。

3min

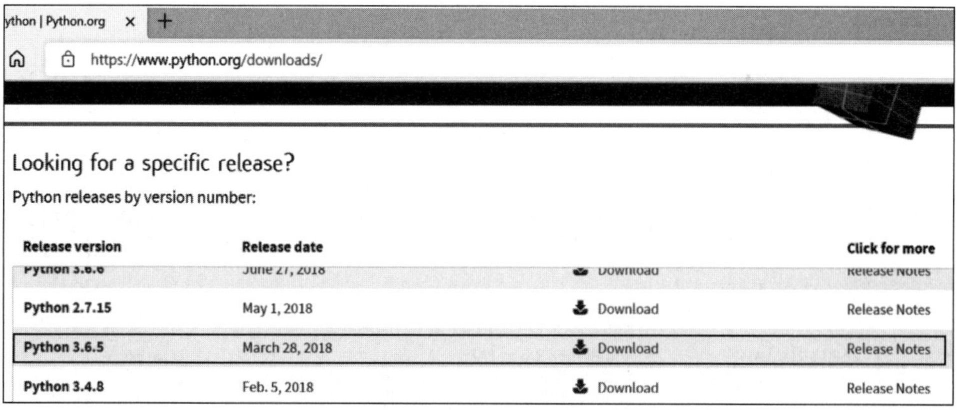

图 1-1　Python 下载页

单击 Download 按钮，进入版本选择界面，如图 1-2 所示。

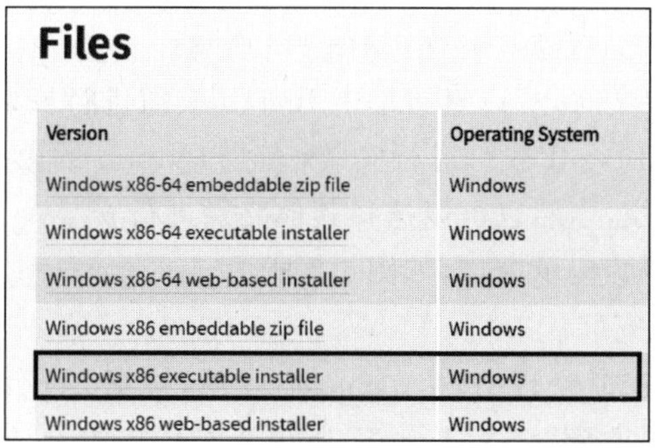

图 1-2　Python 版本选择界面

选择 Windows x86 executable installer 进行下载，下载完成后，双击 python-3.6.5.exe 安装文件后会弹出安全警告窗口，如图 1-3 所示。

图 1-3　安全警告

单击【运行】按钮后会出现安装模式选择的界面，如图 1-4 所示。

图 1-4　安装模式选择

勾选 Add Python 3.6 to PATH，选择 Customize installation 自定义安装后会出现安装模块选择窗口，如图 1-5 所示。

单击 Next 按钮，进入高级选项界面，如图 1-6 所示。

当安装路径中没有中文时，可以直接单击 Install 按钮进行安装，如果有中文，就先删除路径的中文部分，再单击 Install 按钮进行安装，有些 Python 的第三方库（关于库的知识详见第 4 章）不支持中文路径，当然也可以选择其他路径进行安装。

最后会出现安装成功的提示窗口，如图 1-7 所示。

单击 Close 按钮完成安装。

双击【我的计算机】，在命令行中输入 cmd 命令后，按 Enter 键，进入命令行窗口，输入 python 按 Enter 键后如果看到">>>"提示符，则说明安装成功了，如图 1-8 所示。

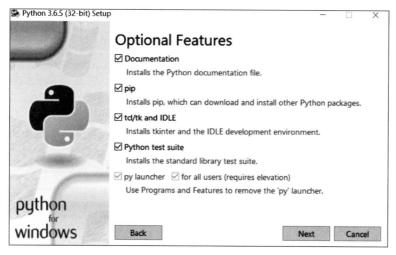

图 1-5   安装模块选择

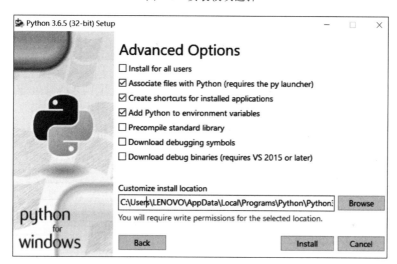

图 1-6   高级选项

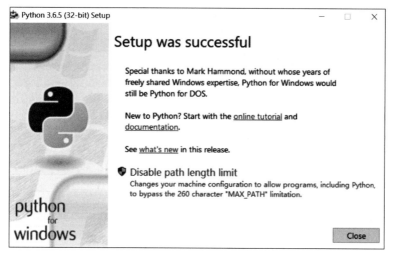

图 1-7   安装成功提示

图 1-8 第 1 个 Python 命令

1.2　简单使用

1．在命令行窗口编辑 Python 程序

在如图 1-8 所示的"＞＞＞"提示符后面输入的命令如下：

```
1 + 1
```

按 Enter 键即可执行，以此开启你 Python 人生的第 1 行代码吧！

2．在交互编程窗口编辑 Python 程序

选择计算机桌面左下角的 ▦【开始】菜单→Python 3.6→IDLE(Python 3.6 32-bit)，便可启动交互编程窗口，使用方法与图 1-8 中所示的方法相同。

Python 命令中的括号、引号等符号必须是英文的，如果出错，则可检查一下输入法是否是英文输入法。

3．在代码编辑器编辑 Python 程序

在交互编程窗口中选择 File→New File，打开 Python 的代码编辑器，输入代码后，选择 Run→Run Module，或者按 F5 键，单击【确定】按钮，选择文件保存位置，例如 D 盘，输入文件名，例如"1"，单击【保存】按钮保存 Python 文件，这样就可以运行 Python 程序了。Python 文件的扩展名为 py。

进入 D 盘，在命令行中输入命令 cmd，按 Enter 键，进入命令行窗口。输入 python 1.py 后，按 Enter 键便可以运行新建的 1.py 程序了。

1.3　Python 的语法结构

1．注释

注释是程序中程序员用来说明程序的辅助语言，注释不会被执行，Python 用"＃"表示一行注释的开始，直到这行结束，代码如下：

```
r = 2
s = r * r
print(s)                  ＃将结果输出到控制台
```

上述代码的运行结果如下：

4

多行注释用3对单引号('''…''')或3对双引号(" " "…" " ")表示,代码如下:

```
'''
时间:2023年7月
QQ:87336683
B站:赵会钧
'''
```

2. 显式的行拼接

两个或更多的物理行可使用反斜杠字符"\"拼接为一个逻辑行,代码如下:

```
month = 10
day = 1
if month == 10 and \
        day == 1:
    print('今天是国庆节!')
```

下面的代码与上面的代码等效:

```
month = 10
day = 1
if month == 10 and day == 1:
    print('今天是国庆节!')
```

以"\"反斜杠结束的行不能带有注释。

3. 隐式的行拼接

圆括号、方括号或花括号内的表达式允许分成多个物理行,无须使用反斜杠,示例代码如下:

```
month_names = ['一月', '二月', '三月',              #月份
               '四月', '五月', '六月']
```

隐式的行拼接可以带有注释。

4. 缩进

每行代码开头处的空白称为该行的缩进,Python用缩进表示语句段落的组织结构,一般用4个空格实现缩进,也可用Tab键实现缩进,但同一个Python文件内要么全用空格缩进,要么全用Tab键缩进,二者不可以混用,代码如下:

```
#//第1章/1.1.py
a = 3
b = 6
c = 9
if a < b:
    if b < c:
        print('a<b<c')
```

当一行代码的尾部遇到":"时,下面的语句就需要用缩进表示代码的层次,后面会一一介绍。

1.4　变量

变量是保存和表示数据的一种语法元素,变量的值可以用赋值符号"="来修改,代码如下:

```
a = 1
print(a)
a = 2
print(a)
```

运行结果如下:

```
1
2
```

1. 变量的命名

变量的名字可以由大写字母、小写字母、数字、下画线、汉字等组合而成,例如 an123、an_bc、中国等变量名是合法的。

变量名不可以用空格,变量名的首字母不可以是数字,变量名不可以是 Python 保留字。例如 123an、an 123 等是不合法的。

Python 变量对大小写比较敏感,例如 P123 和 p123 是不同的变量名。

2. 保留字

保留字或称关键字在 Python 语言中代表特定的含义,所以不可以作为变量名,例如 False、is、return、None、for、try、True、def、from、while、and、elif、if、or 等,这里只给出了一部分,获取所有保留字的方法见本节的资料包。

1.5　输入/输出函数

1. print()函数

print()函数用于将结果输出到控制台,print()函数可以输出任意数据类型(数据类型详见第 3 章),代码如下:

```
print(11 + 1,2)
print(1,"中国")
print([1,2,"python"])
```

运行结果如下:

```
12 2
1 中国
[1, 2, 'python']
```

print()函数执行后会自动换行,通常用 print()命令输出一个空行,代码如下:

```
print(11 + 1,2)
print()
```

```
print()
print(1,"中国")
```

运行结果如下：

```
12 2

1 中国
```

两个 print()命令输出了两个空行(换行符)。print()的参数 end 表示用指定符号连接下一个 print()输出而不用换行,代码如下：

```
print(1,end = ":")
print("中国")
```

运行结果如下：

```
1:中国
```

本例用“:”连接,读者可用“♯”“-”等符号体会一下 end 参数的用法。

2．input()函数

input()函数用于接收控制台输入的数据,代码如下：

```
a = input("请输入年龄:")
print("你的年龄为",a)
```

控制台显示“请输入年龄:”后,输入 12,按 Enter 键,运行结果如下：

```
请输入年龄:12
你的年龄为 12
```

a = input("请输入年龄:")的参数"请输入年龄:"是输入提示语,提醒用户输入信息,参数 a 是接收用户输入的变量。

3．eval()函数

eval()函数用于去掉字符串最外层的引号,并执行去掉引号后的内容,代码如下：

```
a = input("请输入正方形的边长:")
b = eval(a)
print("正方形的周长为",4 * b)
```

控制台显示“请输入正方形的边长:”后,输入 3,按 Enter 键,运行结果如下：

```
请输入正方形的边长:3
正方形的周长为 12
```

input()接收的是带引号的字符串,用 eval(a)函数去掉引号后,才能进行数学运算,下面的代码运行结果会怎样呢?

```
a = input("请输入正方形的边长:")
print(4 * a)
```

输入 3 后,按 Enter 键,运行结果如下:

```
3333
```

为什么会这样? 关于字符串的知识将在第 3 章进行讲解。

4 * a 称为表达式语句;诸如 l＝eval(a),a＝3 这样给变量赋值的语句称为赋值语句,赋值语句把"＝"右边的表达式计算后的结果赋值给"＝"左边的变量;判断数据是否相同,用双等号"＝＝"表示,若相同,则返回值为 True;若不相同,则返回值为 False,示例代码如下:

```
print(3 == eval("3"))
```

运行结果如下:

```
True
```

第 2 章

程序的控制结构与函数

　　程序的控制结构即程序的执行顺序，Python 由顺序、分支、循环 3 种结构组合而成。Python 程序从上至下按顺序逐条执行，称为顺序结构。下面介绍分支与循环结构。

2.1　分支结构

1. 单分支结构：if

if 语句的基本形式如下：

```
if 判断条件:
    执行语句 1
    执行语句 2
    …
```

　　如果判断条件成立(非零)，就执行后面的语句，执行的内容可以有多行代码，用缩进来表示同一范围。如果判断条件不成立，就不执行后面的语句，示例代码如下：

```
#//第 2 章/2.1.py
age = 20
if age >= 12:
    print('可以骑自行车了!')
if age >= 18:
    print('可以学开汽车了!')
if age >= 22:
    print('男同学可以结婚了!')
```

　　运行结果如下：

```
可以骑自行车了!
可以学开汽车了!
```

　　2.1.py 文件使用了 3 个单分支 if 语句，由于 age = 20 符合前两个条件，所以程序执行了前两个 if 语句的执行语句，但不符合第 3 个条件，所以没有执行第 3 个 if 语句的执行语句。

2. 二分支结构：if-else

if-else 语句的基本形式如下：

```
if 判断条件:
    执行语句块 1
else:
    执行语句块 2
```

如果判断条件成立(非零),就执行语句块 1;如果判断条件不成立,就执行语句块 2,示例代码如下:

```
#//第 2 章/2.2.py
age = 10
if age >= 12:
    print('你有骑自行车的权力了!')
else:
    print('太小了,还不能骑自行车!')
```

运行结果如下:

```
太小了,还不能骑自行车!
```

当 age = 10 时,判断条件 if age >= 12 不成立,所以没有执行 if 的语句块,而执行了 else 的语句块。

3. 多分支结构:if-elif-else

if-elif-else 语句的基本形式如下:

```
if    判断条件 1:
      执行语句 1
elif 判断条件 2:
      执行语句 2
elif 判断条件 3:
      执行语句 3
else:
      执行语句 4
```

elif 语句可以有多条,哪个判断条件成立就执行其后面的语句,如果都不成立,则执行 else 后面的语句,示例代码如下:

```
#//第 2 章/2.3.py
fen = 90
if fen >= 85:
    print('优秀!')
elif fen >= 70:
    print('良好!')
elif fen >= 60:
    print('及格!')
else:
    print('不及格!')
```

运行结果如下:

```
优秀!
```

if 语句是从上往下逐条判断的,如果某个判断条件成立就执行它后面的语句,其他 elif 和 else 的语句均不执行,所以一定要注意条件的逻辑关系。例如把第 1 个条件改为 if fen>= 60,并且将 print('优秀!')中的优秀修改为及格,则 90 分会被判为及格,显然不符合要求。

　　4. 判断条件及组合

　　判断条件的关系操作符见表 2-1(表中 a=10,b=20)。

表 2-1　关系操作符

操　作　符	描　　　述	示　　　例	结　　　果
==	比较对象是否相等	a == b	False
!=	比较两个对象是否不相等	a != b	True
>	x 是否大于 y	a > b	False
<	x 是否小于 y	a < b	True
>=	x 是否大于或等于 y	a >= b	False
<=	x 是否小于或等于 y	a <= b	True

　　使用判断条件组合,把 2.3.py 文件中的代码修改如下:

```
#//第 2 章/2.4.py
fen = 84
if fen >= 85:
    print('优秀!')
elif 70 > fen >= 60:
    print('及格!')
elif 85 > fen >= 70:
    print('良好!')
else:
    print('不及格!')
```

　　运行结果如下:

```
良好!
```

　　使用判断条件组合,即使改变条件顺序,程序也不会出错。

2.2　循环结构

　　Python 提供了两种循环:for 循环和 while 循环。

　　1. for 循环

　　for 循环可以遍历任何序列的数据,例如一个列表或者一个字符串,for 循环的语法格式如下:

```
for 变量 in 序列结构:
    语句块
```

　　代码如下:

```
for x in '首都北京':
    print(x)
```

运行结果如下：

```
首
都
北
京
```

可以看出，for循环按照序列结构自身的序列顺序，依次取出一个元素并赋值给变量。任何序列结构都可以用for循环遍历，示例代码如下：

```
for i in ['福建','山东']:
    print(i)
```

运行结果如下：

```
福建
山东
```

for语句经常和range()函数配合使用，并可指定循环次数。range()函数用于产生一系列数据，range()函数的语法结构如下：

```
range(开始数字,结束数字,步长)
```

例如range(−10,−100,−30)会生成−10、−40、−70；当第3个参数省略时，数据的步长为1，例如range(5,8)会生成5、6、7；当第1个参数省略时从0开始产生数据序列，例如range(3)会生成0、1、2，示例代码如下：

```
#//第2章/2.5.py
for a in range(2,10,2):
    print(a,end = ' ')
print()
for a in range(2,10):
    print(a,end = ' ')
print()
for a in range(2):
    print(a,end = ' ')
```

运行结果如下：

```
2 4 6 8
2 3 4 5 6 7 8 9
0 1
```

注意 range()函数产生的数据不包含右边界。

range(3)会产生数据0、1、2，不包含3。

range(2,10)会产生数据2、3、4、5、6、7、8、9，不包含10。

2. while 循环

while循环语法格式如下：

```
while <判断条件>:
    <执行语句>
```

如果<判断条件>成立,就执行<执行语句>;如果判断条件不成立,就退出循环,示例代码如下:

```
#//第 2 章/2.6.py
x = 0
while x < 3:
    print('循环中')
    x = x + 1
print('循环结束')
```

运行结果如下:

```
循环中
循环中
循环中
循环结束
```

如果退出条件不成立,则程序会一直执行。

3. 循环控制 continue 与 break

continue 用于跳过该次循环,代码如下:

```
#//第 2 章/2.7.py
x = 0
while x < 10:
    x = x + 1
    if x == 2:
        continue
    print(x, end = '')
```

运行结果如下:

```
13456789
```

由上可知,当 x==2 时循环并没有结束,只是跳过了当次循环。

break 则用于退出循环,示例代码如下:

```
#//第 2 章/2.8.py
x = 0
while x < 10:
    x = x + 1
    if x == 2:
        continue
    if x == 7:
        break
    print(x, end = '')
```

运行结果如下:

```
13456
```

由上可知,当 x==7 时 break 结束了当前循环。如果嵌套了多层循环,则它只终止所在层的循环,示例代码如下:

```
#//第 2 章/ 2.9.py
x = 0
while x < 6:
    print('这是外层循环')
    x = x + 1
    for i in range(x):
        if i == 4:
            break
        print(i, end = '')
    print()
```

运行结果如下:

```
这是外层循环
0
这是外层循环
01
这是外层循环
012
这是外层循环
0123
这是外层循环
0123
这是外层循环
0123
```

由此可见,当 i==4 时 break 退出 for 循环,而外层的 while 循环还在进行。

2.3 程序的异常处理

如果让计算机运算 1/0 会怎样? 示例代码如下:

```
print(1/0)
print('这是第 2 个 print')
```

运行结果如下:

```
Traceback (most recent call last):
    File "C:/Users/LENOVO/Desktop/4.4 - 1.py", line 1, in < module >
        print(1/0)
ZeroDivisionError: division by zero
进程已结束,退出代码 1
```

程序异常退出代码为 1,而且没有执行第 2 行命令,这个界面显然不友好,Python 用 try 语句来处理异常情况,简易用法如下:

```
try:
    语句1
except:
    语句2
```

如果执行语句1时没有异常,则不执行语句2。如果执行语句1时有异常,则执行语句2,示例代码如下:

```
#//第2章/2.10.py
try:
    print(1/0)
except:
    print('程序出错了!')
print('这是第3个print')
```

运行结果如下:

```
程序出错了!
这是第3个print
```

可以看出,程序没有异常退出,后面的程序继续被执行了。

2.4　函数

Python支持用户自己定义函数,以实现丰富灵活的各种功能。

1. 函数的定义与调用

Python用关键字def定义函数,语法如下:

```
def 函数名(参数1,参数2...):
        函数体
    return 返回1,返回2...
```

示例代码如下:

```
#//第2章/2.11.py
def zhouchang(a,b):
    zc = 2 * (a + b)          #计算矩形的周长
    mj = a * b                #计算矩形的面积
    return zc,mj
c,d = zhouchang(2,3)          #调用函数
print('周长为',c)
print('面积为',d)
c,d = zhouchang(5,6)          #调用函数
print('周长为',c)
print('面积为',d)
```

运行结果如下:

```
周长为 10
面积为 6
```

```
周长为 22
面积为 30
```

由上可知,自定义函数可以传入多个参数,也可以返回多个结果,多个参数和多个返回
值均用逗号分隔。

如果只定义函数而不调用函数,则函数不会被执行。

2．函数参数的传递

函数的参数在定义时可以指定默认值；若调用时没有给参数赋值,则函数采用默认值
计算,示例代码如下：

```
#//第 2 章/2.12.py
def zhouchang(a = 2, b = 10):
    zc = 2 * (a + b)                #计算矩形的周长
    mj = a * b                      #计算矩形的面积
    return zc, mj
c, d = zhouchang()                  #调用
print('周长为', c)
c, d = zhouchang(3, 4)              #调用
print('周长为', c)
```

运行结果如下：

```
周长为 24
周长为 14
```

如果不需要传递参数,参数则可以省略；如果不需要返回值,return 则可以省略,此时
返回值为 None,示例代码如下：

```
def fjx():
    print('*'*30)
fjx()
```

运行结果如下：

```
******************************
```

3．变量的作用域

1) 局部变量

局部变量是在函数内定义的变量,只能在函数内部访问,在函数的外部无法访问,示例
代码如下：

```
#//第 2 章/2.13.py
def zhouchang(a = 2, b = 10):
    zc = 2 * (a + b)
    print('内部 a = ', a)
    return zc
f = zhouchang()
print('外部 a = ', a)
```

运行结果如下：

```
内部 a = 2
Traceback (most recent call last):
    File "D:/arumenpython/15/ls.py", line 9, in <module>
        print('外部 a = ', a)
NameError: name 'a' is not defined
```

函数的内部变量 a 被顺利地打印出来，当在函数外部访问 a 时，退出代码为 1，程序报错而退出。

2）全局变量

全局变量是在函数之前定义的变量，无论在函数内部还是在函数外部，变量都可以访问，示例代码如下：

```
#//第 2 章/2.14.py
a = 2
b = 10
def zhouchang():
    print('内部 a = ',a)
f = zhouchang()
print('外部 a = ',a)
```

运行结果如下：

```
内部 a = 2
外部 a = 2
```

如果全局变量和局部变量相同，则在函数内部访问全局变量时需要用 global 声明，否则在函数内部访问的是局部变量，代码如下：

```
#//第 2 章/2.15.py
a = 2
def zhouchang():
    #global a
    a = 5
    print('内部 a = ',a)
f = zhouchang()
print('外部 a = ',a)
```

运行结果如下：

```
内部 a = 5
外部 a = 2
```

由此可见，在函数内部访问变量时先在函数内部查找，当找不到时再去函数外部查找。如果把 global a 前面的注释去掉，声明 a 是外部的变量，语句 a＝5 表示把外部变量 a 由 2 重新赋值为 5，则运行结果如下：

```
内部 a = 5
外部 a = 5
```

第3章

数 据 类 型

Python 数据有数字类型、字符串类型、列表类型、元组类型、字典类型、集合类型。

3.1 数字类型

数字类型包含整数类型、浮点数类型、复数类型。整数类型有十进制、二进制、八进制、十六进制共 4 种表现形式,不同进制的整数可以直接运算和比较,程序默认采用十进制,其他进制需要用引导符号声明进制类型,例如二进制用 0b 或 0B 声明,示例代码如下:

```
print(0b101010)
```

运行结果如下:

```
42
```

浮点数有十进制和科学记数法两种表现形式,例如 1000.0、1.0e3、1.0E3,它们三个是等效的,示例代码如下:

```
>>> 1000.0 == 1.0e3
True
>>> 1.0e3 == 1.0E3
True
```

1. 数值运算操作符
数值运算操作符见表 3-1(表中 a=10,b=20)。

表 3-1　数值运算操作符

运算符及运算	描 述	结 果
a+b	a 与 b 的和	30
a-b	a 与 b 的差	-10
a * b	a 与 b 的积	200
b/a	b 与 a 的商,结果是浮点数	2.0
a ** b	a 的 b 次幂,即 a^b	100 000 000 000 000 000 000
5%3	5 与 3 的商的余数,也称取模运算	2
5//3	5 与 3 的整数商	1
-a	a 的相反数	-10

注意　幂运算 $2**(1/2)$ 即 $\sqrt{2}$。

两整数相除,商为浮点数。

模运算(%)非常有用,例如整数 n % 2 的结果不等于 0 时,n 是奇数,否则 n 是偶数。事实上它将整数集 N 映射到了值域 {0,1},将偶数映射到 0,将奇数映射到 1。

又如天数 day%7,可以表示星期几,0 表示星期日,1 表示星期一等,把天数 day 映射到值域{0,1,2,3,4,5,6};又如小时个数 h%24 表示一天的几点等。

整数 n 的模运算 n%m 将 n 映射到[0,m−1]区间的 m 个数值上,主要用于周期性规律场景。

2. 数值运算函数

常用的内置数值运算函数见表 3-2。

表 3-2　常用的内置数值运算函数

运 算 函 数	描　　　　述	结　　　果
abs(−10)	返回−10 的绝对值	10
max(1,3,5)	返回最大值	5
min(1,3,5)	返回最小值	1
round(3.1415)	返回四舍五入的整数值	3
round(3.1415,3)	返回四舍五入后的值并保留 3 位小数	3.142

示例代码如下:

```
>>> round(3.1415,3)
3.142
```

3.2　字符串类型

字符串,例如 s='床前明月光',是字符的序列表示,单行字符串可以用一对单引号('…')或一对双引号("…")表示。多行字符串可以用一对三单引号('''…''')或者一对三双引号("""…""")表示,示例代码如下:

```
#//第 3 章/3.1.py
print('单引号里可以用"双引号"。')
print("双引号里可以用'单引号'。")
print()
s = '''床前明月光
疑是地上霜
'''
print(s)
```

运行结果如下:

```
单引号里可以用"双引号"。
双引号里可以用'单引号'。
```

```
床前明月光
疑是地上霜
```

如果在字符中使用特殊字符,则必须用反斜杠"\"与后面相邻的一个字符共同表示新含义,反斜杠"\"称为转义字符,如"\"在行尾表示续行、\n 表示换行、\\表示反斜杠、\'表示单引号、\"表示双引号等,示例代码如下:

```
print('床前明月光\n 疑是地上霜')
print("双引号里通常不能再用双引号,\n\"除非转义符上场\"")
```

运行结果如下:

```
床前明月光
疑是地上霜
双引号里通常不能再用双引号,
"除非转义符上场"
```

1. 字符串的索引和切片

字符串的序列有两种形式,从左到右的序列为正向序列,从右到左的序列为反向序列,它们的关系如下:

```
P y t h o n
0 1 2 3 4 5
-6 -5 -4 -3 -2 -1
```

对其中一个元素的访问称为索引,示例代码如下:

```
s = 'Python'
print(s[0])
print('Python'[-6])
```

运行结果如下:

```
P
P
```

对其中多个元素的访问称为切片,示例代码如下:

```
s = 'Python'
print(s[0:3])          # 不包含右边界
print(s[-6:-3])        # 从左向右切片
print(s[0:5:2])        # 每两个取一个
```

运行结果如下:

```
Pyt
Pyt
Pto
```

s[0：5：2]的第 1 个参数 0 表示从 0 索引位置开始,第 2 个参数 5 表示到第 5 个索引位置结束,第3个参数2表示每两个取一个,如果改为3,则表示每3个取一个。不包含结束索引位置(右边界)。

2. 在字符串中加入变量

在字符串中加入变量,可以用'...'.format()进行控制,示例代码如下:

```
#//第3章/3.2.py
x = '上海'
y = '海上'
print('{}自来水来自{}'.format(x,y))          #字符串中的变量用{}占位,()内按顺序给出
print('{1}自来水来自{0}'.format(x,y))         #用变量索引指定变量,与字符串索引相同
print('{0}自来水来自{0}'.format(x))           #{}与变量数不一致,用变量索引指定变量
print('{0}自来{{水}}来自{0}'.format(x))        #两对{{}}输出一对{}
```

运行结果如下:

```
上海自来水来自海上
海上自来水来自上海
上海自来水来自上海
上海自来{水}来自上海
```

3. 字符串的格式化

format()命令还可以对字符串进行格式化,方法是在变量占位符{}内用<填充><对齐><宽度><,><.精度><类型>共6个字段进行控制,示例代码如下:

```
#//第3章/3.3.py
x = '天安门'
#x长5个字符,如果不足5个,则用*填充,^表示居中,<表示左对齐,>表示右对齐
print('我爱北京{:*^5}'.format(x))
#x长5个字符,如果不足5个,则默认用空格填充,左对齐
print('我爱北京{:5}'.format(x))
#变量长2个字符,如果不足,则用0填充,左对齐
print('{:02}.jpg'.format(1))
#逗号分隔数字
print('我要学习Python,每天只能学习{:,}秒'.format(24 * 3600))
#缺省时,数字不分隔
print('我要学习Python,每天只能学习{}秒'.format(24 * 3600))
#.2表示小数长度为2位
print('我要学习Python,每天只能学习{:.2}秒'.format(3.1415926))
#.2%表示用百分号表示小数,保留两位小数,e和E表示科学记数法,f表示浮点数
print('我要学习Python,每天只能学习{:.2%}秒'.format(3.1415926))
#b、o、d、x分别表示二进制、八进制、十进制、十六进制
print('我要学习Python,每天只能学习{:b}秒'.format(24))
```

运行结果如下:

```
我爱北京*天安门*
我爱北京天安门
01.jpg
我要学习Python,每天只能学习86,400秒
我要学习Python,每天只能学习86400秒
我要学习Python,每天只能学习3.1秒
```

```
我要学习 Python,每天只能学习 314.16% 秒
我要学习 Python,每天只能学习 11000 秒
```

综上所述,format()命令的完整格式为"{变量索引号:变量格式控制}".format(变量0,变量1…)。

六字段记忆口诀:田队长逗点泪,田队长说了个笑话逗得大家留下点眼泪。田谐音"填",队谐音"对",长同"长",逗对",",点对".",泪对"类"。

3.3　字符串类型的操作

1. 字符串操作符

字符串操作符见表 3-3。

表 3-3　字符串操作符

操　作　符	描　　述	结　　果
'中国'+'北京'	字符串相连接	'中国北京'
'我学习!' * 3	字符串重复 3 次	'我学习! 我学习! 我学习!'
'我!' in '我学习!'	判断前者是否在后者内包含	True
'是' not in '我学习!'	判断前者是否不在后者内包含	True

代码如下:

```
print('中国'+'北京')
print('我学习!' * 3)
print('我!' in '我学习!')
print('是!' not in '我学习!')
```

运行结果如下:

```
中国北京
我学习!我学习!我学习!
True
True
```

2. 字符串处理方法

字符串常用的处理方法见表 3-4。

表 3-4　字符串常用的处理方法

函　　数	描　　述	结　　果
'Python'. lower()	返回字符串全部小写	'python'
'Python'. upper()	返回字符串全部大写	'PYTHON '
'Python'. count('y')	统计 y 出现的次数	1
Python'. strip('Pyon')	从两边去除字符 Pyon	'th'
'Python'. replace('P','p')	将 P 替换为 p	python
'Python'. center(10,'@')	字符串居中,长度 10,如果不足,则用@填充	'@@Python@@'
' '. join('Python')	' Python '中间每个字符后加指定字符	P y t h o n
'Python'. split('o')	根据字符'o'把字符串拆分成列表	['pyth', 'n']
'P y t h o n'. split()	默认用空格把字符串拆分成列表	['P', 'y', 't', 'h', 'o', 'n']

示例代码如下：

```
#//第 3 章/3.4.py
s = 'Python'
s1 = 'Python'.lower()                    #全部小写
s2 = 'Python'.upper()                    #全部大写
s3 = 'Python'.strip('Pyno')              #两边去除 Pyno
s4 = 'Python'.replace('P','p')           #P 替换为 p
print(s,s1,s2,s3,s4)
x = 'Python'.count('y')                  #统计 y 出现次数
print(x)
p5 = 'Python'.center(10,'@')             #居中,@填充,长度 10
print(p5)
p6 = ' '.join('Python')                  #每个字符后加空格
print(p6)
print()
print(s1.split('o'))                     #用'o'将字符串拆分为列表
print(p6.split())
print('-'.join(['1','2','3']))           #'-'把列表连成字符串
```

运行结果如下：

```
Python python PYTHON th python
1
@@Python@@
P y t h o n

['pyth', 'n']
['P', 'y', 't', 'h', 'o', 'n']
1-2-3
```

join()函数用于把列表中每个元素的后面加上相同的字符转换为字符串,如'-'.join(['1','2','3']),得到字符串'1-2-3'。

split()函数可根据字符串中的元素拆分为列表(列表的知识详见 3.4 节)。

3. 字符串的类型判断和转换

字符串的类型判断和转换,见表 3-5。

表 3-5　字符串的类型判断和转换

函　　数	描　　述	结　　果
type(3),type(3.3),type('3')	返回类型	< class 'int'>< class 'float'>< class 'str'>
'python'.islower()	小写判断	True
'python'.isupper()	大写判断	False
'python'.isdigit()	数字判断	False
'python'.isalpha()	字母判断	True
str(3) str(3.3)	转换为字符串	3 3.3

其中 type()函数可以判断数据的类型,示例代码如下:

```
#//第 3 章/3.5.py
print(type(3),type(3.3),type('3'))       #类型判断
```

```
print('python'.islower())           #小写判断
print('python'.isupper())           #大写判断
print('python'.isdigit())           #数字判断
print('python'.isalpha())           #字母判断
print('python'.isspace())           #空格判断
print(str(3),str(3.3))              #转换为字符串
```

运行结果如下：

```
<class 'int'> <class 'float'> <class 'str'>
True
False
False
True
False
3 3.3
```

3.4　序列型数据元组和列表

Python 不仅支持数字、字符串型数据，还支持对一组数据进行处理，这种能表示多个数据的类型称为组合数据类型。和字符串一样，有序列，可以索引及切片的数据类型称为序列数据类型，如列表和元组。所有序列型数据（字符串、元组、列表）都有通用的操作符和函数，见表 3-6。

表 3-6　序列型数据的操作符和函数

操作符函数	描　　述	事　　例	结　　果
x in s	x 是 s 的元素	'P' in 'Python'	True
x not in s	x 不是 s 的元素	'P' not in'Python'	False
s+t	连接 s 和 t	'中国'＋'北京'	'中国北京'
s*n 或 n*s	s 复制 n 次	'好'＊3	'好好好'
s[i]	索引，返回序列的第 i 个元素	'Python'[0]	'P'
s[i:j]	切片，返回 s 从 i 到 j−1 的元素	'Python'[1:3]	'yt'
s[i:j:k]	切片，返回从 i 到 j−1 的元素，步长为 k	'Python'[1:5:3]	'yo'
len(s)	s 中元素的个数（长度）	len('Python')	6
min(s)	s 中最小的元素	min('Python')	'P'
max(s)	s 中最大的元素	man('Python')	'y'
s.index(x)	s 中第 1 次出现 x 的位置索引	'Python'.index('P')	0
s.count(x)	统计 s 中出现 x 的次数	'Python'.count('P')	1

1. 元组

元组，例如 x＝(5,6,8,2,2)，由小括号和逗号组成，表 3-6 中所有的操作符和函数都可以使用，示例代码如下：

```
#//第 3 章/3.6.py
x = (5,6,8,2,2)
```

```
y = (5,6)
print('5 在 x 内吗:',(5 in x))
print('x + y = ',x + y)
print('x * 2 = ',x * 2)
print('索引:',x[0],'切片:',x[:2],'步长切片:',x[::2])
print('长度:',len(x),'最小值:',min(x),'最大值:',max(x),)
print('2 第 1 次出现的索引号:',x.index(2))
print('2 出现次数:',x.count(2))
```

运行结果如下:

```
5 在 x 内吗: True
x + y = (5, 6, 8, 2, 2, 5, 6)
x * 2 = (5, 6, 8, 2, 2, 5, 6, 8, 2, 2)
索引: 5 切片: [5, 6] 步长切片: [5, 8, 2]
长度: 5 最小值: 2 最大值: 8
2 第 1 次出现的索引号: 3
2 出现次数: 2
```

因为元组一旦定义,就不能修改了,所以一般情况下将不能修改的数据用元组表示,而将能灵活修改的数据用列表表示。

2. 列表

列表,例如 x=[5,6,8,2,2],由中括号和逗号组成,表 3-6 所有的操作符和函数都可以使用,代码如下:

```
#//第 3 章/3.7.py
x = [5,6,8,2,2]
y = [5,6]
print('5 在 x 内吗:',(5 in x))
print('x + y = ',x + y)
print('x * 2 = ',x * 2)
print('索引:',x[0],'切片:',x[:2],'步长切片:',x[::2])
print('长度:',len(x),'最小值:',min(x),'最大值:',max(x),)
print('2 第 1 次出现的索引号:',x.index(2))
print('2 出现次数:',x.count(2))
```

运行结果如下:

```
5 在 x 内吗: True
x + y = [5, 6, 8, 2, 2, 5, 6]
x * 2 = [5, 6, 8, 2, 2, 5, 6, 8, 2, 2]
索引: 5 切片: [5, 6] 步长切片: [5, 8, 2]
长度: 5 最小值: 2 最大值: 8
2 第 1 次出现的索引号: 3
2 出现次数: 2
```

这里仅将 3.6.py 文件中的元组修改为列表,即将 x 和 y 修改为列表,函数和操作符的使用与 3.6.py 文件中的用法完全相同。

还有一些列表的操作方法,见表 3-7(表中列表 list1=[1,'1',[1]])。

表 3-7　列表的操作方法

操作符函数	描　　述	结　　果
list1.append(3)	列表最后加入元素 3	[1, '1', [1], 3]
list1.insert(0,3)	列表指定在 0 位置插入元素 3	[3, 1, '1', [1]]
list1.clear()	清除所有元素	[ ]
list1.pop(1)	取出列表中的第 1 个元素并删除	[1, [1]]
list1.remove('1')	删除列表中第 1 次出现的'1'元素	[1, [1]]
list2=list1.copy()	列表复制成新列表	list2=[1, '1', [1]]
[3,1,5].sort(reverse=True)	列表降序排列	[5,3,1]

示例代码如下:

```python
#//第 3 章/3.8.py
list1 = [1,'1',[1]]
list1.append(3)              #1 最后加入元素 3
print(1,":",list1)
list1.insert(0,3)            #2 0 位置插入元素 3
print(2,":",list1)
list1.clear()               #3 清除所有元素
print(3,":",list1)
list1 = [1,'1',[1]]
list1.pop(1)                #4 取出第 1 个并删除
print(4,":",list1)
list1 = [1,'1',[1]]
list1.remove('1')           #5 删除首次出现的'1'
print(5,":",list1)
list1 = [1,'1',[1]]
list2 = list1.copy()        #6 复制成新列表
print(6,":",list2)
l3 = [3,1,5]
l3.sort(reverse = True)     #7 降序排列
print(7,":",l3)
l3.sort()                   #8 升序排列
print(8,":",l3)
```

运行结果如下:

```
1:[1, '1', [1], 3]
2:[3, 1, '1', [1], 3]
3:[]
4:[1, [1]]
5:[1, [1]]
6:[1, '1', [1]]
7:[5, 3, 1]
8:[1, 3, 5]
```

通过索引、切片可以修改指定的元素,代码如下:

```python
#//第 3 章/3.9.py
list1 = [1,'1',[1]]
list1[0] = 3                #1 将 0 位置的元素修改为 3
```

```
print(1,":",list1)
list1 = [1,'1',[1]]
list1[:2] = [3,3]                    #2 修改 0,1 元素
print(2,":",list1)
list1 = [1,'1',[1]]
list1[:2] = [6,]                     #3 修改、删除
print(3,":",list1)
list1 = [1,'1',[1]]
list1[:] = []                        #4 删除所有元素
print(4,":",list1)
list1 = [1,'1',[3]]
print(5,":",list1[2][0])             #5 索引 3
```

运行结果如下：

```
1:[3, '1', [1]]
2:[3, 3, [1]]
3:[6, [1]]
4:[]
5:3
```

访问列表中的列表，list1[2][0]的第 1 个索引[2]表示取出 list1 列表 2 位置的元素 [3]，第 2 个索引[0]表示取出列表[3]的 0 位置的元素 3。

3.5　无序型数据字典和集合

无序型数据字典和集合用大括号和逗号分隔建立，例如字典 d={'语文'：3,'数学'：6, '体育'：9}，集合 s={3,6,9}。不同之处是，字典的每个元素有键和值两部分，键和值用冒号 分隔。字典和集合具有共同的操作函数，见表 3-8(表中 s={3,6,9},d={'语文'：3,'数学'： 6,'体育'：9})。

表 3-8　字典和集合操作函数

操 作 函 数	描　　述	结　　果
len(s)、len(d)	元素个数,长度	3,3
max(s)、max(d)	最大值	9,'语文'
min(s)、min(d)	最小值	3,'体育'
3 in s、'英语' in d	在里面判断	True False
s. clear()、d. clear()	清空	{} {}

示例代码如下：

```
#//第 3 章/3.10.py
s = {3,6,9}
d = {'语文':3,'数学':6,'体育':9}
print(len(s),len(d))                 #元素个数
print(max(s),max(d))                 #最大值的元素
print(min(s),min(d))                 #最小值的元素
print((3 in s),('英语' in d))         #在不在的判断
```

运行结果如下：

```
3 3
9 语文
3 体育
True False
```

当用 max()、min() 比较字符"语文""数学""体育"的大小时，计算机比较的是"语""数""体"三个字符对应的 ASCII 码的大小。ord() 命令用于查看字符的 ASCII 码，例如 ord('语')。此外，可用 chr() 命令查看 ASCII 码对应的字符，例如 chr(35821)。你的姓名的 ASCII 码是多少？

1. 字典

有序列数据类型是通过固定的序列号访问元素的，而字典是无序列数据类型，不可以用固定的序列号的方式访问数据。

字典，例如 d={'语文'：3，'数学'：6 }，由大括号和键-值对组成，'语文'称为键，3 称为值，键和值用冒号分隔，不同的键-值对用逗号分隔。字典是通过键访问元素的，所以字典的键在字典内必须是唯一的、不变的，例如字符串、数字、元组，但字典的值却可以是任意类型的数据，如 d2={1：3，2：[1,2,3]}。

字典的操作方法见表 3-9（表中 d={'语文'：3，'数学'：6 }）。

表 3-9 字典操作方法

操作符函数	描 述	结 果
d.keys()	返回所有键的信息列表	dict_keys(['语文'，'数学'])
d.values()	返回所有值的信息列表	dict_values([3，6])
d.items()	返回所有键-值对的信息列表	dict_items([('语文'，3)，('数学'，6)])
d.get('语文'，'不存在') d.get('英语'，'不存在')	如果键存在，则返回相应值，如果不存在，则返回设定值	3 '不存在'
d.pop('英语'，'不存在')	如果键存在，则返回相应值并删除键-值对，如果不存在，则返回设定值	'不存在'
d.popitem()	随机取出并删除 d 中的键-值对	
d.clear()	清空字典	{}

代码如下：

```
#//第 3 章/3.11.py
d={'语文':3,'数学':6,'体育':9}
print(d.keys())
print(d.values())
print(d.items())
print(d.get('语文','不存在'))
print(d.get('英语','不存在'))
print(d.pop('英语','不存在'))
d.popitem()
print(d)
d.clear()
print(d)
```

运行结果如下：

```
dict_keys(['语文', '数学', '体育'])
dict_values([3, 6, 9])
dict_items([('语文', 3), ('数学', 6), ('体育', 9)])
3
不存在
不存在
{'语文': 3, '数学': 6}
{}
```

可以看出 d.keys()、d.values()、d.items()是字典数据类型，可以用 list()命令转换为列表，然后用列表的方法操作，如 list(d.keys)，可得到列表['语文', '数学', '体育']。

字典的访问、修改、删除也可以通过索引的方法实现，只不过索引的是键名，例如 d['语文']用于获取键为"语文"的值，d['语文']=9 用于把键为'语文'的值修改为 9。

del d['语文'] 用于删除键为"语文"的键-值对，列表也可以用 del 的方法通过索引和切片来删除元素。

2. 集合

集合，例如 T={'红红', '豆豆'}，可以看作字典，但去掉了值，因为键不能重复，所以在集合中没有重复的元素，集合的元素只能是不可变的数字、字符串、元组。集合的操作符与方法见表 3-10(表中 S={'明明', '红红'}，T={'红红', '豆豆'})。

表 3-10 集合的操作符与方法

操作符与方法	描　　述	结　　果
S&T	返回包含 S 和 T 共有元素的新集合(交集)	{'红红'}
S|T	返回包含 S 和 T 所有元素的新集合(并集)	{'明明', '豆豆', '红红'}
S−T	返回 S 有且 T 没有的元素的新集合(差集)	{'明明'}
S^T	返回 S 和 T 非共有元素的新集合(补集)	{'明明', '豆豆'}
S.add('豆豆')	在 S 中添加元素'豆豆'	{'明明', '豆豆', '红红'}
S.remove('豆豆')	在 S 中删除元素'豆豆'	{'明明', '红红'}

示例代码如下：

```
#//第3章/3.12.py
S = {'明明', '红红'}
T = {'红红', '豆豆'}
print(S & T)              #求 S 与 T 的交集
print(S | T)              #求 S 与 T 的并集
print(S - T)              #求 S 与 T 的差集
print(S ^ T)              #求 S 与 T 的补集
S.add('豆豆')             #添加元素
S.add('豆豆')
print(S)
S.remove('豆豆')          #删除元素
print(S)
```

运行结果如下：

```
{'红红'}
{'明明', '豆豆', '红红'}
{'明明'}
{'明明', '豆豆'}
{'明明', '豆豆', '红红'}
{'明明', '红红'}
```

由上可见,集合可以重复添加,但不会有效果,集合会自动去掉重复的元素(简称去重)。

3. 各种数据类型的判断、生成、转换与复制

Python 用 type()判断数据类型,不同类型的数据可以相互转换,见表 3-11。

表 3-11 数据的转换与生成

数 据 名	数据类型	转 换	结 果	定 义 生 成
整数	int	int(3.14)	3	x=3
浮点数	float	float(3)	3.0	x=3.1
字符串	str	str(3)	3	s=''
列表	list	list((1,2))	[1,2]	l=[]
元组	tuple	tuple([1,2])	(1,2)	t=()
字典	dict	dict([(1,2)])	{1:2}	d={}
集合	set	set((1,2))	{1,2}	s=set()

d={}生成的是空字典,空集合只能用 set()生成,数据类型名即类型转换函数。

第二篇　自动化办公

▶▶▶

第4章

库　操　作

完成简单功能的程序称为函数，Python 自带的函数称为内置函数，如 print()、str()、int()等，内置函数随着 Python 启动，可以直接使用。用 def 定义的函数称为自定义函数。

完成更多特定功能的函数组合称为库(有些编程语言称为模块)，随着 Python 一起安装的库称为标准库，以 Python 3.6.5 版本为例，在 Windows 系统中默认的安装目录如下：

```
C:\Users\<用户名>\AppData\Local\Programs\Python\Python36-32\Lib
```

4.1　标准库 time

time 库主要的功能是处理时间。

2min

1. 库的引用

库并没有和内置函数一样随 Python 一起启动，所以要用保留字 import 引入它后才能使用，以 time 库为例，引入方式如下。

第 1 种，import time 表示把 time 库的全部函数导入程序，库中函数的调用采用 time.<函数名>()的形式，代码如下：

```
import time
print(time.ctime())
```

第 2 种，import time as t 表示把全部函数导入程序，对库另起一个更简单的名字，调用函数更简单，采用 t.<函数名>()形式，代码如下：

```
import time as t
print(t.ctime())
```

第 3 种，from time import * 表示把 time 库全部的函数导入程序，对库中函数调用采用<函数名>()形式，代码如下：

```
from time import *
print(ctime())
```

第 4 种，from time import ctime 表示把 time 库的 ctime 函数导入程序，对库中函数调用采用<函数名>()形式，示例代码如下：

```
from time import ctime
print(ctime())
```

2. time 库的常用函数

time 库的常用函数见表 4-1(表中 s= '2022-06-07 00:00:00')。

表 4-1　time 库的常用函数

函 数 名	作　　用	示　　例	运 行 结 果
time()	获取当前时间戳秒数	time.time()	1645922803.5834877
ctime()	获取当前时间字符串	time.ctime()	Sun Feb 27 08:46:43 2022
localtime()	获取当前时间对象	time.localtime()	time.struct_time(tm_year =2022，tm_mon=2...)
strptime()	将字符串格式化为时间对象	t= time.strptime(s,' %Y-%m-%d %H:%M:%S')	
mktime()	将时间对象转换为时间戳	time.mktime(t)	
sleep()	暂停	time.sleep(5)	暂停 5s

示例代码如下:

```
#//第 4 章/4.1.py
import time
#一、获取时间
print(time.time())                                      #1 获取当前时间戳
print(time.ctime())                                     #2 获取时间字符串
print(type(time.ctime()))
print(time.ctime()[-4:])
print(time.localtime())                                 #3 获取本地时间对象
print(time.localtime()[0],time.localtime().tm_year)     # 输出年份 2022
#二、转换时间格式
timestring = '2022-06-07 00:00:00'
timep = time.strptime(timestring,'%Y-%m-%d %H:%M:%S')   #1 字符串转时间对象
print(timep)
ttime = time.mktime(timep)                              #2 时间对象转时间戳
print(ttime)
#三、暂停
print('暂停 5s')
time.sleep(5)                                           # 暂停 5s
print('暂停结束')
```

运行结果如下:

```
1645924739.4018524
Sun Feb 27 09:18:59 2022
<class 'str'>
2022
time.struct_time(tm_year = 2022, tm_mon = 6, tm_mday = 27, tm_hour = 9, tm_min = 18, tm_sec =
59, tm_wday = 6, tm_yday = 58, tm_isdst = 0)
2022 2022
time.struct_time(tm_year = 2022, tm_mon = 6, tm_mday = 7, tm_hour = 0, tm_min = 0, tm_sec = 0,
tm_wday = 1, tm_yday = 158, tm_isdst = -1)
```

```
1654531200.0
暂停 5s
暂停结束
```

获取的时间戳是从 1970 年 1 月 1 日(UTC/GMT 的午夜)开始所经过的秒数,通常用两个时刻的时间戳之差进行计时,时间字符串用来切片出需要的时间,时间对象可用 time. localtime()[0] 索引和 time.localtime().tm_year 函数两种方法获取更多的时间信息。

用户可将时间字符串转换为时间对象,进而转换为时间戳,通常用于倒计时。

3. 正计时与倒计时

正计时,示例代码如下:

```
#//第 4 章/4.2.py
import time
strtime = time.time()                        #获取时间戳
time.sleep(6)                                #程序暂停执行 6s
endtime = time.time()                        #获取时间戳
print('程序运行了{}秒'.format(endtime - strtime))  #CPU 运行总时间
```

运行结果如下:

```
程序运行了 6.009710788726807s
```

倒计时,示例代码如下:

```
#//第 4 章/4.3.py
import time                                   #字符串转时间对象
future = time.strptime('2023 - 06 - 07 00:00:00','%Y - %m - %d %H:%M:%S')
gaokao = time.mktime(future)                  #时间对象转时间戳
now = time.time()                             #当前时间戳
delta = gaokao - now                          #求时间差
daytime = delta//(24 * 3600)                  #余多少天
hour = (delta % (24 * 3600))//3600            #余多少小时
minute = (delta % (24 * 3600)) % 3600//60     #余多少分钟
seconds = delta % 60                          #余多少秒
print_now = time.strftime('%Y - %m - %d %H:%M:%S',time.localtime())
#print("今天是:",print_now)
print("距高考还有{}天{}小时{}分{}秒".format(int(daytime),int(hour),int(minute),int
(seconds)))
```

运行结果如下:

```
距高考还有 285 天 13 小时 16 分 28 秒
```

delta//(24 * 3600)是秒数 delta 整除 1 天的秒数 24 * 3600,得到 delta 包含的天数。

(delta%(24 * 3600))//3600 先是秒数 delta 对 1 天的秒数 24 * 3600 求余数,得到不足 1 天的秒数,再对 1 小时的秒数 3600 整除,得到不足 1 天的小时数。

(delta%(24 * 3600)) %3600//60 先是秒数 delta 对 1 天的秒数 24 * 3600 求余数,得到不足 1 天的秒数,对 1 小时的秒数 3600 求余数,得到不足 1 小时的秒数,再对 1 分钟的秒数整除,得到不足 1 小时的分钟数。

delta%60 是秒数 delta 对秒数求 60 的余数,得到不足 1 分钟的秒数。

4.2 标准库 pathlib、glob、shutil

pathlib 库是常用的处理文件、目录及路径操作的库,glob 库是用于搜索文件名并形成文件名字符串列表的库,shutil 库是用于复制文件和文件夹的库。

三者配合使用可以获取路径对象、生成路径对象、操作路径对象(移动、重命名、删除、生成、复制)。

1. 获取路径对象

获取路径对象、文件名、扩展名,示例代码如下:

```python
#//第 4 章/4.4.py
from pathlib import Path
import glob
listpy = [ ]
p = Path.cwd()                        #1 获取当前路径
print(p)
for i in p.iterdir():                 #2 遍历文件和文件夹
    print(i)
for py in p.glob('*.py'):             #3 将 py 文件加入列表
    listpy.append(py)
for i in (p.glob('**/*.py')):         #4 遍历当前及子目录
    print(i)
    print(i.name)                     #5 获取文件名
    print(i.suffix)                   #6 获取扩展名
```

以上方法获得的都是路径对象,pathlib 只能操作路径对象,当然路径对象也可以用 list() 函数把路径对象转换为列表,用 str() 函数把路径对象转换为字符串,反之,字符串也可以转换成路径对象。

2. 生成路径对象

将字符串转换为路径对象,示例代码如下:

```python
#//第 4 章/4.5.py
from pathlib import Path
pwj = Path('1.txt')                   #1 转换为文件路径
pml = Path('1')                       #2 转换为文件夹路径
print(type(pwj))
print(type(pml))
pj2 = Path.cwd().joinpath('1.txt')    #3 用 join 拼接路径
print(pj2)
pj3 = Path.cwd() / '1/1.txt'          #4 用/拼接路径
print(pj3)
```

join 和“/”这两种拼接方法都可以多次拼接包含多级文件夹的路径。

3. 路径的判断

操作路径之前,需要判断它是否存在。如果存在,则还需要判断是文件还是文件夹,示例代码如下:

```
print(Path('1.txt').exists())                    #1 判断路径是否存在
print(Path('1.txt').is_file())                   #2 判断是不是文件
print(Path('1.txt').is_dir())                    #3 判断是不是目录
```

4. 路径对象的移动、重命名、删除、生成文件夹

路径对象的移动、重命名、删除、生成文件夹,示例代码如下:

```
#//第 4 章/4.6.py
from pathlib import Path
# (Path.cwd() / '2.txt').rename((Path.cwd() /'1.txt'))        #1 移动并重命名
# (Path.cwd() / '1.txt').unlink()                              #2 删除文件
# (Path.cwd() / '1').rmdir()                                   #3 删除空目录
                                                               #4 新建文件夹
# (Path.cwd() / '1/3').mkdir(mode = 0o777, exist_ok = True, parents = True )
```

一次运行一行代码,以便于观察效果,运行第 1 步"移动并重命名"前先创建一个 2.txt 文件,运行第 3 步"删除目录"前先创建一个空目录"1"。

移动文件时,可以指向源目录,起到直接重命名的作用,也可以只移动而不重命名,新建文件夹时,mode = 0o777 表示将文件夹权限设定为可读写,exist_ok = True 参数保证文件夹保存时不报错,parents = True 时表示依次建立路径中的所有文件夹。

5. 文件及文件夹的复制

文件及文件夹的复制,示例代码如下:

```
#//第 4 章/4.7.py
from pathlib import Path
import shutil
                                                               #1 复制并重命名
shutil.copy((Path.cwd() / '1.py'),(Path.cwd() / '1/2.py'))
shutil.copy('1.py', '3.py')                                    #2 复制并重命名
shutil.copy('1.py', '1')                                       #3 复制到目录 1 内
shutil.copytree('1/4','1/5')                                   #4 将文件夹 4 复制至文件夹 5
```

复制文件或文件夹前需要先新创建相应的文件和文件夹。

6. 项目实例：批量复制、删除

可以用遍历的方法复制、删除整个目录的文件,代码如下:

```
#//第 4 章/4.8.py
from pathlib import Path
import glob
import shutil
for img in glob.glob(" * .png"):                               #1 删除当前目录所有的 png 文件
    Path(img).unlink()
for img in glob.glob("bak/ * .jpg"):                           #2 删除 bak 目录下所有的 jpg 文件
    Path(img).unlink()
                                                               #3 将 ls 目录下的文件复制到 pic 目录
for file in [x for x in Path.cwd().joinpath('ls').iterdir()]:
    shutil.copy(file,Path.cwd().joinpath('pic').joinpath(file.name))
```

删除或复制文件前需要先新创建相应的文件。

4.3　pip 的使用和 Jieba、WordCloud 库

非官方开发的库,称为第三方库,第三方库需要先安装,再用 import 引用,大部分第三方库可以用 pip 工具安装。

1. pip 工具的使用

打开 cmd 命令行窗口,输入 pip -h 命令,按 Enter 键,可以查看 pip 支持的命令,pip list 命令可以查看所有已安装的第三方库,常用的命令有安装(install)、下载(download)、卸载(uninstall)、查看(show)、搜索(search),使用格式为 pip <命令> [库名]。

以安装 PyInstaller 为例,安装库的命令如下:

```
pip install pyinstaller
```

无论当前目录是什么,pip install pyinstaller 都会把库安装在 site-packages 目录下,以 Python 3.6 版本为例,默认安装在如下目录:

```
C:\Users\<用户名>\AppData\Local\Programs\Python\Python36 - 32\Lib\site - packages
```

如果同时安装多个库,库名则可用空格隔开。为了提高下载速度,可以用参数-i 指定国内服务器,以清华源为例,安装命令如下:

```
pip install pyinstaller - i https://pypi.tuna.tsinghua.edu.cn/simple/
```

如何列出已经安装第三方库的名称和版本清单呢? pip freeze>命令可设定 txt 文件名,命令如下:

```
pip freeze > requestment.txt
```

生成的 requestment.txt 文件在当前目录下,如何一次性卸载这些库呢? 命令如下:

```
pip uninstall - r requestment.txt - y
```

如何一次性全部安装这些库呢? 命令如下:

```
pip install - r requestment.txt
```

当 pip 因为版本太低而不工作时,需要升级 pip,命令如下:

```
pip install -- upgrade pip
```

升级其他的第三方库,方法相同,例如升级 Jieba 库,命令如下:

```
pip install - upgrade jieba
```

2. Jieba 库

要对文本内容进行分析,首先要把文本内容分解成单个字词(简称分词),分词需要第三方库 Jieba,安装命令如下:

```
pip install jieba
```

Jieba 库常用的是"精确分词模式",将句子最精确地切开,适合文本分析。

示例代码如下:

```
import jieba
jlist = jieba.cut("我来到北京清华大学", cut_all = False)     # 精确分词
print("/ ".join(jlist))
```

运行结果如下:

```
我/ 来到/ 北京/ 清华大学
```

jieba.cut("我来到北京清华大学", cut_all=False)的参数"我来到北京清华大学"是需要分词的文本内容,参数 cut_all=False 表示精确分词。

3. WordCloud 库

词云是艺术化频率展示的形式,WordCloud 是专门根据文本生成词云的第三方库,安装命令如下:

```
pip install wordcloud
```

还需要一个读取图像的库,安装命令如下:

```
pip install imageio
```

代码如下:

```
# //第 4 章/4.9.py
from wordcloud import WordCloud
import jieba
import imageio
txt = '段誉乱走了一阵,突见两个胡僧快步从侧门闪了出来,东张西望,闪缩而行。段誉心念一动'
words = jieba.lcut(txt)                          # 分词
newtxt = ' '.join(words)                         # 空格连接
ma = imageio.imread('jie/2.png')                 # 词云形状图
wordcloud = WordCloud(font_path = 'msyh.ttc', mask = ma).generate(newtxt)   # 生成词云
wordcloud.to_file('jie/1.png')                   # 保存为图像
```

生成的词云图像 1.png 如图 4-1 所示。

WordCloud(font_path='msyh.ttc', mask=ma).generate(newtxt)的参数 font_path 用于指定文本的字体,参数 mask 用于指定生成词云的图像文件,方法 generate()用于获取词云,参数 newtxt 是文本分词后用空格连接成的字符串。

词云的形状图像 2.png 用黑色图像效果最好,为了印刷清晰,这里把 1.png 的黑色背景换成了白色,具体方法详见 14.6 节。

图 4-1　词云

4.4　Pillow 库处理图像

Pillow 是处理图像的第三方库,安装命令如下:

```
pip install Pillow
```

1. 获取图像的信息

处理图像的第 1 步是要获取图像的信息,代码如下:

```
#//第 4 章/4.10.py
from PIL import Image
im = Image.open('pil/1.jpg')          #打开文件
print(im.size)                        #获取宽和高
print(im.filename)                    #获取文件的相对路径
print(im.format)                      #获取文件格式
```

运行结果如下:

```
(201, 196)
pil/1.jpg
JPEG
```

2. 改变图像的大小和格式

改变图像的大小和格式,代码如下:

```
#//第 4 章/4.11.py
from PIL import Image
im = Image.open('pil/1.jpg')
imresize = im.resize((400,400))       #修改图像大小
imresize.save('pil/1resize.jpg')
print(imresize.size)
imL = im.convert("L")                 #将格式修改为 L 灰度
imL.save('pil/1l.jpg')
imrgb = imL.convert("RGB")            #将格式修改为 RGB 彩色
imrgb.save('pil/1rgb.jpg')
```

修改图像的大小时,传入的参数必须是两位整数的元组形式。

3. 图像的新建、剪切、粘贴

以把理综试卷两面的物理题拼在一面,非物理题用空白遮住为例,介绍图像的新建、剪切、粘贴等功能,代码如下:

```
#//第 4 章/4.12.py
from PIL import Image
im1 = Image.open('pil/01.jpg')              #打开试卷的第 1 页
im2 = Image.open('pil/02.jpg')              #打开试卷的第 2 页
im3 = Image.new('RGBA',(640,135),'white')   #新建白色图像
im22 = im2.crop((806,160,1485,1411))        #im2 剪出需要的区域
im1.paste(im22,(1738,158))                  #粘贴到(1738,158)
im1.paste(im3,(1738,1403))                  #粘贴到(1738,1403)
im1.save('pil/0102.jpg')
```

新建图像命令 new('RGBA',(640,135),'white')的参数'RGBA'用于指定图像模式,参数(640,135)用于指定图像的宽度和高度,参数'white'用于指定图像的颜色,参数 im3 表示生成的图像对象。

剪切命令 im22 = im2.crop((806,160,1485,1411))的参数(806,160,1485,1411)分别是剪取部分左上角的 x 坐标和 y 坐标和右下角的 x 坐标和 y 坐标,im2 是剪切的对象,im22 是剪切生成的图像。可以理解为将 im2 的(806,160,1485,1411)区域剪切成图像 im22。

粘贴命令 im1.paste(im3,(1738,1403))的参数 im3 是粘贴的内容,im1 是粘贴的目的图像,参数(1738,1403)是粘贴起点的 x 坐标和 y 坐标。可以理解为在图像 im1 的(1738,1403)位置粘贴 im3。

4. 绘制

Pillow 库可以在图像上写字和绘制各种图形,代码如下:

```
#//第4章/4.13.py
from PIL import Image, ImageDraw, ImageFont
im = Image.new('RGB',(200,200),'white')
draw = ImageDraw.Draw(im)                                    #绘画模块
draw.line([(10,10),(60,130),(80,130),(150,10)],fill = 'black')  #画线
draw.rectangle((45,35,60,55),fill = 'brown')                 #矩形
draw.ellipse((85,30,105,55),fill = 'brown')                  #椭圆
draw.polygon(((55,90),(87,90),(70,110)),fill = 'red',outline = 'green')  #多边形
SignPainterFont = ImageFont.truetype('simhei.ttf', 20)       #字体
draw.text((140,100),'漂亮!',fill = 'blue',font = SignPainterFont)  #写字
im.save('pil/text.jpg')                                      #保存
```

运行结果如图 4-2 所示。

画线命令 draw.line()的坐标参数放在列表内,其他命令的坐标参数放在元组内。

图 4-2 PIL 绘图

line()画直线命令的参数是直线各拐点的坐标。

rectangle()画矩形命令的参数是矩形左上角坐标和右下角坐标。

ellipse()画椭圆命令的参数是外切矩形的左上角和右下角的坐标。

polygon()画多边形命令的参数是每个点的坐标。

text((140,100),'漂亮!',fill = 'blue',font = SignPainterFont)写字命令的参数(140,100)是写字位置的坐标,参数'漂亮!'是文本内容,参数 font 是字体设置,参数 fill 表示填充颜色。还可以用参数 outline 指定线条颜色。

Pillow 库还有读取剪切板的图像 grabclipboard()、读取图像拍摄信息 getexif()、几何变形等功能,使用方法详见 6.10.py 和 6.13.py 文件。

4.5 条形码与二维码处理库

条形码与二维码的识别在生活中随处可见。

1. 识别条形码

Pyzbar 库是识别二维码和条形码的第三方库,安装命令如下:

```
pip install pyzbar
```

识别条形码，代码如下：

```
♯//第 4 章/4.14.py
import pyzbar.pyzbar as pyzbar
from PIL import Image
frame = Image.open('bar/txm.jpg')                    ♯读取条形码图像
barcodes = pyzbar.decode(frame)                       ♯识别
for barcode in barcodes:
    barcodeData = barcode.data.decode("UTF - 8")      ♯转换为字符串
    print(barcodeData)                                ♯输出
```

识别结果如下：

```
0641339105006
```

如果图像中只有一个条形码，则不用遍历，一行代码即可识别，示例代码如下：

```
import pyzbar.pyzbar as pyzbar
from PIL import Image
frame = Image.open('bar/txm.jpg')
print(pyzbar.decode(frame)[0].data.decode("utf - 8"))
```

Pyzbar 库还支持 OpenCV 读取的图像（详见第 11 章和第 14 章）。

2. 识别二维码

识别二维码，代码如下：

```
♯//第 4 章/4.15.py
import pyzbar.pyzbar as pyzbar
from PIL import Image
frame = Image.open('bar/ewm.jpg')                    ♯读取二维码图像
barcodes = pyzbar.decode(frame)                       ♯识别
for barcode in barcodes:
    barcodeData = barcode.data.decode("UTF - 8")      ♯转换为字符串
    print(barcodeData)                                ♯输出
```

识别结果如下：

```
大锤一百
```

和条形码识别代码是一样的，只是将条形码图像换成了二维码图像。

3. 生成条形码

生成条形码，需要第三方库 pystrich，安装命令如下：

```
pip install pystrich
```

条形码分类繁多，以常见的 Code 128 为例，代码如下：

```
from pystrich.code128 import Code128Encoder
encoder = Code128Encoder('201909001',options = {"ttf_font":"C:/Windows/Fonts/SimHei.ttf",
"ttf_fontsize":22 ,"bottom_border":5,"height":150,"label_border":1})        ♯生成
encoder.save("bar/sctxm.png", bar_width = 3)                                 ♯保存
```

生成条形码的"bar/sctxm.png"文件如图 4-3 所示。

图 4-3　生成条形码

Code128Encoder('201909001',options＝{"ttf_font"："C:/Windows/Fonts/SimHei.ttf"，"ttf_fontsize"：22，"bottom_border"：5，"height"：150，"label_border"：1}),参数'201909001'为文本内容,参数"ttf_font"为字体地址,参数"ttf_fontsize"为字号,参数"bottom_border"是底部文字区域的高度,参数"height"是条形码区域的高度,参数"label_border"是边距。

save("bar/sctxm.png"，bar_width=3)的参数"bar/sctxm.png"是条形码图像保存的位置,参数 bar_width 是条形码的宽度为高度的多少倍,3 即 3 倍。

4. 生成二维码

生成二维码需要安装第三方库 MyQR,安装命令如下:

```
pip install myqr
```

生成静态黑白二维码,代码如下:

```
from MyQR import myqr
myqr.run(words = 'love',save_name = 'scewm.jpg',save_dir = 'bar')
```

图 4-4　生成二维码

生成的二维码如图 4-4 所示。

run(words＝'love',save_name＝'scewm.jpg',save_dir＝'bar')函数的参数 words＝'love'是二维码的内容,参数 save_name＝'scewm.jpg'是生成的二维码保存为图像的文字名,参数 save_dir＝'bar'是图像保存在哪个目录下。

MyQR 可以生成带其他图像背景的、彩色的、动态的二维码,功能非常强大。

4.6　打包工具 PyInstaller

PyInstaller 第三方库可以把 Python 源代码 py 文件打包成不需要安装 Python 而独立执行的 exe 文件,方便在不同的计算机上运行程序。

方法一:打包成单个 exe 文件,以 1-1.py 文件为例,先进入 1-1.py 文件所在的目录,在命令行中输入 cmd 命令后按 Enter 键,输入 pyinstaller -F 1-1.py 后按 Enter 键,py 程序所在的目录生成的 build 是临时文件目录,可以删除,dist 目录内 1-1.exe 文件就是打包好的程序。

方法二:打包成文件夹,把方法一中的命令改为 pyinstaller 1-1.py,运行命令后生成的 dist 目录内除有 1-1.exe 之外,还有许多可执行文件的动态链接库,把整个文件夹复制到其他计算机就可以使用了。

其他参数,如果不需要出现控制台,则可加上"-w"参数,例如 pyinstaller -w ＜py 文件名＞;如果要自定义程序图标,则需要加上参数"-i 图标文件名",例如 pyinstaller -i pic.ico -w -F ＜py 文件名＞。

注意 （1）文件路径不要出现中文和空格,有些第三方库不支持。

（2）程序需要的 py 之外的文件需要复制到打包后的文件夹,源代码用相对路径引用。

（3）运行打包后的 exe 文件时,如果出现闪退现象,则原因可能是第三方库个别文件没有打包进去,解决办法详见第 18 章。

4.7　自定义库

新建一个 c1.py 文件,只需一条命令,命令如下:

```
print(1 + 2)
```

再建一个 test.py 文件,放在同一目录下,也只需一条命令,命令如下:

```
import c1
```

无论单独执行 c1.py 还是 test.py,都能打印出正确的结果,但是有个问题,修改 test.py 的代码如下:

```
import c1
import c1
```

再次运行 test.py,结果只执行了一次,为了多次调用,修改 c1.py 内容为

```
def dd():
    print(1 + 2)
```

修改 test.py 的内容为

```
import c1
c1.dd()
c1.dd()
```

运行 test.py 的结果为

```
3
3
```

结果正确,新的问题又来了,直接运行 c1.py,程序没有反应,因为 c1.py 定义了函数,但没有调用,如果 c1.py 调用了,则 test.py 引用时就会被执行,为了解决这个矛盾,把 c1.py 修改为

```
def dd():
    print(1 + 2)


if __name__ == '__main__':
    dd()
```

再运行 c1.py,程序能够正确执行,test.py 引用 c1.py 时,c1.py 不会执行,还能反复调用,这是为什么?'__ name __'是什么?继续做实验,修改 c1.py 代码如下:

```
def dd():
    print(__name__)
    print(1 + 2)

if __name__ == '__main__':
    dd()
```

运行结果如下:

```
__main__
3
```

可见执行 c1.py 时,__name__ == '__main__'。再执行 test.py,结果如下:

```
c1
3
```

__name__ 等于 c1.py 的文件名。由此可见,__name__ 是个变量,程序本身被执行时,它的值为'__main__',程序作为库被调用时,它的值就是程序的名字 c1。__name__ 用以区分程序执行的环境。

用双下画线开头、用双下画线结尾的变量,在 Python 中被称为内置变量,除了 __name__,常见的还有 __init__ 和 __dict__ 等。那么有多少内置变量呢?可以在交互式编程窗口输入下面的命令,查看 Python 全部的内置变量和内置函数。

```
>>> dir(__builtins__)
```

明白了这一点,常用的程序就可以做成库,编程序时就可以像搭积木一样,可以反复调用,以此快速做完项目。

第 5 章

办公自动化

本章介绍 PPT、Excel、Word、声频、视频等各种文件的自动化处理。

9min

5.1 PyCharm 的使用

PyCharm 是高效的、免费的 Python 语言开发工具,从本章开始,使用 PyCharm 编写 Python 代码。

1. 下载与安装

进入 PyCharm 官网,如图 5-1 所示。

图 5-1 PyCharm 官网

单击 PyCharm 官网右上角的 Download 按钮,进入下载界面,如图 5-2 所示。

单击右侧的 Download 按钮,下载免费的社区版(Community),双击下载好的 PyCharm-community-2021.3.2.exe 程序进行安装。

依次单击【运行】→【是】→Next→Next,直到出现安装选项窗口,如图 5-3 所示。

全部勾选,单击 Next→Install 按钮进行安装,直到进入完成安装界面,如图 5-4 所示。

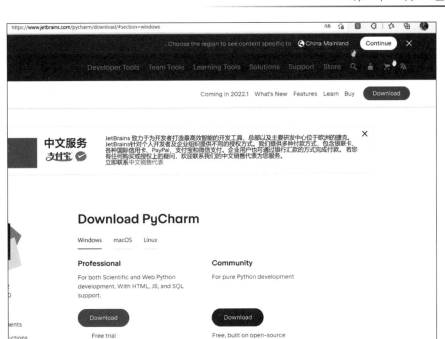

图 5-2　PyCharm 下载界面

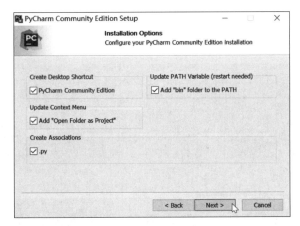

图 5-3　PyCharm 安装选项

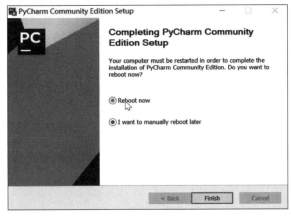

图 5-4　PyCharm 完成安装

选择 Reboot now,单击 Finish 按钮完成安装,然后重启计算机。开机后双击桌面上的 PyCharm Community Edition 2021.3.2 的快捷方式运行程序,进入协议界面,如图 5-5 所示。

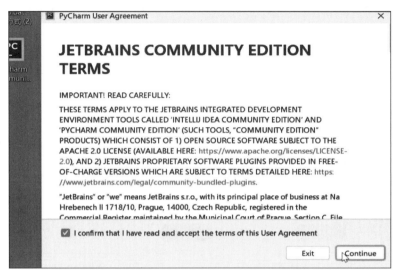

图 5-5　PyCharm 协议窗口

勾选 I confirm that I have read and accept the terms of this User Agreement,再单击 Continue 按钮,进入 PyCharm 欢迎界面,如图 5-6 所示。

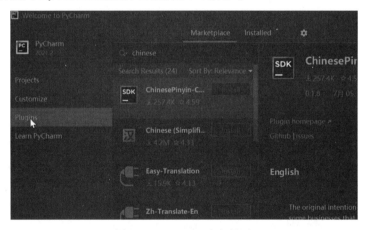

图 5-6　PyCharm 欢迎界面

单击 Plugins 按钮安装插件,在搜索栏中输入 chinese,单击 汉 右边的 Install 按钮,安装官方汉化插件;在搜索栏中输入 translation,单击 Install 按钮,安装翻译插件,也可以在打开 PyCharm 后选择 File→Settings→Plugins 进行安装,安装完成后重启 PyCharm,以便使插件生效。

2. 打开项目

用 PyCharm 打开项目有 3 种方法。

1) 新建项目

运行 PyCharm,进入如图 5-7 所示的欢迎界面,PyCharm 已经被汉化。

图 5-7　PyCharm 欢迎界面

单击【新建项目】按钮,进入新建项目界面,如图 5-8 所示。

图 5-8　新建项目界面

　　【位置】是用来设置新建项目(程序文件夹)路径的,选中【先前配置的解释器】指定已安装的 Python 程序,单击【创建】按钮,创建新的项目。

　　2)打开

　　运行 PyCharm,进入如图 5-7 所示的欢迎界面,单击【打开】按钮,选择项目文件夹,打开项目。

　　3)右击打开

　　最常用的方法是右击项目文件夹,选择 Open Folder as PyCharm Community Edition

Project,打开项目。

3．PyCharm 主界面各区域功能介绍

打开项目后，进入 PyCharm 程序主界面，如图 5-9 所示。

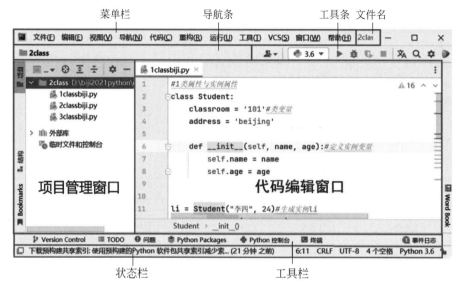

图 5-9　PyCharm 程序主界面

PyCharm 程序主界面由菜单栏、导航条、工具条、工具栏、代码编辑窗口、状态栏等组成。

工具栏各按钮的功能如下。

（1）❦ Python Packages：包管理工具，用于查看、搜索、安装各种库。

（2）🐍 Python 控制台：打开交互编程窗口。

（3）▶ 终端：进入 cmd 命令行窗口。

右击项目管理窗口内的文件，弹出的菜单有【新建】、【复制】、【粘贴】等各种功能，常用的是【新建】功能，用于在项目目录中新建 Python 程序或目录等，如图 5-10（a）所示；还可以直接打开程序所在的文件夹、cmd 路径等，如图 5-10（b）所示。

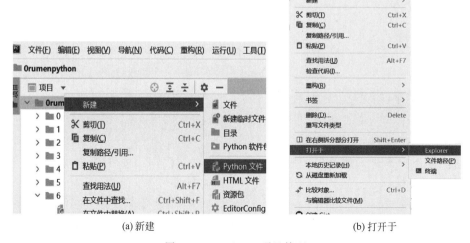

(a) 新建　　　　　　　　　　　　　　(b) 打开于

图 5-10　PyCharm 项目管理

状态栏在底部,6:11 表示光标在第 6 行第 11 列;UTF-8 是编码类型;Python 3.6 表示所用 Python 的版本为 3.6。

4. 常用功能

1) 注释与缩进

在英文状态下,选中一段程序,按组合键 Ctrl+/可增加或去掉注释。

选中多行代码,按下 Tab 键,选中的代码向右缩进,按下组合键 Shift + Tab 键,代码向左缩进。

2) 查看源码

按 Ctrl 键,再单击 Python 函数,会打开函数源码。

3) 跳转

单击右下角行列显示,输入行数后按 Enter 键,光标可以直接跳转到指定行。

4) 搜索

先选中需要搜索的内容,再按组合键 Ctrl+F,可以搜索选中的内容。

5) 替换

在命令栏中选择【编辑】→【查找】→【替换】,可以批量替换代码。

6) 自动引用库

当程序中没有引用库而直接使用库时,可以把光标放在库名上,此时库名下就会出现引用库提示,单击需要的引用项后 PyCharm 会自动引用库。

7) 自动安装库

当程序没有安装库而直接引用库时,可以把光标放在库名上,当出现提示菜单时,单击选择需要安装的库,PyCharm 会自动安装库。

8) 代码格式化

如果出现 Tab 和空格混用的情况,则可在命令栏中选择【代码】→【重新格式化代码】,PyCharm 会自动统一格式。

9) 错误提示

PyCharm 主界面的右上角有一个问题代码报警数字,单击后在下面会出现报警类型及所在的行数,双击报警信息后,光标会自动跳转到问题代码所在的行。

10) 自定义文件头

在实际的代码编写中,经常需要定义属于自己的文件头,例如程序的创建时间、作者、编码等。在 PyCharm 中,可以自定义文件头,以后新建的程序都会自动加载文件头内容,设置方法如下。

选择【文件】→【设置】→【编辑器】→【文件和代码模板】→ Python Script,如图 5-11 所示。

输入文件头内容,单击【确定】按钮,以后新建 Python 文件时,模板内容会自动加载,如图 5-12 所示。

11) 实时模板

选择【文件】→【设置】→【编辑器】→【实时模板】→ ➕增加快捷命令,如图 5-13 所示。

【缩写】即快捷键,例如 cs;【描述】是对快捷键内容的描述,例如"测试";【模板文本】即快捷键对应的文本;最关键的步骤是选择"定义",然后选择 Python;【展开方式】默认为 Tab 键,

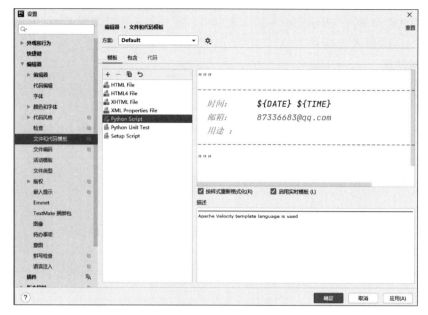

图 5-11　PyCharm 添加文件头

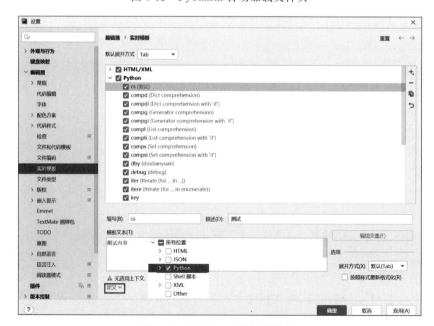

图 5-12　PyCharm 自动加载文件头

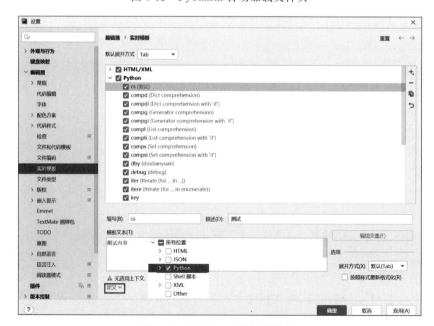

图 5-13　PyCharm 添加快捷键

不用更改；最后单击【确定】按钮，编程时输入快捷键 cs 再按 Enter 键或 Tab 键，这样快捷键 cs 对应的文本内容会自动补齐。

笔者已经把 Python 编程常用的 36 个实时模板汇总在一起，供读者参考，详见 18.2.2 节。

12）运行程序

运行 Python 程序常用的方法有以下 3 种：

（1）组合键 Ctrl＋Shift＋F10。

（2）右击【代码编辑】窗口，选择菜单中的 ▶ 运行。

（3）在【项目管理】窗口右击程序的文件名，选择 ▶ 运行。

5.2　txt 文件的读写

txt 文本文件最常用的操作方法有全文读取、列表读取、分行写入。

1. 全文读取

全文读取是一次读出全部文本内容，示例代码如下：

```python
with open('txt/1.txt',mode = 'r') as t:
    print(t.read())
```

运行结果如下：

```
张三
666666
```

打开文件 open('txt/1.txt',mode＝'r')命令的参数'txt/1.txt'为 1.txt 文件的路径，mode＝'r'表示只读模式。

将打开的文件对象命名为 t，read()用于全文读取文本。

2. 列表读取

列表读取是把文本内容的每行作为列表的一个元素，可以索引取出，适用于记录程序配置信息，例如用户名、密码等，示例代码如下：

```python
with open('txt/1.txt',mode = 'r') as t:
    print(t.readlines()[0])
```

运行结果如下：

```
张三
```

readlines()用于列表读取文本。

3. 写入

文本写入，常用的方式是逐行写入，也可以遍历列表循环写入，示例代码如下：

```python
with open('txt/2.txt',mode = 'w') as t:
    t.write('李四\n')
    t.write('999999')
```

运行代码,打开保存的 2.txt 文件,内容如下:

```
李四
999999
```

open('txt/2.txt',mode='w')的参数 mode='w'是覆盖写模式,表示文件内容全部删除重写。如果设置成 mode='a',则表示追加写模式,每次都从文本尾部追加写入,'\n'表示换行。

5.3 CSV 文件的读写

CSV 文件是逗号连接的字符串存储的文本,CSV 文件也是手机通讯录支持的格式。

1. 写入单行文本

Python 写入单行文本时,把文本放入列表,列表用逗号连接成字符串写入即可,示例代码如下:

```
l = ['张三','李四','王五']
with open('csv/1.csv',mode = 'w') as t:
    t.write(','.join(l) + '\n')
```

CSV 文件的内容如下:

```
张三  李四   王五
```

2. 读取单行文本

读取单行文本,示例代码如下:

```
with open('csv/1.csv',mode = 'r') as t:
    l = t.read().strip('\n').split(',')
    print(l)
```

运行结果如下:

```
['张三','李四','王五']
```

与读取 txt 文本的方法相似,open()函数的参数 mode='r'表示只读。程序读出逗号连接的字符串后先用 strip('\n')去掉换行符,再用 split(',')分割成列表。

3. 多行多列数据的写入

多行多列数据的写入,示例代码如下:

```
l = [['姓名','性别'],['张三','男'],['李四','女']]
with open('csv/2.csv',mode = 'w') as t:
    for i in l:
        t.write(','.join(i) + '\n')
```

运行代码,打开保存的 2.csv 文件,内容如下:

```
姓名        性别
张三        男
李四        女
```

当将多行数据写入文件时，一行数据用一个列表表示，遍历循环所有列表写入。

4．多行多列数据的读取

多行多列数据的读取，示例代码如下：

```
l = []
with open('csv/2.csv',mode = 'r') as t:
    for i in t:
        l.append(i.strip('\n').split(','))
print(l)
```

运行结果如下：

```
[['姓名','性别'],['张三','男'],['李四','女']]
```

程序读取多行多列数据时，用 for 循环遍历每行数据，用 strip('\n') 函数去掉每行的换行符，用 split(',') 函数把一行的内容根据 ',' 分割成一个列表元素，然后加入列表 l=[] 中。

5.4 图形界面的自动操作

如果需要用计算机模拟鼠标、键盘自动操作一些重复性工作，就要用到 Pyautogui 库了。安装命令如下：

```
pip install pyautogui
```

1．模拟鼠标的移动和单击

图形界面常用的操作是移动光标和单击动作，例如打开网页、窗口最大化、窗口最小化等，代码如下：

```
#//第5章/5.1.py
import pyautogui,time
time.sleep(5)
pyautogui.moveTo(10,10,duration = 0.25)        #移动到 (10,10)
time.sleep(5)
pyautogui.moveTo(300, 300, duration = 0.25)    #移动到(300,300)
time.sleep(5)
pyautogui.moveRel(200,200,duration = 0.25)     #移动到 (200,200)
time.sleep(5)
pyautogui.click()                              #单击
```

pyautogui. moveTo(10,10,duration=0.25) 函数的参数 "10,10" 用于将光标移动到绝对坐标(10,10)位置，duration=0.25 表示用时 0.25s；pyautogui. moveRel(200,200, duration=0.25) 函数用于将光标移动到相对坐标(200,200)位置；绝对坐标是以屏幕左上角为坐标原点，向右为 x 轴正方向，向下为 y 轴正方向的坐标；相对坐标是把光标当前位置看作坐标原点的坐标。

2．模拟键盘操作

键盘操作常用的是输入内容和按下组合键,例如输入用户名、密码、全选的组合键 Ctrl＋A、复制的组合键 Ctrl＋C、粘贴的组合键 Ctrl＋V 等,代码如下:

```
#//第 5 章/5.2.py
import pyautogui,time
time.sleep(3)
pyautogui.moveTo(100,100,duration = 0.25)
pyautogui.click()
pyautogui.typewrite('hellow\n',0.25)          #输入字符串或列表
pyautogui.PAUSE = 1                           #每个动作停 1s
pyautogui.hotkey('Ctrl','a')                  #按下组合键 Ctrl + A
pyautogui.hotkey('Ctrl','c')                  #按下组合键 Ctrl + C
pyautogui.hotkey('Ctrl','v')                  #按下组合键 Ctrl + V
pyautogui.hotkey('Ctrl','v')
pyautogui.hotkey('Ctrl','v')
#print(pyautogui.KEYBOARD_KEYS)               #查看所有键名
```

运行程序前,首先打开一个文本编辑器并放置到屏幕左上角,将输入法调成英文输入法,然后运行程序,文本编辑器的内容如下:

```
hellow
hellow
hellow
```

pyautogui.typewrite('hellow\n',0.25)函数的参数'hellow'是模拟键盘输入的内容,'\n'是换行符,参数"0.25"表示输入每个字符停顿 0.25s; pyautogui.hotkey('Ctrl','c')函数用于模拟键盘按下组合键'Ctrl＋C';不同的键盘每个键的键名可能不同,用 print(pyautogui.KEYBOARD_KEYS)命令可以查看键盘对应的键名。

3．自动截屏

pyautogui 库有截屏功能,写个自动截屏程序监控计算机,代码如下:

```
#//第 5 章/5.3.py
import pyautogui,time
for i in range(3):
    im = pyautogui.screenshot()               #截屏
    im.save('pyautogui/{}.jpg'.format(i))     #保存
    time.sleep(3)
```

除此之外,pyautogui 还有颜色判断、查找图像等功能。

获取屏幕像素坐标的技巧:按下 PrtScn 键截取屏幕,打开画图板后单击 📋 粘贴命令,再单击 ✏ 铅笔工具,移动鼠标指针,在状态栏左下角会显示铅笔工具所在位置的坐标。

5.5 Excel 文件的操作

Openpyxl 是处理 Excel 文件的第三方库,安装命令如下:

```
pip install openpyxl
```

1. 对文件的操作

Openpyxl 对 Excel 文件有新建、打开、关闭、保存 4 种操作，代码如下：

```
#//第5章/5.4.py
import openpyxl
wb = openpyxl.Workbook()                                    #新建 Excel 文件
#wb = openpyxl.load_workbook('excel/example.xlsx')          #打开 Excel 文件
#wb = openpyxl.load_workbook('excel/example.xlsx',data_only = True)
wb.save('excel/example.xlsx')                               #保存 Excel 文件
wb.close()                                                  #关闭 Excel 文件
```

Workbook() 命令用于创建一个新文件；load_workbook() 命令用于打开已有的 Excel 文件；参数 data_only＝True 的作用是把表中公式转换为运算结果，例如将'＝1＋3'转换为运算结果 4，否则只能读出字符串'＝1＋3'；save() 用来保存文件，最后用 close() 关闭文件。

2. 对工作表的操作

Openpyxl 对 Excel 工作表有新建、删除、重命名、获得名称列表等操作，代码如下：

```
#//第5章/5.5.py
import openpyxl
wb = openpyxl.load_workbook('excel/1.xlsx')                 #打开文件
#sh1 = wb['Sheet1']                                         #打开工作表
#wb.create_sheet(index = 0, title = '1')                    #在索引号 0 处新建表 1
#wb.create_sheet(index = 1, title = '2')                    #在索引号 1 处新建表 2
#wb.remove_sheet(wb.get_sheet_by_name('2'))                 #删除名为 2 的表
#print(sh1.title)
#sh1.title = '重命名'                                        #重命名表
#print(sh1.title)
print(wb.sheetnames)                                        #获取表名列表
for sheet in wb:                                            #遍历打印表名
    print(sheet.title)
print('1' in wb.sheetnames)                                 #判断有没有表'1'
wb.save('excel/1.xlsx')
wb.close()
```

运行结果如下：

```
['11', '2', '1', '重命名', 'Sheet1']
11
2
1
重命名
Sheet1
True
```

wb['Sheet1'] 用表名索引文件对象，这是打开表最简单的方法；create_sheet(index＝0，title＝'1') 表示在 0 位置新建名称为"1"的表，没有索引时建立在最后面。依次去掉注释，查看程序运行的效果。

3. 对行、列的操作

Openpyxl 对行、列常用的操作有统计、插入、删除等，代码如下：

```
#//第5章/5.6.py
import openpyxl
wb = openpyxl.load_workbook('excel/1.xlsx')
sh1 = wb['重命名']
rows = sh1.max_row                    #获取总行数
cols = sh1.max_column                 #获取总列数
print(rows,cols)
sh1.insert_rows(1)                    #第1行插入1空行
sh1.insert_cols(2)                    #第2列插入1空列
sh1.delete_cols(2, 2)                 #删除第2列数据
sh1.delete_rows(1, 2)                 #删除1～2两行数据
wb.save('excel/2.xlsx')
wb.close()
```

Openpyxl 对工作表从 0 开始索引，Openpyxl 对 Excel 行、列操作时，起始行和列都是1，而且删除时包含右边界，例如 sh1.delete_rows(1，2)删除了第 1 列和第 2 列。

4. 对单元格的操作

Openpyxl 对单元格常用的操作有读取、写入、字体设置、字号设置、颜色设置、判断等，代码如下：

```
#//第5章/5.7.py
import openpyxl
wb = openpyxl.load_workbook('excel/1.xlsx')
sh1 = wb['重命名']
s = sh1.cell(row = 2, column = 1).value                          #获取单元格的值
print(s)
sh1.cell(row = 5, column = 1).value = '王五'                      #写入单元格的值
from openpyxl.styles import Font                                  #导入字体模块
fontred = Font(u'微软雅黑', size = 9, bold = True, italic = False, \
strike = False, color = 'FF0000')                                #字体字号颜色
sh1.cell(row = 5, column = 3, value = '记者').font = fontred      #写入文本"记者"
print(sh1.cell(row = 5, column = 1).value)
print(sh1.cell(row = 5, column = 1).value is None)               #判断单元是否为空
sh1.cell(row = 5, column = 1).value = ''                         #将单元格设置为 None
wb.save('excel/1.xlsx')
wb.close()
```

Openpyxl 一般用循环读取或写入内容，代码如下：

```
#//第5章/5.8.py
import openpyxl
wb = openpyxl.load_workbook('excel/2.xlsx')
shnm = wb['重命名']
sh1 = wb['1']
print(shnm.max_row)
for hang in range(shnm.max_row):                    #读出第1列的内容
    print(shnm.cell(row = hang + 1, column = 1).value)
print(shnm.max_column)
```

```
for lie in range(shnm.max_column):              #读出第1行的内容
        print(shnm.cell(row = 1, column = lie + 1).value,end = '')
for hang in range(shnm.max_row):                #将表内数据写入表'1'
    for lie in range(shnm.max_column):
        sh1.cell(row = hang + 1, column = lie + 1).value\
            = shnm.cell(row = hang + 1, column = lie + 1).value
wb.save('excel/2.xlsx')
wb.close()
```

嵌套循环类似钟表的分针与秒针,分针走一格秒针走一圈,外层每取一个元素,内层就会循环全部元素。

5.6　Word 文件的操作

Python-docx 是处理 Word 文档的第三方库,安装命令如下:

```
pip install python - docx
```

Python-docx 模块把一个 Word 文档分成了 3 个层级,第 1 层级为 Document(文档),一个文件只有一个 Document,一个 Document 有 3 个部件(包含文档信息 sections);第 2 层级为 Paragraph(段落),一个文件可以有多个段落;第 3 层级为 Run(块),一个段落可以有多个 Run,一个 Run 就是相同的格式信息的连续字符串,如一张图像、一张表、一个字都可以是一个 Run。

1. 文件的操作

Python-docx 对 Word 文件有新建、打开、保存 3 种操作,代码如下:

```
#//第 5 章/5.9.py
import docx
doc = docx.Document()                    #新建文档
#doc = docx.Document('word/2.docx')      #打开文档
doc.save('word/1.docx')                  #保存文档
```

如果 docx.Document()函数不带参数,则表示新建文件,如果带文件名参数,则表示打开已有文档,当保存为已存在文档时会覆盖已有文档。

2. 文本的操作

文本操作有添加段落和添加段内 Run 两种方法,代码如下:

```
#//第 5 章/5.10.py
import docx
doc = docx.Document()
p1 = doc.add_paragraph('检查')             #添加第 1 段
p2 = doc.add_paragraph('作者:张三')        #添加第 2 段
p3 = doc.add_paragraph()                   #添加第 3 段
run31 = p3.add_run('这是第 3 段第 1 句话,')  #第 3 段,第 1 个 Run
run32 = p3.add_run('这是第 3 段第 2 句话,')  #第 3 段,第 2 个 Run
run32 = p3.add_run('这是第 3 段第 3 句话。')  #第 3 段,第 3 个 Run
doc.save('word/1.docx')
```

　　add_paragraph()用于添加段落,既可以把文本内容直接传入,也可以通过 Run 添加文本。

3. 图像的操作

Python-docx 添加图像时可以设置图像的大小和位置,代码如下:

```
# //第 5 章/5.11.py
import docx
from docx.enum.text import WD_PARAGRAPH_ALIGNMENT          # 引入对齐函数
from docx.shared import Cm                                  # 引入单位(厘米)
doc = docx.Document()
doc.add_picture("word/1.jpg", width = Cm(6))                # 插入图像的宽为 6cm
last_paragraph = doc.paragraphs[-1]                         # 获得图像段落
last_paragraph.alignment = WD_PARAGRAPH_ALIGNMENT.CENTER    # 图像居中
doc.save('word/1.docx')
```

　　doc.add_picture("word/1.jpg",width=Cm(6))的参数"word/1.jpg"是插入图片的地址,参数 width=Cm(6)是插入图片的宽度。

　　WD_PARAGRAPH_ALIGNMENT.CENTER 表示设置图像居中,也可以把 CENTER 换成 LEFT 或 RIGHT,以便让图像靠左或靠右。

4. 表格的操作

Python-docx 可以设置表格行数、列数、内容、位置等,代码如下:

```
# //第 5 章/5.12.py
import docx
from docx.enum.table import WD_TABLE_ALIGNMENT              # 引入对齐函数
from docx.shared import Cm                                  # 引入单位(厘米)

doc = docx.Document()                                       # 增加 2 行 2 列表格
table = doc.add_table(rows=2, cols=4,style = 'Table Grid')
table.alignment = WD_TABLE_ALIGNMENT.CENTER                 # 表格居中
# table.allow_autofit = False                               # 允许手动调节
for row in table.rows:                                      # 设置表格列宽
    row.cells[0].width = Cm(2)                              # 第 1 列宽 2cm
    row.cells[1].width = Cm(1)                              # 第 2 列宽 1cm
table.cell(0,0).text = "姓名"                               # 设置单元格的值
table.cell(0,1).text = "性别"
table.cell(1,0).text = "张三"
table.cell(1,1).text = "男"
doc.save('word/1.docx')
```

　　doc.add_table(rows=2,cols=4,style = 'Table Grid')的参数 rows=2,cols=4 表示插入表格为 2 行 4 列,参数 style = 'Table Grid'为表格的样式,关于更多的样式信息,详见后面的样式设置。

5. 纸张设置

常用的纸张设置的代码如下:

```
# //第 5 章/5.13.py
from docx import Document
from docx.shared import Cm
```

```
doc = Document()
section = doc.sections[0]                        # 获取 section 对象
section.page_width = Cm(21)                       # 设置 A4 纸的宽度
section.page_height = Cm(29.7)                     # 设置 A4 纸的高度
section.top_margin = Cm(2)                         # 纸张上边距 2cm
section.bottom_margin = Cm(2)                       # 纸张下边距 2cm
section.left_margin = Cm(2)                         # 纸张左边距 2cm
section.right_margin = Cm(2)                        # 纸张右边距 2cm
doc.save('word/1.docx')
```

doc.sections[0]表示文档的纸张设置信息。

6. 样式设置

文字、图像、表格等都有样式,样式的获取详见本章资源包 word 文件夹内,这里主要介绍文本样式设置,代码如下:

```
#//第 5 章/5.14.py
import docx
from docx.shared import Pt, RGBColor                 # 磅的单位及颜色
doc = docx.Document()
#1 全局样式
doc.styles['Normal'].font.color.rgb = RGBColor(0, 0, 0)     # 颜色
doc.styles['Normal'].font.size = Pt(12)                      # 字号
doc.styles['Normal'].font.name = u'宋体'                     # 字体
doc.styles['Normal']._element.rPr.rFonts.set(qn('w:eastAsia'), u'宋体')
#2 标题样式,0,1,2...表示标题字号由大到小
titlenr = doc.add_heading('物理', 1)                          # 标题
titlenr.alignment = WD_PARAGRAPH_ALIGNMENT.CENTER            # 居中
#3 段内样式
p1 = doc.add_paragraph()
run = p1.add_run('为红色文字,9px,斜体,楷体,非粗体,缩进 18px')
run.font.size = Pt(9)
run.font.color.rgb = RGBColor(255, 0, 0)
run.font.name = u'楷体'
run._element.rPr.rFonts.set(qn('w:eastAsia'), u'楷体')
run.italic = True                                            # 倾斜
run.bold = False                                             # 加粗
run.underline = True                                         # 设置下画线
p1.paragraph_format.first_line_indent = Pt(18)               # 首行缩进 18 像素
p1.space_after = Pt(5)                                        # 上一段间隔 Pt(5)
p1.space_before = Pt(10)                                      # 下一段间隔 Pt(10)
doc.add_page_break()                                          # 插入分页符
doc.save('word/1.docx')
```

文本样式一般先设置全局样式,再设置标题样式,最后用 Run 设置段内样式。不同的 Run 名字不同,如 run1、run2 等,在最后统一修改不同 Run 的格式。如果所有 Run 的名字相同,则无法修改每个 Run 的格式。

7. 文本、图像、表格、样式的统计和索引

Python-docx 可以对文本、图像、表格、样式形成列表,进行统计和索引访问,代码如下:

```
#//第 5 章/5.15.py
import docx
```

```
doc = docx.Document('word/2.docx')
print(len(doc.paragraphs))                          #段落个数
print(len(doc.tables))                              #表格个数
print(len(doc.sections))                            #节个数
print(len(doc.styles))                              #样式个数
print(type(doc.tables))
print(len(doc.inline_shapes))                       #图像个数
print(len(doc.paragraphs[0].text))                  #文字个数
print(doc.paragraphs[0].text)                       #获取第1段文字内容
print(doc.tables[0].rows[0].cells[0].text)          #0表0行0列内容
doc.tables[0].rows[0].cells[0].text = 'www'         #修改内容
doc.save('word/2.docx')
```

使用上述方法可以索引、修改已有文档。

5.7 PPT 文件的操作

Python-pptx 是处理 PPT 演示文档的第三方库,安装命令如下:

```
pip install python-pptx
```

Python-pptx 模块把一个 PPT 文档分成了 4 个层级,第 1 层级为 Presentations(文档),一个文件只有一个 Presentations;第 2 层级为 Sliders(页),一个文件可以有多页;第 3 层级为 Shapes(容器),Shapes 用于容纳文本框、表格和图像,slide. shapes. add_textbox()函数用于添加文本框,add_paragraph()函数用于在文本框内添加段落;第 4 层级为 Run(块),每个段落可以用 add_run()函数添加多个 Run,每个 Run 可以设置不同格式,Run 的操作与 Word 中的 Run 的操作完全相同;slide. shapes. add_table()函数用于添加表格,slide. shapes. add_picture()函数用于添加图像。

1. 文档操作

Python-pptx 对 PPT 文档有新建、打开、保存 3 种操作,代码如下:

```
#//第 5 章/5.16.py
from pptx import Presentation
prs = Presentation()                         #新建文档
#prs = Presentation('ppt/1.pptx')            #打开已有文档
prs.save('ppt/1.pptx')                       #保存文档
```

当用 save()函数保存文件时,如果文件已存在,则会覆盖原文件。

2. 幻灯片操作

Python-pptx 对幻灯片常用的操作有插入、删除等,代码如下:

```
#//第 5 章/5.17.py
from pptx import Presentation
prs = Presentation()                                        #新建 PPT 文档
slide1 = prs.slides.add_slide(prs.slide_layouts[6])         #插入第 1 页空幻灯片
slide2 = prs.slides.add_slide(prs.slide_layouts[6])         #插入第 2 页空幻灯片
slide3 = prs.slides.add_slide(prs.slide_layouts[6])         #插入第 3 页空幻灯片
print(len(prs.slides))
del prs.slides._sldIdLst[-1]                                 #删除最后一页幻灯片
print(len(prs.slides))
prs.save('ppt/1.pptx')
```

运行结果如下：

```
3
2
```

prs.slides.add_slide(prs.slide_layouts[6])用于插入空白幻灯片，参数 prs.slide_layouts[6]是插入幻灯片的样式，[6]表示空白幻灯片。

先插入了 3 张幻灯片，删除最后 1 张后还有 2 张。删除之前，一般用 print(len(prs.slides))命令查看共有几页，再删除指定索引号的幻灯片。

3. 文本操作

用幻灯片的 shapes.add_textbox()方法添加文本框，用 textbox.text_frame.add_paragraph()方法添加段落，再设置段落内容，代码如下：

```
♯//第 5 章/5.18.py
from pptx import Presentation
from pptx.dml.color import RGBColor              ♯颜色
from pptx.util import Inches, Pt                 ♯英寸、磅等单位
prs = Presentation()                             ♯新建 PPT 文档

slide1 = prs.slides.add_slide(prs.slide_layouts[6])    ♯插入空白幻灯片
textbox = slide1.shapes.add_textbox(Inches(0.6),Inches(0.3) Inches(9),Inches(6))
                                                 ♯添加文本框
tf = textbox.text_frame                          ♯获取文本框对象
para = tf.add_paragraph()                        ♯文本框新增段落
para.text = "第 1 段"                             ♯设置第 1 段内容
para.line_spacing = 4                            ♯第 1 段 1.5 倍的行距
font = para.font                                 ♯设置第 1 段字体样式
font.name = '微软雅黑'
font.bold = True
font.size = Pt(20)
font.color.rgb = RGBColor(255, 0, 0)
new_para = textbox.text_frame.add_paragraph()    ♯添加第 2 段文本
new_para.text = "第 2 段 "                         ♯第 2 段文本内容
new_para = textbox.text_frame.add_paragraph()    ♯添加第 3 段文本
new_para.text = "第 3 段 "                         ♯第 3 段文本内容
prs.save('ppt/1.pptx')
```

添加文本框 shapes.add_textbox()函数的 4 个参数 x、y、w、h 即插入文本框的 x 坐标和 y 坐标，以及文本框的宽度 w 和高度 h。每个段落可以增加多个 Run，不同的 Run 可以设置不同的格式，示例代码如下：

```
run1 = new_para.add_run()
run1.text = ("内容")
run1.font.name = u'楷体'
run2 = new_para.add_run()
run2.text = ("内容 2")
run2.font.name = u'黑体'
```

4. 图像操作

Python-pptx 添加图像时可以设置图像的大小和位置，代码如下：

```
#//第 5 章/5.19.py
from pptx import Presentation
from pptx.util import Inches
prs = Presentation()                                        # 新建 PPT 文档
slide2 = prs.slides.add_slide(prs.slide_layouts[6])         # 插入空白幻灯片
                                                            # 设置插入图像的参数
left, top, width, height = Inches(1), Inches(0.5), Inches(2), Inches(2)
                                                            # 插入图像
pic = slide2.shapes.add_picture('ppt/1.jpg', left, top, width, height)
prs.save('ppt/1.pptx')                                      # 保存文档
```

插入图像 slide2.shapes.add_picture()函数的 4 个参数 x、y、w、h 即插入图像的位置坐标 x 和 y,以及插入图像的宽度 w 和高度 h。

5. 表格操作

Python-pptx 可以设置表格的行数、列数、内容、位置等信息,代码如下:

```
#//第 5 章/5.20.py
from pptx import Presentation
from pptx.util import Inches
prs = Presentation()                                        # 新建 PPT
slide3 = prs.slides.add_slide(prs.slide_layouts[6])         # 插入空白幻灯片
rows, cols, left, top, width, height = 2, 3, Inches(3.5),\
                    Inches(0.5), Inches(6), Inches(0.8)     # 表格参数
table = slide3.shapes.add_table(rows, cols, left, top,
                                    width, height).table    # 添加表格
table.columns[0].width = Inches(2.0)                        # 第 1 列的宽度
table.columns[1].width = Inches(4.0)                        # 第 2 列的宽度
table.cell(0, 0).text = '语文'                               # 表格内容
table.cell(0, 1).text = '数学'
table.cell(0, 2).text = '英语'
table.cell(1, 0).text = '2'
table.cell(1, 1).text = '3'
table.cell(1, 2).text = '1'
prs.save('ppt/1.pptx')
```

Python-pptx 对表格的索引是从 0 开始的,第 1 行第 1 列的单元格索引为 table.cell(0, 0)。

当 Python-pptx 增加新的 Sliders、Shapes、textbox、paragraph、Run 时,尽管名字可以一样,但不能单独设置格式,如果想在程序尾部统一设置格式,则每个对象的名字不能相同。

5.8 JSON 文件的操作

JSON 是跨平台的文件格式,以键-值对形式存储,读写灵活,访问速度快,JSON 是 Python 的内置库,不需要安装。

1. 新建 JSON 文件

JSON 写入数据,代码如下:

```
#//第 5 章/5.21.py
import json
```

```
new_dict = {"张三":666," 李四":999}                        ＃新建数据
with open("jsonwj/test.json",'w') as f:                   ＃新建 JSON 文件
    json.dump(new_dict,f)                                  ＃写入数据
```

打开 test.json 文件,文件的内容如下:

```
{"\u51b0\u58a9\u58a9": 666, " \u96ea\u5bb9\u878d": 999}
```

这是汉字的十六进制数据,直接显示汉字的方法详见下文;这种方式是覆盖写,即删除全部内容重写;JSON 数据中的字符串必须用双引号,而不能用单引号。

2. 读取数据

JSON 读取数据,代码如下:

```
＃//第 5 章/5.22.py
import json
with open('jsonwj/test.json', 'r', encoding = 'UTF－8') as f:    ＃打开文件
    jg = json.load(f) ["张三"]                                  ＃获取内容
    print(jg)
```

运行结果如下:

```
666
```

open('jsonwj/test.json', 'r', encoding＝'UTF-8')命令的参数'jsonwj/test.json'是读取的文件,参数'r'表示只读,参数 encoding＝'UTF-8'表示编码为 UTF-8。读取数据用 load(),写入数据用 dump()。

3. 修改数据

JSON 添加、删除、修改数据的代码如下:

```
＃//第 5 章/5.23.py
import json
with open("jsonwj/test.json", "r",encoding = 'UTF－8') as f:
    data = json.load(f)                                  ＃读取
    data["王五"] = "增加的"                                ＃增加
    data["李四"] = "增加的"                                ＃增加
    del data["李四"]                                      ＃删除
    data["张三"] = "修改的"                                ＃修改
with open("jsonwj/test.json",'w',encoding = 'UTF－8')as f:  ＃保存
    json.dump(data,f,ensure_ascii = False)
```

JSON 增加、修改、删除数据的方法和字典操作相同,打开 test.json 文件,内容如下:

```
{"张三": "修改的", "王五": "增加的"}
```

参数 ensure_ascii＝False 可使打开的 JSON 文件显示汉字。

5.9　视频文件的操作

FFmpeg 是开源的视频处理库,进入 FFmpeg 官网,如图 5-14 所示。

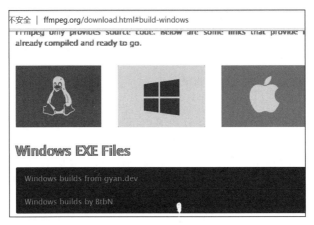

图 5-14 FFmpeg 官网

将光标悬停在 ■■ 图标上,图标下面会弹出 Windows 版本的下载链接,选择 Windows builds by BtbN 进入下载界面,如图 5-15 所示。

https://github.com/BtbN/FFmpeg-Builds/releases		
🎁 ffmpeg-n5.0-latest-linux64-lgpl-5.0.tar.xz		68.5 MB
🎁 ffmpeg-n5.0-latest-linux64-lgpl-shared-5.0.tar.xz		28 MB
🎁 ffmpeg-n5.0-latest-win64-gpl-5.0.zip		104 MB
🎁 ffmpeg-n5.0-latest-win64-gpl-shared-5.0.zip		40.7 MB
🎁 ffmpeg-n5.0-latest-win64-lgpl-5.0.zip		88 MB
🎁 ffmpeg-n5.0-latest-win64-lgpl-shared-5.0.zip		35.3 MB
📄 Source code (zip)		
📄 Source code (tar.gz)		

图 5-15 FFmpeg 下载界面

选择 ffmpeg-n5.0-latest-win64-gpl-5.0.zip 进行下载,下载完成后双击 ffmpeg-n5.0-latest-win64-gpl-5.0.zip,把 bin 目录下的程序 ffmpeg.exe 复制到项目目录内,例如,笔者的目录是 ffm,再拷入一个 MP4 格式的视频文件并改名为 1.mp4。在该目录命令行中输入 cmd 命令后按 Enter 键,进入 cmd 命令行窗口,如图 5-16 所示。

图 5-16 FFmpeg 目录

输入一条提取声频的命令 ffmpeg -i 1.mp4 -q: a 0-map a sa.mp3 后按 Enter 键,如图 5-17 所示。

程序运行完成后,在 ffm 目录生成了视频的声频文件 sa.mp3,如何用 Python 实现自动批量操作呢? 需要用 Python 内置库 os 的 system()函数,它可以执行字符串内的命令,相

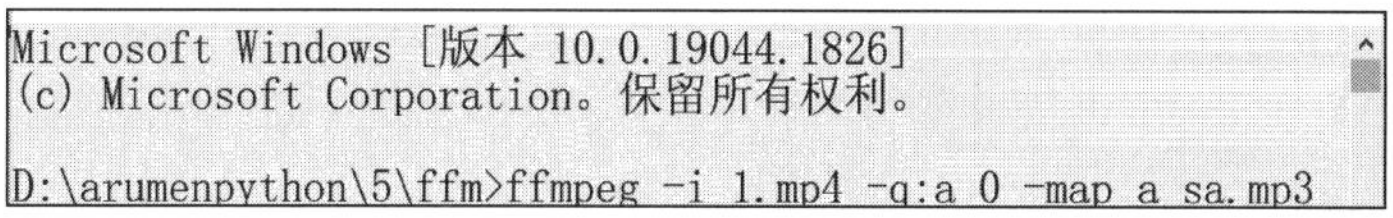

图 5-17 FFmpeg 命令

当于在 cmd 命令行窗口内执行,示例代码如下:

```
import os
os.system('sa.mp3')              # 打开 MP3
os.system('notepad')             # 打开记事本
```

system()函数也可以打开 Word、视频等任意格式的文件。

FFmpeg 的常用命令如下。

提取视频 1.mp4 里的声频并保存为 1.mp3 文件,代码如下:

```
import os
os.system('ffmpeg − i 1.mp4 − q:a 0 − map a 1.mp3')
```

将声频文件 sa.mp3 切割为 5s 一份的多个声频文件,代码如下:

```
import os
os.system('ffmpeg − i sa.mp3 − f segment − segment_time 5 − c copy out % 02d.mp3')
```

将声频文件 sa.mp3 切割为 5s 一份的多个声频文件并保存到 m 文件夹,代码如下:

```
import os
os.system('ffmpeg − i sa.mp3 − f segment − segment_time 5 − c copy m out % 02d.mp3')
```

转换为百度能识别的单声道、16 位,并且为 16kHz 采样的 PCM 格式,代码如下:

```
import os
os.system('ffmpeg − y − i sa.mp3 − acodec pcm_s16le − f s16le − ac 1 − ar 16000 r.pcm')
```

剪去所有超过 2s 的静音片段,代码如下:

```
import os
os.system('ffmpeg − i sample.mp3 − af silenceremove = stop_periods\
                 = − 1:stop_duration = 2:stop_threshold = − 30dB output.mp3')
```

选择性切割,参数-ss 用于设置开始切割的位置,参数-t 用于设置切割持续的时间,代码如下:

```
import os
os.system('ffmpeg − i 1.mp3 − ss 00:00:03 − t 00:00:12 − acodec copy tmp.mp3')
```

MP4 格式转换为 AVI 格式,代码如下:

```
os.system('ffmpeg − i 1.mp4 output.avi')
```

FFmpeg 还有合并声频、视频、录音、录屏等功能,格式化工厂就是由 FFmpeg 开发出来的。

%02d 中的 % 在字符串中表示占位符,d 表示占位符的变量是整数,2 表示整数长度为 2,0 表示不足 2 位的用 0 从左边填充。与 format()命令的用法相似,其他常用方法如下:

print('%2d-%02d' % (4,1))结果为 4-01。

print('%.3f' % 3.1415926)的结果为 3.142,.3 表示保留 3 位小数,f 表示浮点数。

print('我%s是%s人!' % ('就','中国'))的结果为'我就是中国人!',s 表示字符串。

当代码中%02d 省略了变量时,默认从 1 开始递增。%占位符还可以控制两对三单引号''' '''表示的多行字符串内的变量,详见 17.7.py 文件,这是 format()命令所不能的。

Python 第 3 种格式控制 f-string 则是整合了以上两种方法中的优点,示例代码如下:

```
print(f'''结果为{6 * 8}''')
```

运行结果如下:

```
结果为 48
```

如果变量是字符串,则使用更灵活,代码如下:

```
aaa = '光'
ss = f"""
        床前
        明月
        {aaa}
        """
print(ss)
```

运行结果如下:

```
        床前
        明月
        光
```

在代码 17.6.py 文件中也用到了 f-string 格式控制的方法。

5.10 自动发送邮件

Python 内置库 smtplib、email 用于邮件发送。以 QQ 邮箱为例,首先要获取授权码,步骤如下:登录 QQ 邮箱,选择【设置】→【账户】→POP3/SMTP→【已开启】,手机发送短信后收到授权码。

1. 发送纯文本邮件

smtplib、email 发送纯文本邮件,代码如下:

```
#//第 5 章/5.24.py
import smtplib
```

```
from email.mime.text import MIMEText
msg = MIMEText('这是纯文本邮件内容','plain', 'UTF-8')          #创建邮件
msg['From'] = '发件邮箱'                                        #发件邮箱
msg['To'] = '收件邮箱'                                          #收件邮箱
msg['Subject'] = "标题"                                         #邮件标题
server = smtplib.SMTP_SSL('smtp.qq.com',465)                   #实例化应用
try:
    server.login('发件邮箱','授权码')                           #发件邮箱及授权码
    server.send_message(msg)                                   #发送
    print('已发送')
except Exception:
    print('发送失败')
    pass
server.quit()                                                  #退出
```

MIMEText()函数的第 1 个参数'这是纯文本邮件内容'是邮件正文,第 2 个参数'plain'表明邮件类型为纯文本邮件,第 3 个参数表明编码为'UTF-8',否则会出现乱码。

2. 发送带附件的邮件

发送带附件的邮件,代码如下:

```
#//第5章/5.25.py
import smtplib
from email.mime.multipart import MIMEMultipart
from email.mime.text import MIMEText
msg = MIMEMultipart()                                          #创建邮件
msg['From'] = '发件邮箱'                                        #发件邮箱
msg['To'] = '收件邮箱'                                          #收件邮箱
msg['Subject'] = "标题"                                         #邮件标题
                                                               #附件1
att1 = MIMEText(open('附件文件路径', 'rb').read(), 'base64', 'UTF-8')
att1["Content-Type"] = 'application/octet-stream'
att1["Content-Disposition"] = 'attachment; filename="显示的附件文件名"'
msg.attach(att1)
                                                               #附件2
att2 = MIMEText(open('附件文件路径', 'rb').read(), 'base64', 'UTF-8')
att2["Content-Type"] = 'application/octet-stream'
att2["Content-Disposition"] = 'attachment; filename="显示的附件文件名"'
msg.attach(att2)
server = smtplib.SMTP_SSL('smtp.qq.com',465)                   #实例化应用
try:
    server.login('发件邮箱','授权码')                           #发件邮箱及授权码
    server.send_message(msg)                                   #发送
    print('已发送')
except Exception:
    print('发送失败')
    pass
server.quit()                                                  #退出
```

本例中发送了两个附件,如果需要,则可以添加更多附件。smtplib、email 还可以发送html 邮件。

5.11　Pandas 数据分析

Pandas 是专业的数据分析库,功能强大,这里仅对常用功能进行介绍,安装命令如下:

```
pip install pandas
```

1. 文件操作

Pandas 对文件的操作有打开、保存、显示等,代码如下:

```
# //第 5 章/5.26.py
import pandas as pd
df = pd.read_excel('pan/1.xlsx',index_col = '姓名')
df2 = pd.read_excel('pan/1.xlsx',skiprows = 1,usecols = 'a:b')   # 显示 a:b 列数据
print(df)                                                         # 默认显示前 5 行
print(df2)
print(df.head(2))                                                 # 显示前 2 行内容
print(df.tail(2))                                                 # 显示后 2 行内容
df.to_excel('pan/2.xlsx')                                         # 保存
```

运行结果如下:

	语文	数学
姓名		
张三	99	96.0
李四	96	NaN
王五	97	91.0
	张三	99
0	李四	96
1	王五	97
	语文	数学
姓名		
张三	99	96.0
李四	96	NaN
	语文	数学
姓名		
李四	96	NaN
王五	97	91.0

read_excel()函数的参数 index_col＝'姓名'是指定第 1 列'姓名'为索引列,如果不指定,Pandas 则会自动在第 1 列位置插入新的索引列;参数 skiprows＝1 表示跳过第 1 行数据,如果设置为 skiprows＝2,则表示跳过前两行数据,可以把需要跳过的行放入列表中,跳过多列;参数 usecols＝'a:b'表示只显示 a 到 b 两列数据;默认情况下 print()只显示前 5 行数据,df.head(2)表示只显示前两行数据,df.tail(2)表示只显示后两行数据。

2. 统计列信息

Pandas 常用的统计方法有最大值、最小值、平均值、缺失的空值等,代码如下:

```
# //第 5 章/5.27.py
import pandas as pd
```

```
df = pd.read_excel('pan/1.xlsx',index_col = '姓名',header = 0)
print('总数',df['数学'].size)                  #返回值的总数
print('非缺',df['数学'].count())               #返回非缺失值的数目
print('空值',df['数学'].isnull().sum())         #统计空值的个数
print('最小',df['数学'].min())                 #返回最小值
print('最大',df['数学'].max())                 #返回最大值
print('平均',df['数学'].mean())                #返回平均值
print('总和',df['数学'].sum())                 #返回总和
df.to_excel('pan/2.xlsx')
```

参数 header=0 用来指定题头,默认为 0,即第 1 行为题头,也可以将其他行指定为题头。

3. 计算列

Pandas 可以直接对列数据进行运算,代码如下:

```
#//第 5 章/5.28.py
import pandas as pd
df = pd.read_excel('pan/1.xlsx',index_col = '姓名')
print(df)
df['数学'] = df['数学'] + 2                     #列 + 2
print(df)
#df.to_excel('pan/2.xlsx')
```

对列可以直接进行加、减、乘、除等运算,运行结果如下:

	语文	数学
姓名		
张三	99	96.0
李四	96	NaN
王五	97	91.0
	语文	数学
姓名		
张三	99	98.0
李四	96	NaN
王五	97	93.0

Pandas 不仅可以对列直接进行四则运算,还可以对两个相同结构的表进行四则运算,示例代码如下:

```
pf = pf + pf2
```

详见 6.21 节内容。

4. 空值处理

从以上示例可以看出,空值不能参与运算,所以数据运算之前要对空值进行处理,代码如下:

```
#//第 5 章/5.29.py
import pandas as pd
df = pd.read_excel('pan/1.xlsx',index_col = '姓名',header = 0)
```

```
print(df)
df['数学'] = df['数学'].fillna(0)                           #用 0 替换缺失值
print(df)
#df.to_excel('pan/2.xlsx')
```

运行结果如下：

	语文	数学
姓名		
张三	99	96.0
李四	96	NaN
王五	97	91.0
	语文	数学
姓名		
张三	99	96.0
李四	96	0.0
王五	97	91.0

fillna(0)可以把空值换成 0，也可以把空值处理成其他值，例如 fillna(1)可把空值都换成 1。

5．插入列

Pandas 可以直接插入新列，并赋值或计算，代码如下：

```
#//第 5 章/5.30.py
import pandas as pd
df = pd.read_excel('pan/1.xlsx',index_col = '姓名')
print(df)
#df["总分"] = ''                          #后面建一列，其值为空
df['数学'] = df['数学'].fillna(0)           #后面建一列，其值为 0
df["总分"] = df["数学"] + df["语文"]         #插入新列并计算
print(df)
#df.to_excel('pan/2.xlsx')
```

例中有 3 行代码用于插入新列，即赋值为空、赋值为 0、赋值为两列之和，当然也可以赋值为其他。

6．排序

用 openpyxl 库对数据进行排序是非常麻烦的，用 Pandas 排序就简单多了，代码如下：

```
#//第 5 章/5.31.py
import pandas as pd
df = pd.read_excel('pan/1.xlsx',index_col = '姓名')
print(df)
df.sort_values(by = '数学',inplace = True,ascending = True)  #'数学'列升序
#df.sort_values(by = ['数学','语文'],inplace = True,ascending = [True,False])
print(df)
df.to_excel('pan/2.xlsx')
```

对"数学"这一列按升序进行排序，运行结果如下：

	语文	数学
姓名		
张三	99	96.0
李四	96	NaN
王五	97	91.0
	语文	数学
姓名		
王五	97	91.0
张三	99	96.0
李四	96	NaN

sort_values()排序函数的参数 inplace＝True 表示在原数据中修改,inplace＝ False 表示在新建数据中修改;ascending＝True 表示升序,ascending＝ False 表示降序;将多列数据排序放入列表中,例如 by＝['数学','语文'],排序方法也是列表,例如 ascending＝[True,False],表示先按'数学'升序排序,再按'语文'降序排序。

7. 筛选

Pandas 的筛选功能就是筛选出符合条件的行,代码如下:

```
#//第5章/5.32.py
import pandas as pd
df = pd.read_excel('pan/1.xlsx',index_col = '姓名')
print(df)
df = df.loc[df['数学'].apply(lambda a:95 <= a < 100)]      #'数学'列筛选
print(df)
df.to_excel('pan/2.xlsx')
```

程序只对"数学"这一列进行筛选,运行结果如下:

	语文	数学
姓名		
张三	99	96.0

本例中用到了 Python 内置的匿名函数 lambda,读者可百度"匿名函数 lambda 教程"进行学习。

打开保存的文件可以看到,文件中只有筛选数据,这一点与 Excel 的筛选功能不同。Pandas 也可以实现多列筛选。

5.12　Matplotlib

Matplotlib 是专业的数据可视化工具,安装命令如下:

```
pip install matplotlib
```

下面对常见的几个绘图命令进行介绍。

1. 散点图

scatter()函数用于绘制散点图,代码如下:

```
#//第5章/5.33.py
import matplotlib.pyplot as plt
x = [1, 2, 3, 4, 5]              #1 x 坐标值
y = [2.3, 3.4, 1.2, 6.6, 7.0]   #2 y 坐标值
plt.scatter(x, y)               #3 绘制图形
plt.savefig('plt/sdt.png')      #4 保存图像
plt.show()                      #5 展示图像
```

运行结果如图 5-18 所示。

再加一组数据 y2,指定颜色、标记符号及图例,代码如下:

```
#//第5章/5.34.py
import matplotlib.pyplot as plt
x = [1, 2, 3, 4, 5]                    #1 x 坐标值
y = [2.3, 3.4, 1.2, 6.6, 7.0]          #2 y 坐标值
y2 = [3.3, 3.4, 4.2, 10.6, 13.0]       #2 y2 坐标值
plt.scatter(x, y, color = 'r', marker = '+')   #3 绘制红色 + 号
plt.scatter(x, y2)
plt.legend([r'$Y$',r'$N$'])            #添加图例
plt.savefig('plt/sdt.png')             #4 保存图像
plt.show()                             #5 展示图像
```

运行结果如图 5-19 所示。

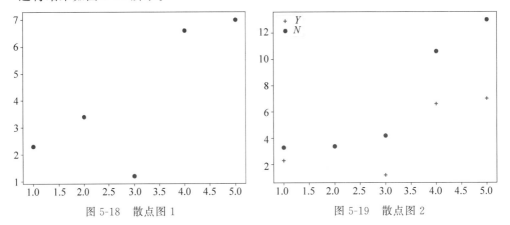

图 5-18　散点图 1　　　　　　　　图 5-19　散点图 2

2. 折线图

Matplotlib 并没有直接提供绘制折线图的函数,但是可以用 plot()函数实现,它既可以画点图,也可以画线图,代码如下:

```
#//第5章/5.35.py
import matplotlib.pyplot as plt
x = [1, 2, 3, 4, 5]                    #1 x 坐标值
y = [2.3, 3.4, 1.2, 6.6, 7.0]          #2 y 坐标值
y2 = [3.3, 3.4, 4.2, 10.6, 13.0]
plt.plot(x, y, color = "g", marker = 'D', markersize = 5)   #3 绘图
plt.scatter(x, y2)
plt.legend([r'$Y$',r'$N$'],loc = "lower right")   #图例
plt.rcParams['font.sans - serif'] = 'simhei'      #显示中文
```

```
plt.xlabel("时间")                    #x轴标签
plt.ylabel("活跃度")                  #y轴标签
plt.title("用户活跃度")               #标题
plt.savefig('plt/zxt.png')            #4 保存
plt.show()                            #5 展示
```

运行结果如图 5-20 所示。

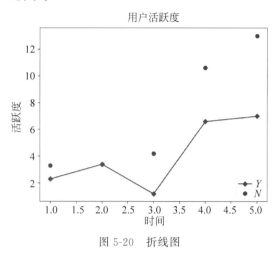

图 5-20 折线图

plt.plot(x，y，color="g"，marker='D'，markersize=5)函数的参数 x 和 y 是坐标数值,color="g"表示线条是绿色,marker='D'表示坐标点的线型为菱形,markersize=5 表示坐标点大小,还可以用 linestyle='--'表示线型为虚线,linewidth=2.5 表示线的粗细等。

线型类别见表 5-1。

表 5-1　线型类别

符号（Specifier）	线型名称（Line Style）
-	实线（默认样式）
--	虚线（短画线）
:	点线
-.	点画线

颜色代码见表 5-2。

表 5-2　颜色代码

符号（Specifier）	颜色名称（Color）
y	黄色
m	品红
c	蓝绿色
r	红色
g	绿色
b	蓝色
w	白色
k	黑色

坐标点样式见表 5-3。

表 5-3　坐标点样式

符号（Specifier）	坐标点样式名称（Marker）
o	圆
+	加号
*	星号
.	点
x	十字
s	正方形
d	菱形
^	上指向三角形
v	下指向三角形
>	右指向三角形
<	左指向三角形
p	五角星
h	六角形

当用 Matplotlib 绘制多组数据时，如果没有指定样式，则 Matplotlib 会按上述样式顺序赋值。

3. 柱状图

Matplotlib 提供了 bar()函数来绘制柱状图，代码如下：

```
#//第 5 章/5.36.py
import matplotlib.pyplot as plt
x = [1, 2, 3, 4, 5]                    #1 x 坐标值
y = [2.3, 3.4, 1.2, 6.6, 7.0]         #2 y 坐标值
plt.bar(x, y)                          #3 绘制柱状图
#plt.savefig('plt/zzt.png')           #4 保存
plt.show()                             #5 展示
```

运行结果如图 5-21 所示。

多组数据的柱状图绘制，代码如下：

```
#//第 5 章/5.37.py
import matplotlib.pyplot as plt
x = [1, 2, 3, 4, 5]                          #1 x 坐标值
y = [2.3, 3.4, 1.2, 6.6, 7.0]               #2 y 坐标值
x2 = [1.4, 2.4, 3.4, 4.4, 5.4]
y2 = [3.3, 3.4, 4.2, 10.6, 13.0]
fig = plt.figure()                           #添加子图区域
ax = fig.add_axes([0,0,1,1])                 #子图比例系数
ax.bar(x, y, color = 'r', width = 0.4)       #3 绘制柱状图
ax.bar(x2, y2, color = 'g', width = 0.4)
#plt.savefig('plt/zzt37.png')                #4 保存
plt.show()                                   #5 展示
```

运行结果如图 5-22 所示。

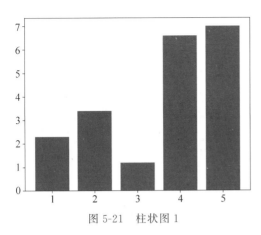

图 5-21 柱状图 1

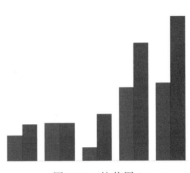

图 5-22 柱状图 2

ax = fig.add_axes([0,0,1,1])函数的参数[0,0,1,1]表示子图在原图中距左边、底边、宽度、高度的比例系数。读者可以把参数[0,0,1,1]换成[0.2,0.2,0.8,0.8]，对比效果，加深理解。

Matplotlib 绘制多柱状图时需要添加子图，并且需要指定子图在原图中的位置及缩放比例，相当于多张图叠加在一起，所以每个柱状图都有各自的 x、y 数据，各柱状图 x 坐标值的差值应为柱状图的宽度，本例中柱状图的宽度为 width =0.4，差 1.4－1 为 0.4，表示画完一个紧接着画下一个。如果 x 轴数据差大于柱宽，则会出现柱子分离现象，示例代码如下：

```
#//第 5 章/5.38.py
import matplotlib.pyplot as plt
x = [1, 2, 3, 4, 5]                          #1 x 坐标值
y = [2.3, 3.4, 1.2, 6.6, 7.0]                #2 y 坐标值
x2 = [1.5, 2.5, 3.5, 4.5, 5.5]
y2 = [3.3, 3.4, 4.2, 10.6, 13.0]
fig = plt.figure()                           #添加子图区域
ax = fig.add_axes([0,0,1,1])                 #子图比例系数
ax.bar(x, y, color = 'r', width = 0.3)       #3 绘制柱状图
ax.bar(x2, y2, color = 'g', width = 0.3)
#plt.savefig('plt/zzt38.png')                #4 保存
plt.show()                                   #5 展示
```

运行结果如图 5-23 所示。

差距越大，柱之间的距离就越大。

4. 饼图

Matplotlib 的 pie()函数用于绘制饼图，代码如下：

```
#//第 5 章/5.39.py
from matplotlib import pyplot as plt
x = [23,17,35,29,12]                         #1 x 坐标值
fig = plt.figure()                           #添加子图区域
ax = fig.add_axes([0,0,1,1])                 #子图比例系数
langs = ['C', 'C++', 'Java', 'Python', 'PHP'] #外标签
ax.pie(x, labels = langs,autopct = '%1.2f%%') #3 绘制饼图
plt.savefig('plt/zzt39.png')                 #4 保存
plt.show()                                   #5 展示
```

运行结果如图 5-24 所示。

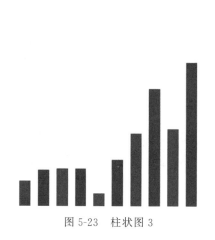

图 5-23　柱状图 3

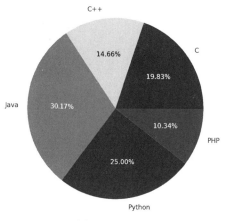

图 5-24　饼图

ax. pie(x，labels ＝ langs，autopct＝'％1. 2f％％')函数的参数 x 为一维数组，参数 labels 是饼图的外标签，参数 autopct 是饼图的内标签，'％1.2f％％'是饼图面积的百分比，包含两位小数。

5．多子图并列

当用 Matplotlib 绘制多子图时，可用 subplot()指定行数、列数及画图位置，代码如下：

```
♯//第 5 章/5.40.py
from matplotlib import pyplot as plt
x = ['group_a', 'group_b', 'group_c']          ♯1 x 坐标值
y = [1, 10, 100]                               ♯2 y 坐标值
plt.figure(figsize = (9, 3))                   ♯图宽 9 英寸,高 3 英寸
plt.subplot(131)                               ♯1 行 3 列放在第 1 列
plt.bar(x, y)                                  ♯3 绘图

plt.subplot(132)                               ♯1 行 3 列放在第 2 列
plt.scatter(x, y)                              ♯3 绘图

plt.subplot(133)                               ♯1 行 3 列放在第 3 列
plt.plot(x, y)                                 ♯3 绘图
plt.savefig('plt/zzt40.png')                   ♯4 保存
plt.show( )                                    ♯5 展示
```

运行结果如图 5-25 所示。

plt. subplot(131)函数的参数 131 表示绘图的位置在 1 行 3 列的第 1 列位置。

还可以用 facecolor 参数指定背景颜色，用 edgecolor 参数指定边框颜色，用 frameon 参数指定是否显示边框，用 axis('off')参数关闭子图外轮廓。

还有其他设置，如设置坐标刻度值的大小，代码如下：

```
plt.tick_params(labelsize = 25)
```

设置图例字体及大小，代码如下：

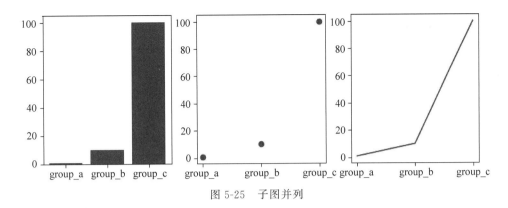

图 5-25　子图并列

```
font1 = {'family': 'Times New Roman', 'weight': 'normal', 'size': 20, }
plt.legend([r'Y'],loc = "lower right", prop = font1)
```

设置坐标轴的名称及字体大小,代码如下:

```
plt.xlabel('X',font1)
```

5.13　百度 AI

由于百度 AI 提供了很方便的接口,所以可以很容易地调用百度 AI 实现人工智能。进入百度 AI 官网后,单击右上角的【控制台】按钮进行登录,使用已有的百度账号即可,如果没有百度账号,则需要注册一个并完成实名认证。

安装百度 AI 库的命令如下:

```
pip install baidu - aip
```

5.13.1　图像文字识别

1. 创建文字识别应用

将光标移动到控制台左上角蓝色导航按钮 ☰ 上,网页会自动弹出导航栏,如图 5-26 所示。

依次选择【导航栏】→【文字识别】→【创建应用】,弹出的界面如图 5-27 所示。

【应用名称】可以任意填写,例如 wzocr,选择【接口选择】右边红色的【去领取】,进入【领取页面】界面,【接口名称】选择【全部】→【0 元领取】,然后关闭本界面,回到创建应用界面,【文字识别 HTTP SDK】不用选择,【应用归属】选择【个人】,【应用描述】可以任意填写,单击【立即创建】→【返回列表】。

新建一个 keyword. txt 文件,将 AppID、API Key、Secret Key 内容复制到 keyword. txt 内,Secret Key 是隐藏的,单击【显示】按钮后再复制,如图 5-28(a)所示,新建文本内容如图 5-28(b)所示。

3min

2. 图像文字识别

图像文字识别只需简单传入 key 和图像,代码如下:

图 5-26　产品服务导航

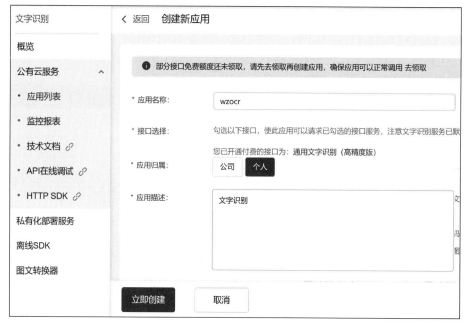

图 5-27　创建文字识别应用

应用名称	AppID	API Key	Secret Key
wzocr	20115245	pebc2umo2c2oTW4XQqbMfO4u	******* 显示

(a) 文字识别key

keyword.txt - 记事本
文件(F) 编辑(E) 格式(O) 查看(V) 帮助(H)
201152
pebc2umo2c2oTW4XQqbMfO
8aNLyDqx3GEcOYNLZUx4LFYVmQfg9y

(b) 将key保存到文件

图 5-28　文字识别 key

```
#//第5章/5.41.py
from aip import AipOcr
client = AipOcr('AppID', 'API Key','Secret Key')          #加载key
with open('baid/1.png', 'rb') as f:                       #读取图像
    image = f.read()
    text = client.basicAccurate(image)                    #调用
    result = text['words_result']                         #获取结果
    for i in result:
        print(i['words'])                                 #打印结果
```

识别结果如下:

```
展示目录.txt
```

文字识别还有生僻字版、通用文字识别 enhancedGeneralUrl( )、网络图像文字识别 webImageUrl( )、身份证识别 idcard( )、表格文字识别 form( )、二维码识别 qrcode( )、数字识别 numbers( )、手写文字识别 handwriting( )等功能,需要把代码中的 basicAccurate( )函数换成相应的函数,准确率更高、速度更快,如果不换,则用通用方法识别。

5.13.2　语音与文字互转

1. 创建语音识别应用

依次选择【导航栏】→【语音技术】→【创建应用】,其他步骤与创建文字识别应用的步骤类似,最后将语音 key 保存为 keyvoice.txt 文件。

2. 文字转语音

文字转语音 MP3,代码如下:

```
#//第5章/5.42.py
from aip import AipSpeech
client = AipSpeech('AppID', 'API Key','Secret Key')       #加载key
result = client.synthesis('百度 AI 开放平台', 'zh', 1)      #请求
if not isinstance(result, dict):                          #保存
    with open('baid/auido.mp3', 'wb') as f:
        f.write(result)
```

运行结果是在文件夹内生成 auido.mp3 语音文件。

client.synthesis('百度 AI 开放平台','zh',1)的参数'百度 AI 开放平台'是文本内容,参数'zh'表示转换为中文,参数"1"表示 Web 端请示。更多设置(例如改变语速、音调、音量、发声人物等)详见 10.10 节。

3. 语音文件转文字

语音文件转文字,代码如下:

```
#//第5章/5.43.py
from aip import AipSpeech
client = AipSpeech('AppID', 'API Key','Secret Key')       #加载key
with open('baid/record.wav', 'rb') as fp:                 #读取声频文件
    au = fp.read()
res = client.asr(au, 'wav', 16000, {'dev_pid': 1537, })   #请求
print('识别结果:' + "".join(res['result']))
```

识别结果如下：

识别结果：现在进行测试。

asr(au,'wav',16000,{'dev_pid':1537，})命令的第 1 个参数 au 是上传的二进制声音文件；'wav'是上传的文件格式，百度支持 mp3、pcm、m4a、amr 等单声道、16 位深、16000 Hz采样率的声频文件，dev_pid 是语言类型，1537 表示中文普通话。

5.13.3　人脸识别

1. 创建人脸识别应用

依次选择【导航栏】→【人脸识别】→【创建应用】→【应用名称】，可以任意填写，例如rlsb→【去领取】→【接口类别】全选，如果之前没有完成实名认证，则无法领取，实名认证完成后刷新网页，再选择【0 元领取】，其他步骤与创建文字识别应用的步骤类似，最后将人脸识别 key 保存为 keyface.txt 文件。

2. 本地图像人脸的颜值打分

对计算机上的图像人物进行"颜值"打分，代码如下：

```python
#//第 5 章/5.44.py
from aip import AipFace
import base64
aipFace = AipFace('AppID', 'API Key','Secret Key')          #加载 key
with open('baid/2.png', "rb") as fp:
    base64_data = str(base64.b64encode(fp.read()),'UTF - 8')   #编码
r = aipFace.detect(base64_data, "BASE64", {"face_field":"beauty"})  #调用
print(r["result"]["face_list"][0]['beauty'])                  #结果
```

运行结果如下：

```
79.86
```

3. 网络图像人脸颜值打分

对网络上的图像人脸进行"颜值"打分，代码如下：

```python
#//第 5 章/5.45.py
from aip import AipFace
aipFace = AipFace('AppID', 'API Key','Secret Key')          #加载 key

im = "http://n1.itc.cn/img8/wb/recom/2017/04/19/149256623627782055.JPEG"
op = {"face_field":"age,beauty","max_face_num": 4}
result = aipFace.detect(im, "URL",op)                       #请求
face_num = result['result']['face_num']
for num in range(0, int(face_num)):
    location = result['result']['face_list'][num - 1]
    beauty = location['beauty']
    age = location["age"]
    print(age,beauty)                                        #年龄、颜值
```

运行结果如下：

```
23 70.89
22 80.09
16 53.57
```

op＝{"face_field":"age,beauty","max_face_num":4}中的参数"face_field":"age,
beauty"表示年龄、颜值,"max_face_num":4 表示 1 幅图像中最多检测 4 张人脸。

程序默认按脸的大小顺序进行打分。学完第 11 章 OpenCV 后,分值可以直接绘制到
图像上。

人脸检测还有性别、人脸数量、发笑程度、戴眼镜类型、情绪、口罩等 55 项检测内容。

4. 人脸对比

现在的化妆技术十分强大,男性能化妆成女性,就让百度 AI 来分辨一下吧,代码如下:

```
#//第5章/5.46.py
from aip import AipFace
import base64
client = AipFace('AppID', 'API Key','Secret Key')          #加载 Key
def openfile(file):                                          #打开图像函数
    with open(file, 'rb') as f:
        data = base64.b64encode(f.read())
    image = str(data, 'UTF-8')
    return image

def face_detect(filepath1, filepath2):                       #人脸对比函数
    img1 = openfile(filepath1)                               #打开图像 1
    img2 = openfile(filepath2)                               #打开图像 2
    result = client.match([ {                                #人脸对比
            'image': img1,
            'image_type': 'BASE64',
        },
        {
            'image': img2,
            'image_type': 'BASE64',
        }])
    if result["error_msg"] in "SUCCESS":                     #如果返回结果成功
        score = result["result"]["score"]                   #获取分值
        if score > 70:                                       #打印结果
            print('相似度:{} 是同一人.'.format(score))
        else:
            print('相似度:{} 不是同一人.'.format(score))

face_detect('baid/f1.jpg', 'baid/f2.jpg')                    #调用程序
```

运行结果如下:

```
相似度:78.56130981 是同一人。
```

图像还可以是网上的 URL 链接指向的图像,还可以指定照片类型等。

5. 人脸搜索

进行人脸搜索需要先向人脸库上传人脸数据,然后用程序对照片与人脸库的照片进行
对比,返回结果。选择【人脸检测】→【应用列表】→【查看人脸库】→【新建组】→【新建用户】,
这样就可以上传照片了。人脸搜索,代码如下:

```
#//第5章/5.47.py
import base64
from aip import AipFace
client = AipFace('AppID', 'API Key','Secret Key')        #加载 Key
with open('baid/s2.jpg', 'rb') as f:                     #图像转码
    data = str(base64.b64encode(f.read()), 'UTF-8')
result = client.search(data, "BASE64", 'mr')             #提交
if result["error_msg"] in "SUCCESS":                     #提取结果
    score = result["result"]["user_list"][0]["score"]    #获取分值
    user_id = result["result"]["user_list"][0]["user_id"] #获取 id
    if score > 80:
        print(user_id)
        if user_id == '7':                               #转换为人名
            print('潘建伟')
        if user_id == '8':
            print('爱因斯坦')
    else:
        print("没有找到此人")
```

查询结果如下：

```
8
爱因斯坦
```

search()函数的第 1 个参数 data 是照片数据，第 2 个参数 ABSE64 是编码类型，第 3 个参数是在哪个组查询，笔者此处的查询组是 mr。返回查询到的人脸库编号，这里简单地对返回的 7 号和 8 号进行了判断。

分组、上传、修改、删除等功能都可以通过程序完成，而不需要登录网站。

5.13.4　文本纠错

百度自然语言分析功能有词法分析、词法分析（定制版）、中文词向量表示、词义相似度、短文本相似度、依存句法分析、中文 DNN 语言模型、情感倾向分析、情感倾向分析（定制版）、评论观点抽取、评论观点抽取（定制版）、对话情绪识别、文本纠错、文章分类、文章标签、新闻摘要、地址识别、智能作诗、智能对联等。

1.　创建自然语言应用

依次选择【导航栏】→【机器翻译】→【创建应用】，其他步骤与创建文字识别应用的步骤类似，最后将自然语言 key 保存为 keyyuyan. txt 文件。

2.　文本纠错

文本纠错功能可以提供正确示例参考，代码如下：

```
#//第5章/5.48.py
from aip import AipNlp
client = AipNlp('AppID', 'API Key','Secret Key')         #加载 key
result = client.ecnet('百度是一家人工只能公斯')              #请求
for item in result.items():
    if item[0] == 'item':
        if float(item[1]['score']) > 0 and float(item[1]['score']) < 1:
            print('百度是一家人工只能公斯')                 #打印原文
            print(item[1]['correct_query'])               #打印纠错后
```

运行结果如下：

> 百度是一家人工只能公斯
> 百度是一家人工智能公司

文本纠错的更多用法，详见 10.7 节。

百度的自然语言处理还有词法分析 lexer()、情感倾向分析 sentimentClassify()、文章分类 topic()、对话情绪识别 emotion()、新闻摘要 newsSummary() 等功能，只要把 ecnet() 换成相应方法即可。

5.13.5 图像增强与特效

图像增强与特效技术能对质量较低的图像进行去雾、对比度增强、无损放大等多种优化处理，重建高清图像，并提供黑白图像上色、图像风格转换、人物动漫化风格等多个图像特效 API 能力。

1. 创建图像增强与特效应用

依次选择【导航栏】→【图像增强与特效】→【创建应用】，其他步骤与创建文字识别应用的步骤类似，最后将图像增强与特效 key 保存为 keyimg.txt 文件。

2. 黑白图像上色

黑白图像上色功能可以把黑白照片处理成彩色照片，代码如下：

```
#//第 5 章/5.49.py
import base64
from aip import AipImageProcess
client = AipImageProcess('AppID', 'API Key','Secret Key')
with open('baid/hb.jpg', 'rb') as f:
    image = f.read()                              #打开图像
img = client.colourize(image)                     #黑白上色
# img = client.imageQualityEnhance(image)         #无损放大
# img = client.contrastEnhance(image)             #对比度
# img = client.imageDefinitionEnhance(image)      #清晰度
imgData = base64.b64decode(img['image'])          #转码
with open('baid/s3.jpg',mode = 'wb') as t:        #保存
    t.write(imgData)
```

图像处理结果如图 5-29 所示。

(a) 处理前　　　　　　　　(b) 处理后

图 5-29 图像处理

图像增强与特效应用还有很多其他功能,例如图像无损放大 imageQualityEnhance()、图像去雾 dehaze()、图像对比度增强 contrastEnhance()、拉伸图像恢复 stretchRestore() 等,只要把 5.49.py 文件中的 colourize()换成相应的方法即可。

5.14 语音与文件互转

本节介绍免费的语音技术。

1. 播放声频文件

Python 内置库 winsound 用于播放声频文件,代码如下:

```
import winsound
winsound.PlaySound('baid/record.wav', winsound.SND_FILENAME)
```

winsound 只能播放标准格式的 WAV 声频文件,不能播放 MP3 格式的声频文件,播放更多声频格式及播放控制,详见 10.10 节。

2. 语音播报文字

Python 内置库 win32com 可以用语音形式播报文字内容,代码如下:

```
from win32com.client import Dispatch
speaker = Dispatch('SAPI.SpVoice')        #传入参数实例化
speaker.Speak('100 分')                    #播放语音
del speaker                               #释放资源
```

3. 生成语音文件

pyttsx3 库可以播报文本内容,也可以生成语音文件,安装 pyttsx3 库的命令如下:

```
pip install pyttsx3
```

示例代码如下:

```
#//第 5 章/5.50.py
import pyttsx3 as pyttsx
engine = pyttsx.init()                     #初始化
engine.setProperty('rate', 115)            #设置语音播报速度
engine.setProperty('volume', 1.0)          #设置音量 0~1
voices = engine.getProperty('voices')      #获取当前音量
engine.setProperty('voice', voices[0].id)  #设置为女中音
engine.say('测试结束')                      #播报文本
engine.save_to_file('测试结束', 'test.mp3') #保存为文件
engine.runAndWait()
```

运行程序后先播报语音,然后生成语音文件 test.mp3。

4. 用话筒录音

录音需要 Python 的 Pyaudio 库和 Wave 库,Wave 是内置库,Pyaudio 是第三方库,安装命令如下:

```
pip install pyaudio
```

代码如下：

```
#//第 5 章/5.51.py
import wave
import time
from pyaudio import PyAudio, paInt16
def savefile(data):                              #保存参数设置函数
    wf = wave.open('baid/record.wav', 'wb')
    wf.setnchannels(1)                           #声道
    wf.setsampwidth(2)                           #采样宽度 2 字节
    wf.setframerate(16000)                       #采样率
    wf.writeframes(b''.join(data))
    wf.close()
def record():                                    #录音函数
    pa = PyAudio()                               #初始化
    stream = pa.open(format = paInt16, channels = 1, rate = 16000, input = True,
            frames_per_buffer = 2)               #加载参数录音
    buf = []
    t = time.time()
    print('正在录音...')
    while time.time() < t + 4:                   #4s 空白,结束录音
        audiodata = stream.read(2000)            #读取 2000 字节
        buf.append(audiodata)
    print('录音结束.')
    savefile(buf)                                #调用保存函数
    stream.close()
record()                                         #调用录音函数
```

运行程序开始录音，如果超过 4s 空白，则停止录音。

5. 语音文件转文字

语音文件转文字有一个开源的库 SpeechRecognition，首先要安装两个库，命令如下：

```
pip install PocketSphinx
pip install SpeechRecognition
```

然后，下载中文模型，网址为 https://sourceforge.net/projects/cmusphinx/files/Acoustic%20and%20Language%20Models/，如图 5-30 所示。

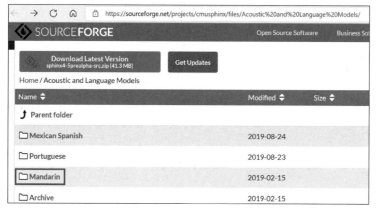

图 5-30 SpeechRecognition 官网

选择 Mandarin 文件夹,进入如图 5-31 所示的界面。

Name ⬥	Modified ⬥	Size ⬥
♪ Parent folder		
LICENSE	2019-02-15	1.5 kB
cmusphinx-zh-cn-5.2.tar.gz	2019-02-15	54.0 MB
Totals: 2 Items		54.0 MB

图 5-31　SpeechRecognition 下载

选择 cmusphinx-zh-cn-5.2.tar.gz 进行下载。在 Python 安装目录下找到 Lib\site-packages\speech_recognition\pocketsphinx-data 目录,进入 pocketsphinx-data 文件夹,并新建文件夹 zh-CN,在这个文件夹内添加刚刚解压的文件,把解压出来的 zh_cn.cd_cont_5000 文件夹重命名为 acoustic-model,将 zh_cn.lm.bin 重命名为 language-model.lm.bin,并将 zh_cn.dic 重命名为 pronounciation-dictionary.dict,如图 5-32 所示(或者直接将本章目录内 zh-CN 文件夹复制到 pocketsphinx-data 目录下)。

名称	修改日期	类型
acoustic-model	2022/4/24 10:16	文件夹
language-model.lm.bin	2019/10/8 10:07	BIN 文件
LICENSE.txt	2019/10/8 10:04	文本文档
pronounciation-dictionary.dict	2019/10/8 10:04	DICT 文件

图 5-32　重命名文件

示例代码如下:

```python
# //第 5 章/5.52.py
import speech_recognition as sr
r = sr.Recognizer()                          # 实例化对象
with sr.AudioFile('test.mp3') as source:     # 打开语音文件
    audio = r.record(source)
print('文本内容:', r.recognize_sphinx(audio, language = 'zh-CN'))
```

运行结果如下:

```
文本内容: 测试结束
进程已结束,退出代码 0
```

SpeechRecognition 库对于计算机合成的语音识别率极高,对于一般录音识别率一般,提高识别率需要搭建人工智能框架,初学者可以首先从开源项目学习,详见 18.6 节。

5.15　Python 压缩文件和文件夹

工作中经常需要把许多文件、文件夹打包,最简单的压缩方法是直接调用 Windows 程序 WinRAR 进行压缩。

1. Path 路径添加

首先要保证计算机内安装了 WinRAR.exe 程序,然后把安装目录加入 path 路径中。方法如下:在 ▦【开始】菜单中找到 WinRAR,打开它的子菜单,如图 5-33 所示。

右击 ▦ WinRAR,选择【更多】,选择【打开文件所在位置】,右击 ▦ WinRAR 后弹出菜单,选择【更多】,选择【打开文件所在位置】,右击 ▦ WinRAR,选择【属性】,如图 5-34 所示。

图 5-33 开始菜单   图 5-34 WinRAR 属性

复制【位置】内容,例如笔者此处为 D:\Program Files\WinRAR,打开控制面板,搜索 path,如图 5-35 所示。

单击【编辑账户的环境变量】按钮后,出现的界面如图 5-36 所示。

双击 Path,如图 5-37 所示。

单击【新建】按钮,将 WinRAR 的路径粘贴到这里,然后单击【确定】按钮。

2. 压缩程序所在目录的所有文件

压缩程序所在目录的所有文件,代码如下:

```
import os
os.system("WinRAR.exe a data.rar *")
```

system()的参数 WinRAR.exe 用于指定压缩程序,参数 a 表示指定压缩的参数,data.rar 是压缩后的文件,* 表示压缩当前目录的所有文件。运行结果是将当前目录下的所有文

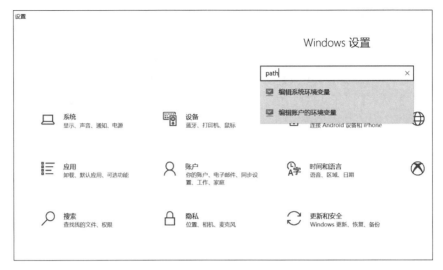

图 5-35　控制面板

图 5-36　环境变量

图 5-37　编辑环境变量

件压缩为 data.rar 文件。

3. 压缩指定目录

压缩指定目录,代码如下:

```
import os
os.system("WinRAR.exe a data1.rar pic")
```

把 pic 整个目录压缩成 data1.rar 文件。

4. 压缩多目标

压缩多目标,代码如下:

```
import os
os.system("WinRAR.exe a data.rar * pic pic2")
```

os.system("WinRAR.exe a data.rar * pic pic2")命令的参数"*"表示程序所在目录的所有文件,参数 pic 表示 pic 文件夹、参数 pic2 表示 pic2 文件夹,参数 data.rar 表示压缩成 data.rar 文件。

5. 绝对路径与相对路径

绝对路径就是带盘符的完整路径,例如 4.5 节的"C:/Windows/Fonts/SimHei.ttf"。

相对路径就是相对于程序所在目录的路径,常用的相对路径有以下几种形式。

1)同一级

"1.txt"或"./1.txt"表示程序所在目录的 1.txt 文件,例如 5.52.py 文件中的"test.mp3"。

2)下一级

"./t/1.txt"或者"t/1.txt"表示下一级的 t 目录下的 1.txt 文件,例如 5.2 节的"txt/1.txt"。

3)上一级

"../t/1.txt"表示上一级的 t 目录下的 1.txt 文件。

4)上上一级

"../../t/1.txt"表示上一级目录的上一级 t 目录下的 1.txt 文件。

上例中,Python 查找相对路径 WinRAR.exe 程序的顺序是:应用程序所在目录→Windows SYSTEM 目录→Windows 目录→Path 环境变量指定的路径,所以我们经常把程序需要的文件复制到程序所在的目录,例如 5.52.py 文件中的 test.mp3;很多项目会将引用的程序写入 Path 环境变量,例如本节的 WinRAR.exe,9.10 节的 sqlite3.exe。

第6章

Python 应用实例

本章通过大量的 Python 应用实例和详细的说明,加深读者对 Python 编程思想的理解。Python 编程就像搭积木一样,将不同的模块组合在一起便可实现新的功能。每个实例都分为 4 部分,第 4 部分"说明"给出了实例是由哪些模块组合而成的,读者可以先由此拼接,再对比第 3 部分的"代码",以提高编程能力。

6.1 倒计时关机

1. 需求

倒计时执行关机任务,或者执行其他程序。

2. 思路

用 for 循环递减时间,用 os.system()调用 Windows 程序。

3. 代码

倒计时关机,代码如下:

```python
#//第 6 章/6.1.py
import time,os
def run(fz = 3):                          #定义函数
    for i in range(fz):                   #循环指定分钟数
        print('离关机还有{}分钟'.format(fz - i))
        time.sleep(60)                    #暂停 60s
        os.system('shutdown - s')         #关机
    #os.system('1.mp4')                    #播放视频
if __name__ == '__main__':
    run(5)
```

4. 说明

run(5)函数的参数"5"表示 5min,5min 后程序关机或执行其他操作。
本例由 5.9 节调用 Windows 程序改编而成。

6.2 周期性提醒

1. 需求

周期性的提醒事务。

2．思路

用 while 循环实现周期性的提醒。

3．代码

周期性的提醒事务，代码如下：

```
#//第 6 章/6.2.py
import time,os
def run(fz):                          #定义函数
    while True:
        time.sleep(fz * 60)           #暂停分钟数
        print('已经连续工作{}分钟了,起来活动活动吧!'.format(fz))
        os.system('1.mp4')            #播放视频

if __name__ == '__main__':
    run(5)
```

4．说明

run(5)函数的参数"5"表示 5min，每 5min 打印提醒内容并播放一次视频。

本例由 5.9 节调用 Windows 程序改编而成。

6.3　定时提醒

1．需求

定时提醒事务。

2．思路

用 while 循环不停地检查当前时间是否到指定时间。

3．代码

定时提醒程序，代码如下：

```
#//第 6 章/6.3.py
import time,os
print(time.localtime())
def run(xs,fz):                          #定义函数
    while True:                          #如果到指定时间
        if time.localtime().tm_hour == xs and time.localtime().tm_min == fz:
            print('时间到了')            #打印提示
            os.system('1.mp4')          #播放视频
        time.sleep(10)

if __name__ == '__main__':
    run(9,16)
```

4．说明

run(9,16)的参数"9,16"表示 9 点 16 分，到 9 点 16 分时进行提醒。

本例由 5.9 节调用 Windows 程序、获取时间的 4.1.py 组合而成。

6.4　生成没交作业的学生名单

1. 需求

上网课时,把学生作业下载到一个文件夹内,每张照片的文件名包含学生姓名,如图 6-1 所示,如何快速生成没交作业的学生名单呢?

📄 序号2_张三_如果有两页,左右合成一张图片上_理综0004.jpg
📄 序号3_李四_如果有两页,左右合成一张图片上_理综0006.jpg
📄 序号4_王五_如果有两页,左右合成一张图片上_理综0010.jpg

图 6-1　学生上传作业

2. 思路

遍历学生作业,把文件名取出来后加入字符串,遍历 Excel 表内每位学生的姓名,打印出不在字符串内的学生姓名。

3. 代码

生成没交作业的学生名单,代码如下:

```python
#//第 6 章/6.4.py
import openpyxl
from pathlib import Path
pyPath = Path.cwd()                                 #获取程序所在路径
imgpath = pyPath /'pic2'                             #获取照片路径
zystr = ''                                          #文件名字符串变量
for i in (imgpath.glob('*.jpg')):                   #遍历照片
    zystr = zystr + str(i)                          #形成文件名字符串

chengjiexcel = openpyxl.load_workbook('cj.xlsx')    #打开 Excel 文件
shyijuan = chengjiexcel['2022']                     #打开工作表
for i in range(2, shyijuan.max_row + 1):            #遍历学生姓名
    xm = shyijuan.cell(row = i, column = 2).value
    if xm not in zystr:                             #如果没交作业
        print(xm, end = ',')                        #打印姓名
```

4. 说明

imgpath.glob('*.jpg')命令用于生成 jpg 文件列表,如果提交的作业是其他格式,则需要修改此命令。

本例是由遍历文件的 4.4.py、Excel 单元格操作的 5.7.py 组合而成的。

6.5　"问卷星"下载文件重命名

1. 需求

文件名如图 6-1 所示,如何批量地将文件名修改为学生姓名呢?

2. 思路

遍历试卷,对每张试卷的文件名进行处理,最后保存文件。

3. 代码

文件重命名,代码如下:

```
#//第 6 章/6.5.py
from PIL import Image
from pathlib import Path
imgpath = Path.cwd() /'pic2'                          # 获取试卷文件夹路径
imgnewpath = imgpath/'new'                            # 新建文件夹 new 路径
imgnewpath.mkdir(777,exist_ok = True,)                # 新建文件夹 new
for i in (imgpath.glob('*.jpg')):                     # 遍历文件
    filename = i.name.split('_')[1]                   # 取出名字
    p2 = imgnewpath.joinpath('{}.jpg'.format(filename))  # 新文件路径
im1 = Image.open(i)                                   # 打开原文件
im1.save(p2)                                          # 保存新文件
print("已全部重新命名!")
```

4. 说明

filename = i.name.split('_')[1]命令用 i.name 的方法取出了文件名,用 split('_')根据下画线把文件名分割成列表,索引出列表中第 2 个学生的姓名,然后赋值给变量 filename。

本例是由遍历文件的 4.4.py、生成文件夹的 4.6.py、图像操作的 4.10.py 组合而成的。

6.6 批量转换图像格式

1. 需求
把所有的二值图或灰度图转换为 RGB 模式的 jpg 图像。

2. 思路
遍历图像,模式转换,保存文件,删除原文件。

3. 代码
批量转换图像格式,代码如下:

```
#//第 6 章/6.6.py
import glob
from pathlib import Path
from PIL import Image
for img in glob.glob("pic/*.png"):                    # 遍历文件
    im = Image.open(img)                              # 读取文件
    imrgb = im.convert("RGB")                         # 转换为 RGB 模式
    imrgb.save(str(img).replace('png','jpg'))         # 保存文件
for img in glob.glob("pic/*.png"):                    # 删除 png 文件
    Path(img).unlink()
```

4. 说明
二值图和灰度图无法打印彩色文字,必须把它们转换为 RGB 模式才能打印彩色文字。本例是由遍历文件的 4.4.py、图像操作的 4.10.py 文件组合而成的。

6.7 扫描试卷批量修改文件名

1. 需求
扫描仪扫描出来的学生试卷带有学科名称,如"理综 0001.jpg"等,由于有些第三方库

对汉字文件名不友好，所以需要把文件名中的汉字替换掉。

2．思路

对上面的程序进行调整，替换不需要的字符即可。

3．代码

批量修改文件名，代码如下：

```
#//第 6 章/6.7.py
from PIL import Image
from pathlib import Path
imgpath = Path.cwd()/'pic'                      #获取文件夹路径
imgnewpath = imgpath /'new'                     #新建文件夹路径
imgnewpath.mkdir(777,exist_ok = True,)          #新建文件夹 new
for i in (imgpath.glob('*.jpg')):               #遍历文件
    filename = i.name[2:]                        #获取文件名
    p2 = imgnewpath/filename                     #新文件路径
    im1 = Image.open(i)                          #打开原文件
    im1.save(p2)                                 #保存新文件
print("已全部重新命名!")
```

4．说明

本例是由遍历文件的 4.4.py、生成文件夹的 4.6.py、图像操作的 4.10.py 组合而成的。

6.8 根据条形码重命名试卷

1．需求

有时需要根据学生试卷上的条形码查询学生姓名，然后用学生姓名重新命名文件名。

2．思路

遍历试卷，获取试卷条形码考号，遍历 Excel 表格内的考号，如果两个考号相同，则应取出学生姓名，重新命名试卷的文件名。

3．代码

重命名试卷，代码如下：

```
#//第 6 章/6.8.py
import openpyxl
from PIL import Image
from pathlib import Path
import pyzbar.pyzbar as pyzbar
imgpath = Path.cwd()/'pic3'                          #获取文件夹路径
imgnewpath = imgpath /'new'                          #新建文件夹路径
imgnewpath.mkdir(777,exist_ok = True,)               #新建文件夹 new
def gettiaoxingma(frame, * args, ** kwargs):         #条形码识别函数
    barcodes = pyzbar.decode(frame, * args, ** kwargs)
    for barcode in barcodes:
        barcodeData = barcode.data.decode("UTF - 8")
        return barcodeData
for i in (imgpath.glob('*.jpg')):                    #遍历试卷
    im1 = Image.open(i)                              #读取文件
    #txmkh = gettiaoxingma(im1)                      #获取条形码考号
```

```
        txmkh = pyzbar.decode(im1)[0].data.decode("utf-8")
        cj = openpyxl.load_workbook('cj.xlsx')                    #打开文件
        sh2022 = cj['2022']                                       #打开表2022
        for i in range(2, sh2022.max_row + 1):                    #遍历,当考号相同时
            if sh2022.cell(row = i, column = 1).value == int(txmkh):
                xsxm = sh2022.cell(row = i, column = 2).value     #取出名字
                p2 = imgnewpath /('{}.jpg'.format(xsxm))          #新文件路径
                im1.save(p2)                                      #保存新文件
                break
print("已全部重新命名!")
```

4. 说明

本例提供了两种读取条形码的方法,其一是一张图中有多个条形码,遍历读取,其二是试卷中只有一个条形码,可以简化成一条命令读取,命令如下:

```
txmkh = pyzbar.decode(im1)[0].data.decode("utf-8")
```

本例是由遍历文件的 4.4.py、Excel 的读写 5.7.py、条形码的识别 4.13.py 组合而成的。

6.9　批量生成条形码考号并保存到 Word 文件

1. 需求

根据程序所在目录的 zy.xlsx 文件生成条形码并保存到 Word 文件,zy.xlsx 文件的内容和格式如图 6-2 所示。

2. 思路

遍历读出 Excel 表格中的学生信息,制作成条形码图像,新建 Word 文件,新建表格,读取条形码文件列表,遍历循环 Word 表格,依次插入条形码的图像。

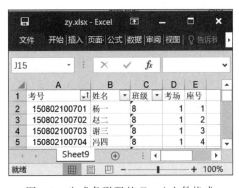

图 6-2　生成条形码的 Excel 文件格式

3. 代码

批量生成条形码考号,代码如下:

```
#//第6章/6.9.py
import glob
import os
from pathlib import Path
import docx
from docx.enum.table import WD_TABLE_ALIGNMENT
from pystrich.code128 import Code128Encoder
import openpyxl
from docx.shared import Cm
from PIL import Image, ImageDraw, ImageFont
imgpath = Path.cwd() / 'txmdoc'                              #设置工作路径
wb = openpyxl.load_workbook('zy.xlsx')                       #打开 Excel 文件
```

```
sh1 = wb['Sheet9']                                        ＃打开表
rows = sh1.max_row                                        ＃读取总行数
doc = docx.Document()                                     ＃新建 Word 文件
                                                          ＃新建表格
table = doc.add_table(rows = int(rows / 2), cols = 2, style = 'Table Grid')
table.alignment = WD_TABLE_ALIGNMENT.CENTER               ＃表格居中
def code128():                                            ＃生成条形码函数
    for i in range(2, rows + 1):                          ＃循环读取学生信息
        code = sh1.cell(row = i, column = 1).value        ＃读取考号
        xingming = sh1.cell(row = i, column = 2).value    ＃读取姓名
        banji = sh1.cell(row = i, column = 3).value       ＃读取班级
        kaochang = sh1.cell(row = i, column = 4).value    ＃读取考场
        zuohao = sh1.cell(row = i, column = 5).value      ＃读取座号
        im = Image.new('RGBA', (455, 190), 'white')       ＃新建白色图像
        draw = ImageDraw.Draw(im)                         ＃加字模块
        SignPainterFont = ImageFont.truetype('simkai.ttf', 22)
        draw.text((20, 10), '＃＃中学第1次月考       第{}考场 {}座'.format
            (kaochang, zuohao), fill = 'black', font = SignPainterFont)
        SignPainterFont = ImageFont.truetype('simkai.ttf', 28)
        draw.text((20, 160), '高三{}班{}{}'.format(banji, xingming,
                    code),fill = 'black', font = SignPainterFont)
        encoder = Code128Encoder(str(code))               ＃生成条形码
        encoder.save("2.png", bar_width = 4)              ＃保存
        encoder = Image.open('2.png')                     ＃读取
        croppedIm = encoder.crop((35, 17, 446, 139))      ＃剪切
        im.paste(croppedIm, (20, 30))                     ＃粘贴
        im.save("txmdoc/{}.png".format(code), bar_width = 4)

def sctp():                                               ＃删除 png 文件函数
    for img in glob.glob("txmdoc/ * .png"):
        Path(img).unlink()
def main():                                               ＃定义主程序
    code128()                                             ＃调用生成条形码函数
    txmlist = []
    for i in (imgpath.glob(' * .png')):                   ＃条形码列表
        txmlist.append(str(i))
    i = 0
    for hang in range(int(rows / 2)):                     ＃将条形码插入 Word
        for lie in range(2):
            cell = table.cell(hang, lie)                  ＃获取某单元格对象
            p = cell.paragraphs[0]                        ＃居中对齐
            p.paragraph_format.alignment = WD_TABLE_ALIGNMENT.CENTER
            run = p.add_run()
            run.add_picture(txmlist[i], width = Cm(6))    ＃插入条形码图像
        i = i + 1
    doc.save('txmdoc/txm.docx')                           ＃保存 Word
    os.system(str(imgpath / 'txm.docx'))                  ＃打开 Word
    sctp()                                                ＃删除条形码图像
if __name__ == "__main__":
    main()
```

4. 说明

本例中先在 Word 中生成表格,然后遍历表格,插入图像。

本例是由遍历文件的 4.4.py、生成目录的 4.6.py、Excel 的读写 5.7.py、条形码的生成 4.5 节、图像的绘制 4.12.py 组合而成的。

6.10　根据拍摄时间自动分类照片

1. 需求
根据拍摄照片的时间进行分类，将相同年份的照片放入同一个文件夹。

2. 思路
读出照片的拍摄时间，新建文件夹，将照片移动到新文件夹。

3. 代码
根据拍摄时间自动分类照片，代码如下：

```
#//第 6 章/6.10.py
from PIL import Image
from pathlib import Path
pyPath = Path.cwd()                                                ＃获取程序所在路径
imgpath = pyPath /'pic4'                                           ＃获取照片文件夹路径
for i in (imgpath.glob('＊.jpg')):                                 ＃遍历照片
    imgname = i.name                                               ＃取出名字
    t = Image.open(i)._getexif()[36867][:4]                        ＃取出拍照年份
                                                                   ＃新建年份文件夹
    (imgpath / t).mkdir(mode = 0o777, exist_ok = True, parents = True)
    if not (imgpath / t / imgname).exists():                       ＃如果照片不存在
            Path(i).rename((imgpath / t / imgname))                ＃移动照片
    else:                                                          ＃如果照片存在
            print('{}已存在'.format(imgname))                      ＃提醒已存在
```

4. 说明
PIL 库可以读出照片拍摄的时间、文件的大小、拍摄地点的经纬度、手机厂商、手机型号等信息，如何查看照片有没有拍摄信息呢？右击照片，选择【属性】→【详细信息】→【拍摄日期】可以找到拍摄日期。直接从手机、存储卡复制到计算机上的照片都有拍摄信息，微信发送图像时选择【原图】方式发送的照片有拍摄信息，没有选择【原图】方式发送的照片没有拍摄信息。

本例是由遍历文件的 4.4.py、目录的生成 4.6.py、4.4 节图像拍摄信息的读取组合而成的。

6.11　根据拍摄城市自动分类照片

1. 需求
根据拍摄照片所在的城市创建文件夹，并将照片移动到相应的文件夹内。

2. 思路
申请百度地图 AK，遍历照片，获取每张照片的纬度、经度，转换为十进制，然后加入请求中，解析城市名，建立文件夹，移动照片。

首先进入百度地图官网，选择【控制台】→【注册成为开发者】→【成为个人开发者】→勾选协议→【成为个人开发者】填写信息,完成认证注册。

回到【控制台】,选择【应用管理】→【我的应用】→【创建应用】→【应用名称】,可以任意填写,例如 jwcx,【应用类型】选择【服务器端】,【IP 白名单】只是个人简单测试,填 0.0.0.0/0 即可,单击【提交申请】按钮,记下 AK。

3. 代码

根据拍摄城市自动分类照片,代码如下:

```python
#//第 6 章/6.11.py
import json
import requests
from PIL import Image
from pathlib import Path
pyPath = Path.cwd()                                    #获取程序路径
imgpath = pyPath /'pic4'                               #获取照片路径
for i in (imgpath.glob('*.jpg')):                      #遍历照片
    imgname = i.name                                   #取出照片文件名
    t = Image.open(i)._getexif()                       #获取拍摄信息
    N = str(round(float(t[34853][2][0] + t[34853][2][1]/60 +
                    t[34853][2][2]/3600),6))
    S = str(round(float(t[34853][4][0] + t[34853][4][1]/60 +
                    t[34853][4][2]/3600),6))
    AK = '您自己的 AK'                                  #百度地图的 AK
    url = 'http://api.map.baidu.com/reverse_geocoding/v3/?ak={}\
        &output=json&coordtype=wgs84ll&location={},{}'.format(AK,N,S)
    res = requests.get(url)                            #请求
                                                       #获取城市名
    address2 = json.loads(res.text)['result']['addressComponent']["city"]
                                                       #建立文件夹
    (imgpath / address2).mkdir(mode=0o777, exist_ok=True, parents=True)
    Path(i).rename((imgpath / address2 / imgname))     #移动文件
```

本例是根据城市对照片进行分类的,也可以根据国家或者省份分类照片。

4. 说明

本例是由遍历文件的 4.4.py、新建目录的 4.6.py、百度地图的经纬度转换组合而成的。

6.12 根据人脸自动分类整理照片

1. 需求

每届学生毕业时,班主任都要把三年内拍摄的学习和生活照片发送给学生。

2. 思路

遍历每张照片,调用百度 AI 进行人脸识别,根据百度返回的编号,查询 Excel 中的姓名,新建人名文件夹,移动照片。

3. 代码

代码如下:

```python
#//第 6 章/6.12.py
import base64
```

```
import openpyxl
from aip import AipFace
from pathlib import Path
pyPath = Path.cwd()                                              #获取当前路径
imgpath = pyPath /'mr'                                           #获取照片文件夹路径
client = AipFace('AppID', 'API Key','Secret Key')               #加载 Key
#1.百度人脸搜索
def baidusf(url):
    with open(url, 'rb') as f:                                  #图像转码
        data = str(base64.b64encode(f.read()), 'UTF-8')         #请求
        result = client.search(data, "BASE64", 'mr')
    if result["error_msg"] in "SUCCESS":                        #提取结果
        score = result["result"]["user_list"][0]["score"]
        user_id = result["result"]["user_list"][0]["user_id"]
        if score > 80:
            return user_id
        else:
            return "查无此人"
#2.Excel 查询人名
def sexcel(id):
    cj = openpyxl.load_workbook('cj.xlsx')                      #打开 Excel
    sh2022 = cj['mr']                                           #打开表 mr
    for i in range(2, sh2022.max_row + 1):                     #从第2行到最后
        if sh2022.cell(row = i, column = 1).value == int(id):  #找到 id
            xsxm = sh2022.cell(row = i, column = 2).value      #取出姓名
            return xsxm
#3.遍历照片
for i in (imgpath.glob('*.jpg')):
    name = sexcel(baidusf(i))                                  #获得姓名
    if not (imgpath/name).exists():                            #新建文件夹
        (imgpath/name).mkdir(mode = 0o777, exist_ok = True, parents = True)
        Path(i).rename((imgpath / name / i.name))              #移动照片
```

4. 说明

这里没有考虑一张照片有多个人像的情况,读者可以加个判断人像个数的函数,有几个人像就复制几份到相应文件夹。

本例是由遍历文件的 4.4.py、新建目录的 4.6.py、Excel 的读写 5.7.py、百度 AI 人脸识别的 5.47.py 组合而成的('mr'是笔者上传的人像组,读者在运行代码前,要确定自己的人像组名,以及已上传的人像)。

6.13　截图识别文字

1. 需求

大学生的某些科目开卷考试,可以用手机搜索答案,所以需要将一些 PDF 格式的资料转换为 txt 文件。

2. 思路

调用截图软件截图,调用百度识别,保存结果。

3. 代码

截图识别文字,代码如下:

```python
#//第 6 章/6.13.py
import sys
import time
import winsound
import docx
import keyboard
from PIL import ImageGrab
import ctypes
import pyautogui
from aip import AipOcr
from docx.shared import Cm
from win32com.client import Dispatch
speaker = Dispatch('SAPI.SpVoice')
tishistr = 'w 识别文字,p 插入图像,b 保存,q 退出'
client = AipOcr('AppID', 'API Key','Secret Key')          #百度 key
doc = docx.Document()                                     #新建 Word 文件

def savedoc(a,b):                                         #1 定义写 Word 函数
    if a == 'p':                                          #输入 p 时
        doc.add_picture(r"screen.jpg", width = cm(6))     #插入图像宽 6cm
        print("已插入图像")
        print(tishistr)
        winsound.Beep(300, 600)                           #声音提醒完成
    elif a == 'w':                                        #输入 w 时
        doc.add_paragraph(b)                              #新建段落插入文本
        print(b)
        print("已识别文字")
        print(tishistr)
        winsound.Beep(300, 600)                           #声音提醒完成
    elif a == 'b':                                        #输入 b 时
        doc.save('word.docx')                             #文档保存
        print("已保存")
        print(tishistr)
        winsound.Beep(300, 600)
    else:
        pass

def capture():                                            #2 定义截图函数
    #try:                                                 #a 调用 qq 截图 dll
    #    dll = ctypes.cdll.LoadLibrary('PrScrn.dll')
    #except Exception:
    #    print("Dll 加载错误!")
    #    return
    #else:
    #    try:
    #        dll.PrScrn(0)
    #    except Exception:
    #        print("出错了,请重试!")
    #        return
    pyautogui.hotkey('win', 'shift','s')                  #b 调用 Windows 截图
    time.sleep(5)
    #pyautogui.hotkey('f1')                               #c 调用截图软件
    #time.sleep(5)
```

```
def test_w():                                    #3 定义文字识别函数
    capture()                                    #截图
    time.sleep(0.1)
    image = ImageGrab.grabclipboard()            #获取剪切板的图像
    image.save('screen.jpg')                     #图像保存
    with open('screen.jpg', 'rb') as f:          #打开
        image = f.read()                         #读取图像
        text = client.basicAccurate(image)       #识别图像文本
        result = text['words_result']            #获取结果
        for i in result:
            savedoc('w', i['words'])             #插入 words

def test_p():                                    #4 定义插入图像函数
    capture()                                    #截图
    time.sleep(0.1)
    image = ImageGrab.grabclipboard()            #获取剪切板的图像
    image.save('screen.jpg')                     #图像保存
    savedoc(a = 'p', b = "")

def test_b():                                    #5 保存 Word 函数
    savedoc(a = 'b', b = "")

def main():                                      #6 定义主函数
    print("程序已就绪,播放提示音"嘟"后,进行下一项识别.")
    print(tishistr)
    keyboard.add_hotkey('w', test_w)             #输入 w 时插入文字
    keyboard.add_hotkey('p', test_p)             #输入 p 时插入图像
    keyboard.add_hotkey('b', test_b)             #输入 b 时保存 Word
    keyboard.wait('q')                           #输入 q 时退出

if __name__ == '__main__':
    main()
```

4. 说明

capture()函数提供了 3 种截图方法,第 1 种是调用 QQ 的截图功能,第 2 种是直接模拟 Windows 10 的截图功能,第 3 种是调用截图软件。笔者下载的截图软件是 Snipaste,先运行该软件,调用时按 F1 键进行截图。

ctypes.cdll.LoadLibrary('PrScrn.dll')命令用于调用 C 语言的截图动态链接库 PrScrn.dll。

keyboard.add_hotkey('w', test_w)命令用于监听键盘按键状态,当输入 w 时,调用 test_w()函数。

keyboard.wait('q')命令表示无限监听键盘按键状态,当输入 q 时退出监听。

本例是由百度 AI 的文字识别 5.41.py、Word 的读写 5.10.py、4.4 节读取剪贴板的图像、截图等功能组合而成的。

6.14 视频转换为文字

1. 需求

提取视频中的声频,再把声频转换为文本。

2．思路

把视频转换为声频，并且在声频中去掉静音部分，切割成 60s 一段，转换为 PCM 格式，调用百度识别，保存结果。

3．代码

视频转换为文字，代码如下：

```
#//第6章/6.14.py
import os
from pathlib import Path
from aip import AipSpeech
client = AipSpeech('AppID', 'API Key','Secret Key')      #换成自己的Key
pyPath = Path.cwd()                                       #获取当前路径
imgpath = pyPath /'ffm' /'m'                              #获取MP3路径
def main():                                               #定义主函数
    #1 提取声频文件
    os.system('ffmpeg - i ffm/1.mp4 - q:a 0 - map a ffm/1.mp3')
    #2 剪去所有超过2s的静音片段
    os.system('ffmpeg - i ffm/1.mp3 - af silenceremove = stop_periods\
            = - 1:stop_duration = 2:stop_threshold = - 30dB ffm/2.mp3')
    #3 切割成60s一份至m文件夹
    os.system('ffmpeg - i ffm/2.mp3 - f segment - segment_time 60\
                            - c copy ffm/m/o % 02d.mp3')

    for i in (imgpath.glob(' * .mp3')):                   #4 转换为PCM格式
        newname = str(i).replace('mp3','pcm')
        os.system('ffmpeg - y - i {} - acodec pcm_s16le - f\
        s16le - ac 1 - ar 16000 {}'.format(i,newname))
        with open(newname, 'rb') as fp:                   #5 读取文件
            au = fp.read()
                                                          #6 请求
        res = client.asr(au, 'pcm', 16000, {'dev_pid': 1537, })
        with open('ffm/1.txt', mode = 'a') as t:          #7 写入文件
            t.write("".join(res['result']))

if __name__ == '__main__':
    main()
```

4．说明

本例由 5.9 节 FFmpeg 提取视频中的声频、5.42.py 百度 AI 的语音转文字功能组合而成。

6.15　实时语音转换为文字

1．需求

把实时语音转换为文本。

2．思路

采集声频，调用百度识别，返回结果。

3．代码

实时语音转文字，代码如下：

```
#//第 6 章/6.15.py
import wave
import time
from pyaudio import PyAudio, paInt16
from aip import AipSpeech
client = AipSpeech('AppID', 'API Key','Secret Key')              #加载 Key

def savefile(data):                                              #1 保存文件参数设置
    wf = wave.open('record.wav', 'wb')                           #读取文件
    wf.setnchannels(1)                                           #声道
    wf.setsampwidth(2)                                           #采样宽度 2 字节
    wf.setframerate(16000)                                       #采样率
    wf.writeframes(b''.join(data))
    wf.close()
def record():                                                    #2 录音
    pa = PyAudio()                                               #实例化
    stream = pa.open(format = paInt16, channels = 1,\
            rate = 16000, input = True, frames_per_buffer = 2)   #录音
    buf = []
    t = time.time()
    print('正在录音...')
    while time.time() < t + 4:                                   #如果小于 4s,则停止
        audiodata = stream.read(2000)                            #获取录音
        buf.append(audiodata)                                    #录音加入文件
        print('录音结束.')
        savefile(buf)                                            #保存
        shibie()                                                 #识别
        stream.close()                                           #关闭

def shibie():                                                    #3 识别设置
    with open('record.wav', 'rb') as fp:                         #打开
        au = fp.read()                                           #读取
    res = client.asr(au, 'wav', 16000, {'dev_pid': 1537, })      #识别
    print('识别结果:' + "".join(res['result']))

if __name__ == '__main__':
    record()
```

4. 说明

本例是由录音实例 5.51.py 与语音识别实例 5.43.py 组合而成的。

6.16 把 Excel 分数打印到试卷上

1. 需求

需要把所有学生的每项分数打印到电子试卷上的指定位置。分数放在 cj.xlsx 的 2020 表内,如图 6-3(a)所示,第 1 列是考号,第 2 列是姓名,其他列是分数;打印分数的坐标放在 quyu 表内,如图 6-3(b)所示,A1 放置第 1 个点的 x 坐标,A2 放置第 1 个点的 y 坐标,以此类推。

2. 思路

遍历试卷,识别条形码,再遍历 Excel,查找考号,读出分数,按坐标打印小题分,最后保存试卷。

(a) 学生成绩　　　　　　　　　　(b) 打分坐标

图 6-3　cj.xlsx 的两张表

3. 代码

将分数打印到试卷上，代码如下：

```python
#//第 6 章/6.16.py
import openpyxl
from pathlib import Path
from PIL import Image, ImageDraw, ImageFont
import pyzbar.pyzbar as pyzbar
imgpath = Path.cwd() /'pic3'/'new'
quyulistfenx = []
quyulistfeny = []
def fentopic():                                         #打分函数
    chengjiexcel = openpyxl.load_workbook('cj.xlsx')    #打开 Excel
    shquyu = chengjiexcel['quyu']                       #打开表
    shfs = chengjiexcel['2022']
    for i in range(shquyu.max_column):                  #坐标读入列表
        quyulistfenx.append(shquyu.cell(row = 1, column = i + 1).value)
        quyulistfeny.append(shquyu.cell(row = 2, column = i + 1).value)
    for filename in [x for x in imgpath.iterdir()]:     #遍历试卷
        im = Image.open(filename)                       #获取文件名
        txm = pyzbar.decode(im)[0].data.decode("utf - 8") #获取条形码考号
        draw = ImageDraw.Draw(im)                       #实例化
        for i in range(2, shfs.max_row + 1):            #遍历 Excel 考号
            xuehao = int(shfs.cell(row = i, column = 1).value)
            if str(txm) == str(xuehao):                 #如果考号一致
                                                        #取出各科成绩
                fs1 = str(shfs.cell(row = i, column = 3).value)
                fs2 = str(shfs.cell(row = i, column = 4).value)
                SignPainterFont = ImageFont.truetype('simhei.ttf', 40)
                draw.text((quyulistfenx[0], quyulistfeny[0]), fs1,\
                    fill = 'red', font = SignPainterFont)    #打分
                draw.text((quyulistfenx[1], quyulistfeny[1]), fs2,\
                        fill = 'red', font = SignPainterFont)
                im.save(str(Path.cwd() /'pic3'/fielname.name))
```

```
if __name__ == "__main__":
    fentopic()
    print('分数全部打印在试卷上了!')
```

4. 说明

本例是由条形码识别 4.13.py、图像绘制 4.12.py、Excel 的操作 5.7.py 这 3 个模块组合而成的。

6.17 由 Excel 生成 Word 表彰文件

1. 需求

每次月考完都要由 Excel 数据生成 Word 格式的表彰文件。

2. 思路

读取 Excel 数据,写入 Word。

3. 代码

Excel 生成 Word 表彰文件,示例代码如下:

```
#//第6章/6.17.py
import pandas as pd
import docx
from docx.enum.text import WD_PARAGRAPH_ALIGNMENT
from docx.shared import RGBColor
doc = docx.Document()
excelstr = ''

#定义一个由 Pandas 数据生成字符串的函数
def pd2excelstr(xxstr, * args, ** kwargs):
    '''
    :return: excelstr
    '''
    global excelstr
    excelstr = ''
    df = pd.read_excel('xs.xlsx',usecols = ['姓名',xxstr])         #读取文件
    df = df.loc[df[xxstr].apply(lambda a:a <= 50)]                  #筛选
                                                                    #排序
    df.sort_values(by = xxstr, inplace = True,ascending = True)
    for row in range(df.shape[0] - 1):                              #生成字符串
        excelstr = excelstr + str(df.iloc[row + 1,0]) + str(df.iloc[row + 1,1]) + ''
    return excelstr

#定义一个由 Pandas 数据生成表格的函数
def pd2excel(l,x,y):
    '''
    :param l:传入筛选列表,l[ - 1]为筛选排名列
    :param x: 筛选前多少名,整数
    :param y: False 表示降序,True 表示升序
    :return: 无
    '''
```

```
        df = pd.read_excel('xs.xlsx',usecols = 1)                    #读取 Excel
        df = df.loc[df[1[-1]].apply(lambda a:a >= x)]                #筛选
        df.sort_values(by = 1[-1],inplace = True,ascending = y)      #排序
        table = doc.add_table(rows = df.shape[0] + 1, cols = df.shape[1],style \
                         = 'Table Grid')                             #插入表格
        for col in range(df.shape[1]):                               #填表
            table.cell(0,col).text = str(df.columns[col])            #列名
            for row in range(df.shape[0]):                           #内容
                table.cell(row + 1,col).text = str(df.iloc[row,col])

def xls2doc():                                                       #定义生成 Word 函数
    h1 = doc.add_heading('',1)                                       #1 级标题
    h1.alignment = WD_PARAGRAPH_ALIGNMENT.CENTER                     #居中
    h1run = h1.add_run('表扬名单')                                    #标题文本
    h1run.font.color.rgb = RGBColor(255, 0, 0)                       #字体颜色
    #一、班级前十名学生名单
    doc.add_heading('一、班级前十名学生名单',2)                         #2 级标题
    p1 = doc.add_paragraph()
    pd2excel(['姓名','班名','总分'],563,False)                         #插入表格
    #二、比入学进步名单
    h2 = doc.add_heading('二、比入学进步名单',2)                        #2 级标题
    pd2excel(['姓名','总分年名','入学','比入学'],0,False)                #插入表格
    #三、比四次平均名次进步名单
    h3 = doc.add_heading('三、比四次平均名次进步名单',2)                  #2 级标题
    pd2excel(['姓名', '总分年名', '四次平均名次', '比平均'], 0, False)
    #四、单科优秀名单(年级前 50 名)
    doc.add_heading('四、单科优秀名单(年级前 50 名)',2)
    p4 = doc.add_paragraph()                                         #2 级标题
    for jj in ["语文年名", '数学年名', '英语年名', '物理年名',\
               '化学年名', '生物年名', '理综年名', '总分年名']:
        runp4 = p4.add_run(jj + ':')
        runp4.bold = True
        p4.add_run(pd2excelstr(jj))
        doc.paragraphs[-1].runs[-1].add_break()                     #在当前位置插入换行符
    #五、特别表扬年级前 100 名：
    doc.add_heading('五、特别表扬年级前 100 名',2)
    p5 = doc.add_paragraph()                                         #新增段落、表格
    pd2excel(['姓名','班名', '总分年名','总分'], 546, False)
    doc.save('表扬.docx')                                             #文档保存

if __name__ == '__main__':
    xls2doc()
```

df.iloc[row,col]是基于整数位置的索引,举例如下：

```
>>> mydict = [{'a': 1, 'b': 2, 'c': 3, 'd': 4},
          {'a': 100, 'b': 200, 'c': 300, 'd': 400},
          {'a': 1000, 'b': 2000, 'c': 3000, 'd': 4000 }]
>>> df = pd.DataFrame(mydict)
>>> print(df)
      a         b         c         d
0     1         2         3         4
1     100       200       300       400
2     1000      2000      3000      4000
```

对第 0 行的数据进行索引,代码如下:

```
>>> print(df.iloc[0])
a    1
b    2
c    3
d    4
Name: 0, dtype: int64
```

对第 0 行和第 2 行的数据进行索引,代码如下:

```
>>> df.iloc[[0, 1]]
     a          b          c          d
0    1          2          3          4
2    1000       2000       3000       4000
```

对第 0 行到第 3 行的数据进行切片,代码如下:

```
>>> df.iloc[:3]
     a          b          c          d
0    1          2          3          4
1    100        200        300        400
2    1000       2000       3000       4000
```

同时对两个数轴进行索引,索引第 0 行、第 2 行和第 1 列、第 3 列数据,代码如下:

```
>>> df.iloc[[0, 2], [1, 3]]
     b          d
0    2          4
2    2000       4000
```

同时对两个数轴进行切片,即第 1 行到第 3 行和第 0 列到第 3 列数据,代码如下:

```
>>> df.iloc[1:3, 0:3]
     a          b          c
1    100        200        300
2    1000       2000       3000
```

4. 说明

本例由 Pandas 数据筛选 5.32.py、Excel 的读写 5.7.py、Word 的写入 5.10.py 这 3 个模块组成的。

6.18 由 Excel 成绩表生成家长会的 PPT

1. 需求

由 Excel 成绩表,生成开家长会的 PPT。

2. 思路

读取 Excel 数据,写入 PPT。

3. 代码

因为要多次筛选各科前 50 名成绩,定义一个筛选函数,代码如下:

```
#//第 6 章/6.18.py
def pd2excelstr(xxstr, * args, ** kwargs):
    '''
    用于单科年级前 50 名筛选
    :param xxstr:输入筛选列名字符串
    :return: 返回前 50 名学生的姓名和名次字符串
    '''
    global excelstr
    excelstr = ''
    df = pd.read_excel('xs.xlsx',usecols = ['姓名',xxstr])      #读取文件
    df = df.loc[df[xxstr].apply(lambda a:a <= 50)]             #筛选前 50 名
                                                              #升序排列
    df.sort_values(by = xxstr, inplace = True, ascending = True)
    for row in range(df.shape[0] - 1):                        #生成前 50 名字符串
        excelstr = excelstr + str(df.iloc[row + 1,0]) + str(df.iloc[row + 1,1])
    return excelstr
```

因为要频繁地插入表格,所以需要定义一个由 Pandas 生成表格的函数,代码如下:

```
#//第 6 章/6.18.py
def pd2excel(l,x,y):
    '''
    用于总分、进步幅度筛选
    :param l:传入筛选列表,l[ - 1]处为筛选排名列
    :param x: 筛选前多少名,整数
    :param y: False 表示降序,True 表示升序
    :return: 无返回,直接在 Word 中形成表格
    '''
    df = pd.read_excel('xs.xlsx',usecols = l)                 #读取文件
    df = df.loc[df[l[ - 1]].apply(lambda a:a >= x)]           #筛选指定名次
    df.sort_values(by = l[ - 1],inplace = True,ascending = y) #数据排序
    rows, cols, left, top, width, height = df.shape[0]\
     + 1, df.shape[1], Cm(2), Cm(3), Cm(21), Cm(8)            #表格属性
    table = slide.shapes.add_table(rows,
    cols, left, top, width, height).table                     #添加表格
    for col in range(df.shape[1]):                            #填写表格
        table.cell(0,col).text = str(df.columns[col])
        for row in range(df.shape[0]):
            table.cell(row + 1,col).text = str(df.iloc[row,col])
```

部分代码如下:

```
#//第 6 章/6.18.py
slide = prs.slides.add_slide(prs.slide_layouts[6])            #加入空白幻灯片
textbox = slide.shapes.add_textbox( Inches(2.6),Inches(3),
    Inches(4),Inches(0.6))                                    #插入文本框 xywh
tf = textbox.text_frame                                      #新增容器
para0 = tf.add_paragraph()                                   #新增段落
para0.text = "表扬"                                          #新增文本
slide = prs.slides.add_slide(prs.slide_layouts[6])           #插入空白幻灯片
textbox = slide.shapes.add_textbox( \
    Inches(0.6),Inches(0.3),Inches(9),Inches(6))             #插入文本框
tf = textbox.text_frame                                     #插入容器
```

```
para1 = tf.add_paragraph()                              #插入段落
para1.text = "一、班级前10名"                            #插入文本
new_para = textbox.text_frame.add_paragraph()           #插入段落
pd2excel(['姓名','班名','总分年名','总分'],563,False)     #插入表格

slide = prs.slides.add_slide(prs.slide_layouts[6])      #插入空白幻灯片
textbox = slide.shapes.add_textbox(
    Inches(0.6),Inches(0.3),Inches(9),Inches(6))        #插入文本框
new_para2 = textbox.text_frame.add_paragraph()          #插入段落
new_para2.text = "二、比入学进步名单"                    #插入文本
new_para = textbox.text_frame.add_paragraph()           #插入段落
pd2excel(['姓名','入学','总分年名','比入学'],100,False)   #插入表格
```

最后,统一设置所有 Run 的格式,代码如下:

```
#//第6章/6.18.py
#统一设置所有文本格式
font = para0.font                            #文本设置
font.size = Pt(40)                           #大小
font.bold = True                             #加粗
font.color.rgb = RGBColor(255,0,0)           #颜色
font1 = para1.font                           #文本设置
font1.bold = True                            #加粗
font1.color.rgb = RGBColor(255,0,0)          #颜色
font2 = new_para2.font                       #文本设置
font2.bold = True                            #加粗
font2.color.rgb = RGBColor(255,0,0)          #颜色
font3 = new_para3.font                       #文本设置
font3.bold = True                            #加粗
font3.color.rgb = RGBColor(255,0,0)          #颜色
font4 = new_para4.font                       #文本设置
font4.bold = True                            #加粗
font4.color.rgb = RGBColor(255,0,0)          #颜色
font5 = para5.font                           #文本设置
font5.bold = True                            #加粗
font5.color.rgb = RGBColor(255,0,0)
```

要想在程序尾部统一设置文本样式,需要对象必须有唯一的对象名。

4. 说明

本例是由 Pandas 数据筛选 5.32.py、PPT 的写入 5.18.py 这两个模块组成的。

6.19 由 Word 生成 PPT

1. 需求

由 Word 直接生成 PPT。

2. 思路

插入空白幻灯片,插入文本框,新增容器,新增段落,导入 Word 段落文本,对文本进行设置,每段都这样处理。因为要反复引入 Word 段落文本内容,所以应先自定义一个引入 Word 段落文本的函数。

3. 代码

由 Word 生成 PPT，关键代码如下：

```
#//第 6 章/6.19.py
def get_paragraph_text(path, n):                        #获取 Word 内容函数
    document = Document(path)                           #打开 Word 文档
    all_paragraphs = len(document.paragraphs)           #获取 Word 段落总数
    if all_paragraphs > n:                              #不超出总段数时
        paragraph_text = document.paragraphs[n].text    #获取第 n 段文本
        return paragraph_text                           #返回获取的文本
    else:
        raise IndexError('超出总段数')
```

如果 Word 的个别段落太长，则需要调整一下。因为读取的是一段内容，所以只能操作段落。以插入一段为例，代码如下：

```
#//第 6 章/6.19.py
slide = prs.slides.add_slide(prs.slide_layouts[6])      #插入空白幻灯片
textbox = slide.shapes.add_textbox( Inches(2.6),
        Inches(3),Inches(4),Inches(0.6))                #插入文本框
tf = textbox.text_frame                                 #新增容器
para = tf.add_paragraph()                               #新增段落
para.text = get_paragraph_text("baogao2.docx", 0)       #插入第 1 段
```

可以先设置内容，最后统一设置样式，代码如下：

```
#//第 6 章/6.19.py
#集中设置样式
font = para.font                          #文本设置
font.size = Pt(40)                        #大小
font.bold = True                          #加粗
font.color.rgb = RGBColor(255,0,0)        #颜色
font1 = para1.font                        #文本设置
font1.bold = True                         #加粗
font1.color.rgb = RGBColor(255,0,0)       #颜色
font3 = new_para3.font                    #文本设置
font3.bold = True                         #加粗
font3.color.rgb = RGBColor(255,0,0)       #颜色
font5 = new_para5.font                    #文本设置
font5.bold = True                         #加粗
font5.color.rgb = RGBColor(255,0,0)       #颜色
font7 = new_para7.font                    #文本设置
font7.bold = True                         #加粗
font7.color.rgb = RGBColor(255,0,0)       #颜色
```

4. 说明

本例是由 Word 段落文本的读取 5.15.py、PPT 插入文本 5.18.py 组合而成的。

6.20 截图转换成 PPT

1. 需求

把 Word、PDF、网页等截图生成 PPT 课件。

2. 思路

调用截图工具,循环按 P 键,循环截图并插入 PPT 内。

3. 代码

截图转换成 PPT,关键代码如下:

```
#//第 6 章/6.20.py
client = AipOcr('AppID', 'API Key','Secret Key')          #百度 Key
prs = Presentation()                                       #创建 PPT
def savedoc(a,b):                                          #生成 PPT 函数
    if a == 'p':                                           #输入 p 时
        slide = prs.slides.add_slide(prs.slide_layouts[6]) #插入空白幻灯片
        left, top, width, height = Cm(0), Cm(0), Cm(25), Cm(19)
        slide.shapes.add_picture(r"screen.jpg", left, top, width, height)
        print("已插入图像")                                  #插入图像
        print(tishistr)
        winsound.Beep(300, 600)                            #声音提醒
    elif a == 'w':                                         #输入 w 时
        slide = prs.slides.add_slide(prs.slide_layouts[6]) #插入空白幻灯片
        textbox = slide.shapes.add_textbox( Inches(0.6), Inches(0.3), \
                                Inches(9), Inches(6))       #增加文本框
        tf = textbox.text_frame                            #获取文本框对象
        para = tf.add_paragraph()                          #新增段落
        para.text = b                                      #设置第 1 段内容
        print(b)
        print("已识别文字")
        print(tishistr)
        winsound.Beep(300, 600)                            #声音提醒
```

运行程序,每按 P 键一次,截图一次,插入一张幻灯片。

4. 说明

本例是由截图程序 6.13.py、PPT 插入图片 5.19.py 组合而成的。

6.21　合并 Excel 成绩登分表

1. 需求

每个 Excel 文件有几个班的成绩,需要把多个 Excel 文件的成绩合并在一起。

2. 思路

遍历 Excel 文件,读取 DataFrame 后直接相加。

3. 代码

合并 Excel 成绩登分表,代码如下:

```
#//第 6 章/6.21.py
from pathlib import Path
import pandas as pd
pyPath = Path.cwd()
imgpath = pyPath /'xls'                              #获取 xlsx 所在路径
pf = pd.read_excel('1.xlsx',usecols = ['数学','语文']) #读取空登分表
pf = pf.fillna(0)                                    #将空值处理为 0
```

```
for i in (imgpath.glob('*.xlsx')):                    #循环读出每个 excel
    pf2 = pd.read_excel(i,usecols = ['数学','语文'])
    pf2 = pf2.fillna(0)
    pf = pf + pf2                                       #加运算
pf.to_excel('合并.xlsx')                                #保存
#print(pf)
```

列可以直接进行四则运算,表 DataFrame 也可以直接进行四则运算。

4. 说明

本例是由获取文件列表 4.4.py、Pandas 对空值的处理 5.29.py、Pandas 对表进行加运算的 5.28.py 组合而成的。

6.22   生成错题 Excel 列表

1. 需求

学生历次考试的 Excel 成绩都在 xls 文件夹下,每个文件的成绩放在 chengjish 工作表中,如图 6-4 所示。

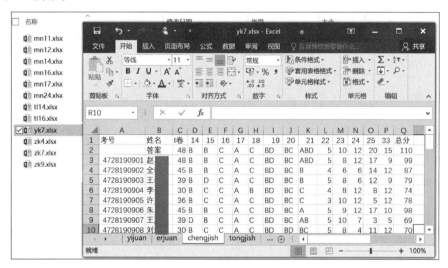

图 6-4   学生成绩表

每个 chengjish 工作表的第 1 列是考号,第 2 列是姓名,第 3 列是 I 卷总分,最后一列是

图 6-5   ct 表内容

试卷总分,第 1 行是题号,第 2 行是选择题答案和非选择题每题总分。设计程序统计学生历次考试所有错题并保存到 Excel 表中。

2. 思路

输入学生姓名,遍历 Excel 成绩文件,对每个文件先遍历查找学生姓名,对比答案和学生作答,如果不相等,则把错题编码写入 ct.xlsx 文件的 E 列,然后将学生作答或得分写入 I 列,如图 6-5 所示。

3. 代码

生成错题 Excel 列表,关键代码如下:

```
#//第6章/6.22.py                                    #统计选择题

for i in range(3, sh1.max_row + 1):                  #从第3行开始
    if sh1.cell(row = i, column = 2).value == ss:    #如果找到学生
        for kk in range(sh1.max_column - 4):         #统计选择题
            daan = sh1.cell(row = 2, column = kk + 4).value   #读取答案
                                                     #读取题号
            tihao = str(sh1.cell(row = 1, column = kk + 4).value)
            if (daan is not None) and daan.isalpha() and \
                    daan.isupper():                  #如果答案有效
                rowssh5 = sh5.max_row                #获取总行数
                                                     #如果做错
        if sh1.cell(row = i, column = kk + 4).value != daan and sh1.\
            cell(row = i, column = kk + 4).value != None:
            sh5.cell(row = rowssh5 + 1, column = 5).value = \
            shijuanlaiyuan + '-' + tihao + '.jpg'    #插入试题
            sh5.cell(row = rowssh5 + 1, column = 6).value = \
            shijuanlaiyuan + '-' + tihao + 'a.jpg'   #插入答案
            sh5.cell(row = rowssh5 + 1, column = 7).value = \
            '= VLOOKUP(E{},ly!A:d,2,0)'.format(rowssh5 + 1)  #知识点1
            sh5.cell(row = rowssh5 + 1, column = 8).value = \
            '= VLOOKUP(E{},ly!A:d,3,0)'.format(rowssh5 + 1)  #知识点2
            sh5.cell(row = rowssh5 + 1, column = 9).value = \
                    sh1.cell(row = i, column = kk + 4).value  #学生作答
```

统计二卷错题部分省略,见源码。主函数的代码如下:

```
#//第6章/6.22.py
def main():                                          #定义主函数
    bianlipic()                                      #形成文件列表
    while True:
        ss = input('请输入学生姓名(退出请输入 q 后按 Enter 键):')   #获取学生姓名
        if ss == 'q':                                #输入 q 则退出
            sys.exit()
        for i in filelist:                           #遍历文件列表
            cuotidaochu(i, ss)                       #导出错题列表
        qingliexls()                                 #清理 Excel 文件
if __name__ == '__main__':
    main()
```

在 ct.xlsx 文件中还有两个工作表,ly 表用于记录每次考试每道题的编号和知识点,如图 6-6(a)所示,zsd 表用于记录高中物理学科所有的知识点,如图 6-6(b)所示。

记录学生错题后,写入查询错题知识点的公式 vlook()函数,用来插入知识点。

运行程序,输入学生姓名后,程序会自动生成历次考试的错题目录。

4. 说明

本例是由获取文件名列表、Excel 的读写 5.7.py、Excel 行列的操作 5.6.py 组合而成的。

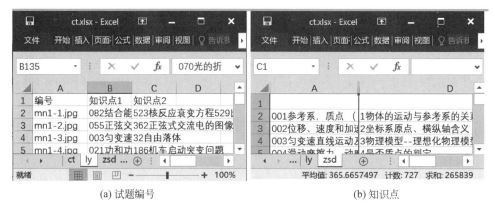

(a) 试题编号　　　　　　　　　　　　(b) 知识点

图 6-6　ly 和 zsd 表内容

6.23　生成 Word 错题集

1. 需求

根据每个学生的错题目录 ct.xlsx 文件生成每个学生单独的 Word 错题集。

2. 思路

先读取 ct.xlsx 文件的错题编号,然后在 img 文件夹中查找对应编号的试题和答案,最后插入 Word 中。

3. 代码

生成 Word 错题集,关键代码如下:

```
#//第6章/6.23.py
def just_open(filename):                #打开关闭一次 Excel
    xlApp = Dispatch("Excel.Application")
    xlApp.Visible = False
    xlBook = xlApp.Workbooks.Open(filename)
    xlBook.Save()
    xlBook.Close()
```

程序自动输入的公式,例如"=1+2",程序只能读出字符串"=1+2",读不出来公式运算后的结果"3",just_open()函数调用 win32com.client 的 Dispatch 模块,打开、关闭一次 ct.xlsx 文件后才能正确读取程序自动输入的公式的运算结果。

关键代码如下:

```
#//第6章/6.23.py
def scdoc():                                        #定义生成 Word 函数
    doc.styles['Normal']._element.rPr.rFonts.set(qn   #中文字体
                        ('w:eastAsia'), u'宋体')
    just_open(filename = str(Path.cwd() / 'ct.xlsx'))   #打开关闭一次 Excel
    pabc = pd.read_excel('ct.xlsx', sheet_name = 'ct',
                        index_col = 0)
    pabc.sort_values(by = ["zsd1", "zsd2"], inplace = True,
                        ascending = [True, True])         #按知识点排列
```

```
    pabc.to_excel('ct1.xlsx')                             #保存Excel

    ctxcel = openpyxl.load_workbook('ct1.xlsx')           #打开Excel
    sh5 = ctxcel['Sheet1']
    stlist = []
    for i in range(2, sh5.max_row + 1):                   #读取知识点
        zsd1 = sh5.cell(row = i, column = 7).value
        zsd2 = sh5.cell(row = i, column = 8).value
        xxdf = sh5.cell(row = i, column = 9).value
        if zsd1 != None and type(zsd2) == type(zsd2):
            zsd = zsd1 + str(zsd2).replace('0','')
        else:
            zsd = zsd1
        shitilaiyuan = shiti = sh5.cell(row = i, column = 5).value  #试题来源
        PA = imagePath / (shiti + '.jpg')                 #试题路径
        if PA.is_file():                                  #如果存在
            p3 = doc.add_paragraph()                      #增加段落
            p3.add_run(u'{}.'.format(i-1))                #插入试题
            doc.add_picture(r"{}".format(str(PA)), width = Cm(16.5))
            jsq = jsq + 1
        else:
            stlist.append(shiti)
        shitidaan = imagePath / (shiti + 'a.jpg')         #答案存在
        if shitidaan.is_file():
            p3 = doc.add_paragraph()                      #增加段落
            p3.add_run(u'{}.来源[{}],{} 知识点:{}'.format\
                    (i-1,shitilaiyuan,xxdf,zsd))          #插入知识点和答案
            doc.add_picture(str(shitidaan), width = Cm(16.5))
```

试题及答案已经按编码截图放在 img 目录内。

4. 说明

本例是由读取 Excel 的 5.7.py、4.2 节的路径判断、Word 插入图片的 5.11.py 组合而成的。

6.24　批量打包文件夹

1. 需求

高三学生毕业,需要把每位学生的所有照片发给学生,如果一个一个地添加附件,则太麻烦,学生接收也不方便,因此需要获取每位学生的文件夹,打包压缩后发给学生。

2. 思路

获取文件夹列表,打包压缩文件夹。

3. 代码

批量打包文件夹,代码如下:

```
#//第6章/6.24.py
import os
from pathlib import Path
p = Path.cwd()  / 'mr'                                    #文件夹路径
for i in p.iterdir():                                     #遍历所有文件夹路径
```

```
    if i.is_dir():                                      ♯判断路径是不是目录
        print(str(i.name))                              ♯开始压缩
        os.system("WinRAR.exe a mr/{0}.rar mr/{0}".format(str(i.name)))
```

4. 说明

本例是由获取文件夹列表 4.4.py、压缩文件夹 5.15 节二者组合而成的。

6.25　群发邮件

1. 需求

前面把每位学生的文件夹打包好了,现在需要自动向学生群发 E-mail。

2. 思路

遍历 Excel 中的学生名单,读出邮箱和姓名,把打包好的文件添加到附件中,然后发送给学生。

3. 代码

群发邮件,代码如下:

```
♯//第 6 章/6.25.py
import smtplib
import time
from email.mime.multipart import MIMEMultipart
from email.mime.text import MIMEText
from pathlib import Path
import openpyxl
imgpath = Path.cwd() /'mr'

def fsem():                                             ♯定义发送邮件函数
    wb = openpyxl.load_workbook('cj.xlsx')             ♯打开文件
    ws = wb['mr']                                       ♯打开表
    for i in range(2,ws.max_row + 1):
        xsname = ws.cell(row = i, column = 2).value    ♯读取姓名
        email = ws.cell(row = i, column = 3).value     ♯读取邮箱
        if email != None:                              ♯附件
            fujian = str(imgpath / '{}.rar'.format(xsname))
            msg = MIMEMultipart()                       ♯实例化
            msg['From'] = '发件邮箱'                     ♯发件箱
            msg['To'] = email                           ♯收件箱
            msg['Subject'] = "2022{}毕业资料包".format(xsname)
                                                        ♯构造附件
            att1 = MIMEText(open(fujian, 'rb').read(), 'base64', 'UTF-8')
            att1["Content-Type"] = 'application/octet-stream'
            att1["Content-Disposition"] = 'attachment; filename = "zp.rar"'
            msg.attach(att1)
            server = smtplib.SMTP_SSL('smtp.qq.com', 465)
            try:
                server.login('发件邮箱','授权码')         ♯发件箱、授权码
                server.send_message(msg)                ♯发邮箱
                print('已发送{}'.format(xsname))
                time.sleep(5)
```

```
        except Exception:
            print('发送{}失败!!!!!!!!!!!!!!!'.format(xsname))
            pass
    server.quit()

if __name__ == '__main__':
    fsem()
```

4. 说明

本例是由发送带附件的邮件 5.25.py 直接改编而成的。

6.26　计算机桌面定时截屏并发送到邮箱

1. 需求

监控计算机桌面。

2. 思路

定时截屏,定时发邮件。

3. 代码

计算机桌面定时截屏并发送到邮箱,代码如下:

```
#//第6章/6.26.py
import pyautogui, time
import smtplib
from email.mime.multipart import MIMEMultipart
from email.mime.text import MIMEText
def main():
    while True:
        im = pyautogui.screenshot()                              #截屏
        im.save('jk.jpg')                                        #保存
        msg = MIMEMultipart()                                    #创建邮件
        msg['From'] = '发件人的邮箱'                              #发件邮箱
        msg['To'] = '收件人的邮箱'                                #收件邮箱
        msg['Subject'] = "监控"                                   #邮件标题
                                                                 #附件
        att1 = MIMEText(open('jk.jpg', 'rb').read(), 'base64', 'UTF-8')
        att1["Content-Type"] = 'application/octet-stream'
        att1["Content-Disposition"] = 'attachment; filename="1.jpg"'
        msg.attach(att1)
        server = smtplib.SMTP_SSL('smtp.qq.com', 465)
        try:
            server.login('换成自己的邮箱', '换成自己的授权码')     #邮箱授权码
            server.send_message(msg)                             #发送
            print('已发送')
        except Exception:
            print('发送失败')
            pass
        server.quit()                                            #退出
        time.sleep(300)

if __name__ == '__main__':
    main()
```

4. 说明

本例是由自动截屏 5.3.py、发送带附件的邮件 5.25.py 组合而成的。

6.27　统计 txt 文件中的词频

1. 需求

语文老师需要统计某个词或指定字数的词语在小说中出现的次数。

2. 思路

Jieba 分词,遍历每个词并放入字典,删除不需要的词,对符合条件的词进行排序。

3. 代码

统计 txt 文件中出现次数最多的前 6 个四字词语,代码如下:

```python
#//第 6 章/6.27.py
import jieba                                        #打开文件
with open("txt/天龙八部 - 网络版.txt","r",encoding = 'UTF - 8') as f:
    d = {}                                          #新建空字典
    txt = f.read()                                  #读取文件内容
    words = jieba.lcut(txt)                         #用 Jieba 库分词
for w in words:                                     #把每个词加入字典
    d[w] = d.get(w,0) + 1
for i in list(d.keys()):                            #删除字数不是 4 的词
    if len(i)!= 4:
        del d[i]
l = list(d.items())                                 #将字典转换为列表
l.sort(key = lambda x:x[1],reverse = True)          #按出现次数降序排列
l2 = []                                             #新建列表
for i in l:                                         #遍历放入新列表
    l2.append("{}:{}".format(i[0],i[1]))
print(l2[:6])                                       #打印输出前 6 个词语
```

运行结果如下:

```
['慕容公子:209', '耶律洪基:177', '哈哈大笑:99', '大吃一惊:97', '微微一笑:78', '慕容先生:77']
```

4. 说明

d[w] = d.get(w,0) + 1 命令用于修改键为 w 的值,如果 w 键存在,则 d.get(w,0)获取键 w 的值后加 1;如果 w 键不存在,则 d.get(w,0)的返回值为 0,再加 1 写入字典,达到计数的目的。

本例是由 4.3 节的 Jieba 库分词、3.5 节字典操作、列表排序 3.8.py 组合而成的。

6.28　自动合并多个 Word 文件

1. 需求

分章节写的 Word 文章需要合并在一起。

2. 思路

遍历文件,拼接文件。

3. 代码

自动合并多个 Word 文件，代码如下：

```
#//第 6 章/6.28.py
from pathlib import Path
import win32com.client as win32
word = win32.gencache.EnsureDispatch('Word.Application')      #启动 Word 应用
word.Visible = False
imgpath = Path.cwd() /'doc'                                   #获取文档所在路径
files = []                                                    #形成文件列表
for i in (imgpath.glob('*.docx')):
    files.append(i)
output = word.Documents.Add()                                 #新建合并后的文档
for file in files:                                            #拼接文档
    output.Application.Selection.InsertFile(file)
doc = output.Range(output.Content.Start, output.Content.End)
output.SaveAs(str(imgpath  /'result.docx'))                   #保存
output.Close()
```

4. 说明

本例是由形成文件列表 4.4.py 和 Word 插入文件 InsertFile(file)的方法组合而成的。

6.29　采集试题库

1. 需求

根据 6.22 节生成的 ct.xlsx 文件，对试题进行截图后存到试题库。

2. 思路

读取 Excel 中的试题编号，调用截图功能，保存图像。

3. 代码

采集试题库，关键代码如下：

```
#//第 6 章/6.28.py
hangkaiguan = 2                                               #定义 ct 表开始行数
shitidaankaiguan = 'st'                                       #采集类型默认试题
hangkaiguan, shitidaankaiguan = input(
    '请输入开始采集行数和采集类型,如 20 dn 或 15 st:').split()  #采集类型和开始行

hangkaiguan = int(hangkaiguan)
def listst():                                                 #定义采集列表函数
    try:
        chengjiexcel = openpyxl.load_workbook('ct.xlsx')
        print('文件已打开')
        sh5 = chengjiexcel['ly']                              #打开表
        print('表已打开')
        rows = sh5.max_row
        for i in range(hangkaiguan, rows + 1):                #开始行数
            cuotilist.append(sh5.cell(row=i, column=1).value)
        if len(cuotilist) > 0:
            print('请准备{}截取'.format(cuotilist[0]))
            speaker.Speak('请准备{}截取'.format(
                cuotilist[0].replace('zx', '摘星').replace('gg',
```

```
                          '巩固').replace('yk', '月考').replace('mn', '模拟')[:-4]))
            else:
                pass
        except:
            print('ct.xlsx 不存在!')


def test_n():                                      ＃定义调用函数
    global namestr, tihao, jishuqi, cuotilist
    if shitidaankaiguan == 'st':
        liststr = str(cuotilist[jishuqi])          ＃题干信息
    else:                                          ＃答案信息
        liststr = str(cuotilist[jishuqi]).replace('.', 'a.')
    capture()                                      ＃调用截图函数
    time.sleep(0.1)
    image = ImageGrab.grabclipboard()              ＃获取剪切板图像
    print(liststr)
    image.save('./img/{}'.format(liststr))         ＃保存图像
    print(namestr,tihao)
    print('jsq',jishuqi,)
    if jishuqi < len(cuotilist) - 2:
        speaker.Speak ('请准备{}截取'.format(cuotilist[jishuqi + 1]))
        jishuqi = jishuqi + 1
    else:
        speaker.Speak ('请准备{},这是最后一题!'.format(cuotilist[jishuqi + 1]))


def main():                                        ＃定义调用程序
    listst()                                       ＃形成试题列表
    print(tishistr)
    keyboard.add_hotkey('n', test_n)               ＃截图
    keyboard.wait('q')                             ＃等待直到按 q 退出
if __name__ == '__main__':
    main()
```

4. 说明

本例是由 6.13.py 改编而来的。hangkaiguan，shitidaankaiguan = input('请输入开始采集行数和采集类型，如 20 dn 或 15 st：').split()命令让用户输入开始行数和采集类型，例如输入"20 dn"表示从第 ct 表的第 20 行开始采集，采集类型是采集试题的答案，输入"2 st"表示从第 ct 表的第 2 行开始采集，采集类型是采集试题的题干。

第三篇　PyQt5编程

第7章

PyQt5 安装配置与初步应用

从本章开始学习 PyQt5 图形用户界面程序开发，图形用户界面（Graphical User Interface，GUI），经常用 UI 表示用户界面。开始之前首先要搞清楚 Python 编程语言中"类"的概念。

7.1　类

1. 类与实例

自定义函数可以灵活地完成各种任务，而类是自定义函数与变量的管理者和组织者，它把相关功能的函数与变量组织在一起。

例如画图板中的画直线的功能，就可以看作一个类，这个类包含起点坐标变量、终点坐标变量、线型变量、颜色变量、拖动画图函数等，只要给这些变量赋值，拖动光标就可以生成一条直线，这条直线就是类的实例。

类与实例的关系，示例代码如下：

```
#//第7章/7.1.py
class Student:                        #定义类
    教室 = '高三(1)班'                  #定义类变量
    学校 = '某某四中'
    def __init__(self, 姓名, 年龄):    #初始化函数
        self.姓名 = 姓名                #定义实例变量
        self.年龄 = 年龄

li = Student("李四", 16)              #生成实例li
zhang = Student("张三", 17)           #生成实例zhang
```

示例中 class 是用来定义类的，类的名字是 Student，类名的首字母要大写，类名后可以跟括号，也可以不跟括号，类名带上参数（实例变量）生成了实例，例如 li = Student("李四"，16)生成了名字为 li 的实例，li 的姓名是"李四"，年龄是 16。

2. 类属性与实例属性

"教室"和"学校"属于类的变量，也称为类属性，有无实例都可以用<类名>.<类属性>访问，如果生成了实例，则可以用<实例名>.<类属性>访问；"姓名"和"年龄"是实例的变量，也称为实例属性，必须先生成实例，再用<实例名>.<实例属性>访问，代码如下：

```
    print(li.姓名)                        #实例名.实例属性
    print(li.年龄)
    print(zhang.姓名)
    print(zhang.年龄)
    print(li.教室)                        #实例名.类属性
    print(Student.教室)                   #类名.类属性
```

运行结果如下：

```
李四
16
张三
17
高三(1)班
高三(1)班
```

def __init__(self,姓名，年龄)称为初始化函数,类生成实例也称为实例化,实例化时以参数的形式给实例变量赋值,例如 li = Student("李四", 16)。

以上访问类和实例属性的方法适用于在类函数 class Student 之外访问,如果在类函数 class Student 内访问,则类属性只能用<类名>.<类属性>访问,例如 Student.教室。实例属性只能用 self.<实例属性>访问,例如 self.姓名。

3. 类方法与实例方法

类方法与实例方法,示例代码如下:

```
#//第 7 章/7.2.py
class Student:                           #定义类
    classroom = '高三(1)班'               #定义类变量
    address = '某某四中'

    def __init__(self, 姓名, 年龄):       #初始化函数
        self.姓名 = 姓名                   #定义实例变量
        self.年龄 = 年龄

    def print_age(self):                 #定义实例方法
        print('{}: {}'.format(self.姓名, self.年龄))

    @classmethod                         #定义类方法
    def class_method(cls):
        print('我是类方法')

    @staticmethod                        #定义静态方法(类)
    def static_method():
        print('我是静态方法')
```

没有@装饰器的函数,如果函数名后带 self,则表示实例的方法;有@装饰器的函数,如果函数名后跟 cls,则表示类的方法,调用方法如下:

```
zhang = Student('zhang',16)             #生成实例(实例化)
zhang.print_age()                       #实例名.实例方法
zhang.class_method()                    #实例名.类方法
```

```
Student.class_method()                          #类名.类方法
Student.static_method()                         #类名.静态方法
zhang.static_method()                           #实例名.静态方法
```

运行结果如下:

```
zhang: 16
我是类方法
我是类方法
我是静态方法
我是静态方法
```

实例的方法只能用<实例名>.<实例方法>()调用,而类的方法,可以用<实例名>.<类方法>()调用,也可以用<类名>.<类方法>()调用。

4. self、cls、装饰器

属性前面加 self,例如"self.姓名",表示实例的属性,在 class 函数外调用时需要把 self换成实例名,例如"zhang.姓名";方法后面跟 self,例如 print_age(self),表示是实例的方法,用<实例名>.<实例方法>()的方法调用;方法后面跟 cls 的,例如 class_method(cls),表示是类的方法,用<类名>.<类方法>()或<实例名>.<类方法>()的方法调用。不同的装饰器有不同的作用,@classmethod 装饰器表明下面的方法是属于类的;@staticmethod 装饰器也表明下面的方法是属于类的,但函数名后不用跟 cls,使用更方便。

5. 父类与子类

在 7.2.py 文件中再加一个子类,示例代码如下:

```
#//第7章/7.3.py
class Student:
    classroom = '高三(1)班'                      #定义类变量
    address = '某某四中'

    def __init__(self, 姓名, 年龄):               #初始化函数
        self.姓名 = 姓名                          #定义实例变量
        self.年龄 = 年龄

    def print_age(self):                         #定义实例方法
        print('{}: {}'.format(self.姓名, self.年龄))

    @classmethod                                 #定义类方法
    def class_method(cls):
        print('我是类方法')

    @staticmethod                                #定义静态方法
    def static_method():
        print('我是静态方法')

class Kedaibiao(Student):                        #括号内为父类名
    def __init__(self, 姓名, 年龄, 科目):          #初始化实例变量
        #Student.__init__(self, name, age)
        super().__init__(姓名, 年龄)              #继承父类参数变量
        self.科目 = 科目                          #子类独有的参数变量
```

```
def print_kemu(self):                          #定义实例方法
    print('{}: {}'.format(self.姓名, self.科目))
```

定义子类时,子类名后面的括号内放入父类的名字,初始化时用 Student.__init__(self,
name,age)或 super().__init__(name,age)方法继承父类的属性和方法;对于父类的属性
和方法来讲,子类都可以直接调用,这就是类高效的地方,示例代码如下:

```
wuli = Kedaibiao('zhang',18,'wuli')            #生成实例 wuli
wuli.print_kemu()                              #调用子类实例的方法
wuli.print_age()                               #调用父类实例的方法
wuli.static_method()                           #调用父类的静态方法
wuli.class_method()                            #调用父类的类方法
print(wuli.姓名)                                #调用父类实例的属性
```

运行结果如下:

```
zhang: wuli
zhang: 18
我是静态方法
我是类方法
zhang
```

7.2 配置 PyQt5

开发图形界面的 Python 程序,除了用到 Python 3.6.5 和 PyCharm 外,还需要安装
PyQt5 和 Qt Designer 这两个工具,PyQt5 是图形界面程序开发的主角,能完成所有的工
作,PyQt5 是用一条一条命令设计图形界面的,很不方便,而 Qt Designer 则用所见即所得
的方式,即通过单击和拖曳来完成图形界面的设计,方便快捷。

1. PyQt5、Qt 工具安装

进入 cmd 命令行窗口,输入 PyQt5 的安装命令如下:

```
pip install pyqt5
```

如果下载速度慢,则可加-i 参数,-i https://pypi. tuna. tsinghua. edu. cn/simple/,使用
清华源下载。

Qt Designer 的安装命令如下:

```
pip install pyqt5 - tools
```

安装完成后,会在默认的第三方库目录 site-packages 下多出两个文件夹 PyQt5 和
pyqt5_tools,如图 7-1 所示。

安装完成后,桌面会自动添加 [图标] Qt Designer. exe 的快捷方式,如果没有,则可在搜索
栏输入 Qt Designer. exe 进行搜索,找到后,将一个快捷方式创建到桌面上。

2. PyQt5、Qt 初体验

双击桌面上 Qt Designer. exe 的快捷方式,打开 Designer,如图 7-2 所示。

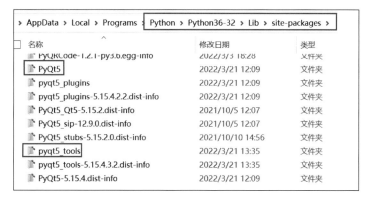

图 7-1　PyQt5、pyqt5_tools 安装位置

图 7-2　Qt Designer 新建窗体窗口

PyQt5 有 QMainWindow、QWidget 和 QDialog 三个类用于创建窗体。QMainWindow 类创建的 Main Window 窗体包含菜单栏、工具栏、状态栏、标题栏等,如图 7-3 所示。

QDialog 类创建的对话窗体没有菜单栏、工具栏、状态栏等,如图 7-4 所示。

图 7-3　MainWindow 窗体

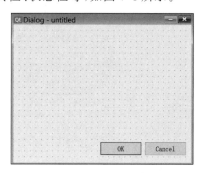

图 7-4　Dialog 窗体

本书只讨论主窗体 MainWindow，其他窗体与之类似。选中 MainWindow，单击【创建】按钮，选择工具栏 💾 保存命令，弹出的保存提示如图 7-5 所示。

图 7-5　保存窗体

保存到第 7 章目录下，文件名使用默认的 untitled.ui，单击【保存】按钮。右击第 7 章目录会弹出菜单，如图 7-6 所示。

图 7-6　打开项目

选择 Open Folder as PyCharm Community Edition Project，打开项目。

untitled.ui 需要编译成 py 格式再被调用，打开终端 💻，输入 PyQt5 的内置编译命令 pyuic5 -o untitled.py untitled.ui，如图 7-7 所示。

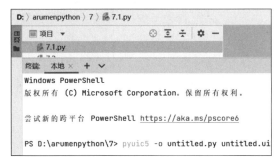

图 7-7　编译 UI

按 Enter 键,程序会把 untitled. ui 编译成 untitled. py,目录内多出了 untitled. py 文件,untitled. py 这个图形界面文件已经准备好了,可以建个主程序调用它,代码如下:

```
#//第 7 章/7.4.py
from PyQt5 import QtWidgets              #窗体类
from PyQt5.Qt import *                   #常用工具
from untitled import Ui_MainWindow      #UI 界面

class MainWindow(QMainWindow, Ui_MainWindow):   #两个父类
    def __init__(self, parent = None):
        super(MainWindow, self).__init__(parent)  #父类初始化
        self.setupUi(self)               #父类初始化

if __name__ == "__main__":
    import sys
    app = QtWidgets.QApplication(sys.argv)       #生成 app 应用
    ui = MainWindow()                    #实例化
    ui.show()                            #显示 ui 实例
    sys.exit(app.exec_())                #退出
```

目录中的主程序是 7.4. py,编译前的 UI 文件是 untitled. ui,编译后的 UI 文件是 untitled. py。运行程序 7.4. py,效果如图 7-8 所示。

图 7-8　第一个图形界面程序

尽管第一个图形界面的程序上没有内容,但还是令人激动。那主程序的每行命令又代表什么意思呢? 下面对 PyQt5 的程序结构进行分析。

3. PyQt5 程序结构分析

先看图形界面 untitled. py 的内容,untitled. py 的代码如下:

```
#//第 7 章/untitled.py
from PyQt5 import QtCore, QtGui, QtWidgets
```

```
class Ui_MainWindow(object):
    def setupUi(self, MainWindow):
        MainWindow.setObjectName("MainWindow")
        MainWindow.resize(800, 600)
        self.centralwidget = QtWidgets.QWidget(MainWindow)
        self.centralwidget.setObjectName("centralwidget")
        MainWindow.setCentralWidget(self.centralwidget)
        self.menubar = QtWidgets.QMenuBar(MainWindow)
        self.menubar.setGeometry(QtCore.QRect(0, 0, 800, 22))
        self.menubar.setObjectName("menubar")
        MainWindow.setMenuBar(self.menubar)
        self.statusbar = QtWidgets.QStatusBar(MainWindow)
        self.statusbar.setObjectName("statusbar")
        MainWindow.setStatusBar(self.statusbar)
        self.retranslateUi(MainWindow)
        QtCore.QMetaObject.connectSlotsByName(MainWindow)
    def retranslateUi(self, MainWindow):
        _translate = QtCore.QCoreApplication.translate
        MainWindow.setWindowTitle(_translate("MainWindow", "MainWindow"))
```

PyQt5 生成的 UI 文件是一个名字为 Ui_MainWindow 的类,类的方法 setupUi()生成了一个窗体,窗体的名字是"MainWindow"、大小为(800,600)等信息,以后熟练了,就可以直接编写 UI 的代码了。

再分析主程序 7.4.py,如图 7-9 所示。

```
1   #//第7章/7.4.py
2   from PyQt5 import QtWidgets          #窗体类
3   from PyQt5.Qt import *               #常用工具
4   from untitled import Ui_MainWindow   #界面UI
5
6   class MainWindow(QMainWindow, Ui_MainWindow):   #两个父类
7       def __init__(self, parent=None):            #初始化
8           super(MainWindow, self).__init__(parent)  #父类初始化
9           self.setupUi(self)                      #父类的setupUi()方法
10
11  if __name__ == "__main__":
12      import sys
13      app = QtWidgets.QApplication(sys.argv)      #生成app
14      ui = MainWindow()                           #实例化窗体
15      ui.show()                                   #显示窗口
16      sys.exit(app.exec_())                       #退出
```

图 7-9 主程序分析

第 2 行和第 13 行对应,QtWidgets 是生成 QMainWindow、QWidget 和 QDialog 三个类的父类,所有的 PyQt5 窗体都必须引入它才能生成新的窗体,再由 QtWidgets 的方法 QApplication(sys.argv)生成 app 应用,这是固定用法,可以先不管它。

第 3 行引入了 PyQt5 窗体常用的一些工具,初学者可以直接用"from PyQt5.Qt import *"代替就行了。

第 4 行引入了界面程序 untitled.py 的类 Ui_MainWindow。

第 6 行创建了主程序的类 MainWindow 类,它有两个父类,一个是创建窗体的类 QMainWindow,另一个是第 4 行导入的 UI 的类。

第 8 行到第 9 行,初始化函数引入了两个父类初始化函数。

第 14 行是主程序的类 MainWindow 实例化出一个对象 ui。

第 15 行用实例的方法 show() 显示窗体。

第 16 行表示应用退出时,所有的系统都退出。

这些都是固定用法,初学者直接复制过来使用就行了。再建个有控件的 UI,文件名为 untitled2.ui,编译后文件名为 untitled2.py,如图 7-10 所示。

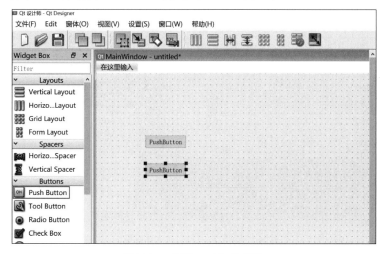

图 7-10 新建 untitled2 窗体

从控件工具箱拖进窗体两个按钮,其他过程与上面创建的 untitled.ui 一样,编译命令如下:

```
pyuic5 - o untitled2.py untitled2.ui
```

将主程序 7.4.py 的第 3 行 from untitled import Ui_MainWindow 改为 from untitled2 import Ui_MainWindow,运行程序 7.4.py,结果如图 7-11 所示。

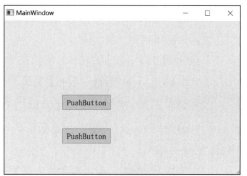

可以完美显示。打开 untitled2.py 会发现,untitled2.py 的类名和函数名与 untitled.py 的一样,所以主程序调用也一样,完全可以把这个主程序作为 Python 的程序头文件,或者设置为快捷键。把编译命令也设置成快捷命令,或者用 18.2 节的方法,把编译命令和 Qt Designer 设置为外部工具。

3min

图 7-11 untitled2 窗体

7.3 Qt Designer 简介

1. 新建、打开与最近

运行 Qt Designer 后,会弹出如图 7-12 所示的对话框,【新建】就是选择一种窗体模板,新建一个 UI,【打开】就是打开已有的 UI 进行修改,【最近】是最近打开过的 UI 文件。

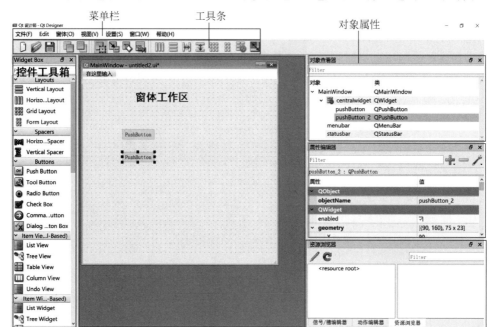

图 7-12　Qt Designer 主界面

2. Qt Designer 的主界面介绍

Qt Designer 的主界面如图 7-12 所示。

Qt Designer 的主界面由菜单栏、工具条、控件工具箱、窗体工作区、属性窗体等组成。各部分的功能如下。

1) 菜单栏

菜单栏提供了 Qt Designer 所有的命令。

2) 工具条

工具条提供了 Qt Designer 常用的命令。

(1) 编辑窗口部件 ：选择【编辑窗口部件】后可以在窗体上布置各种控件。

(2) 编辑信号/槽 ：选择【编辑信号/槽】后可以设置控件的信号与槽(详见 9.4 节)。

(3) 编辑 Tab 顺序 ：选择【编辑 Tab 顺序】后可以改变按下 Tab 键时光标跳动的顺序(详见 9.2 节)。

(4) 编辑伙伴 ：选择【编辑伙伴】后可以设置控件的伙伴关系,方法是单击控件 A,拖动到控件 B 上再释放,这样 AB 两个控件就建立了伙伴关系,通过控制控件 A,就可以控制控件 B。例如,控件 A 为标签并设置快捷键,控件 B 为单行文本框,在程序的运行界面使用 A 对应的快捷键,就会自动将 B 设置为焦点。

3) 控件工具箱

控件工具箱能提供所有的窗体控件,可以拖动到窗体内。

4) 窗体工作区

窗体工作区用于显示窗体内的控件情况。通过工具条上的工具切换显示控件的布局、信号/槽、Tab 顺序、伙伴关系等。

5）对象查看器

对象查看器可以查看所有的对象（控件和布局）及包含关系，当单击对象查看器中的对象时，工作区就已经选中对象，同时属性编辑器中会显示所选中对象的属性，这样便可以快速查看、选中、编辑对象。

6）属性编辑器

属性编辑器提供对窗体、控件、布局的属性编辑功能，如图 7-13 所示。

（1）objectName：控件的名称，可以直接修改。

（2）geometry：控件的相对坐标系，控件在窗体中的 x 坐标和 y 坐标、宽度、高度。

（3）sizePolicy：控件的大小策略，如图 7-14 所示。

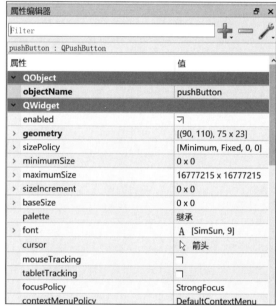

图 7-13　属性编辑器

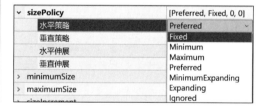

图 7-14　控件大小策略

控件的大小策略规定了当窗体的大小变化时，控件的大小用什么方式变化。水平策略和垂直策略均为如图 7-14 所示的 7 种方式，Fixed 可让控件固定在默认值不变；Minimum可让控件不小于默认值，即随着窗体的放大而放大；Maximun 可让控件不大于默认值，即放大到默认值后就不再放大；Preferred 是默认策略，可以大于默认值，但不能小于默认值；其余 3 个均为尽可能地占有更大的空间。将水平和垂直不同的策略进行组合，便可产生不同的效果，例如垂直策略用 Fixed 方式，水平策略用 Minimum 方式，结果是控件的高度不变，宽度会随着窗体变化而变化，更多应用可参考 9.1 节。

（1）minimumSize：规定宽度和高度的最小值。

（2）maximumSize：规定宽度和高度的最大值，如果 minimumSize 和 maximumSize 的数值相同，则控件或者窗体的尺寸固定不变。

（3）font：显示字体的大小、加粗、倾斜等样式。

（4）cursor：光标放到控件上去时，光标的显示样式，共有 19 种样式可供选择，如图 7-15 所示。

图 7-15　光标样式

（5）windowTitle：窗口标题。

（6）text：用于设置控件显示的文本信息，例如，按钮上的"确定""取消"等。

（7）shortcut：设置控件的快捷键。

7）资源浏览器

资源浏览器用于给控件添加图像。

8）信号/槽编辑器

信号/槽编辑器可为控件添加控制函数。

第 8 章

PyQt5 窗体控件

本章介绍 PyQt5 基本控件的使用方法。

8.1 模拟 QQ 登录

本节模拟 QQ 的登录窗口,输入用户名、密码、单击【登录】按钮后,控制台打印出用户名和密码,如图 8-1 所示。

运行 Qt Designer,选择 MainWindow→【创建】,从控件工具箱拖入窗体 2 个 ▨ Label→2个 ▨ Line Edit→1 个 ▨ Push Button,然后将标签和按钮的 text 属性修改为如图 8-1 所示的"用户名""密码""登录",将密码的单行文本的属性 echoMode 改为 Password,另存到 8.1 节的目

图 8-1　模拟 QQ 登录

录下面,文件名为 untitled. ui,编译为 untitled. py,新建 Python 文件并保存到 8.1 节的目录下面,文件名为 8.1. py,代码如下:

```python
# //第 8 章/8.1.py
from PyQt5.Qt import *
from PyQt5 import QtWidgets
from untitled import Ui_MainWindow

class MainWindow(QMainWindow, Ui_MainWindow):
    def __init__(self, parent = None):
        super(MainWindow, self).__init__(parent)
        self.setupUi(self)

    @pyqtSlot()
    def on_pushButton_clicked(self):              # 登录按钮
        print('用户名:',self.lineEdit.text())      # 打印用户名
        print('密码:',self.lineEdit_2.text())      # 打印密码

    @pyqtSlot()
    def on_lineEdit_editingFinished(self):        # 用户名输入框
        print(self.lineEdit.text())               # 打印用户名
```

```
    @pyqtSlot()
    def on_lineEdit_2_editingFinished(self):          #密码输入框
        print(self.lineEdit_2.text())                 #打印密码

if __name__ == "__main__":
    import sys
    app = QtWidgets.QApplication(sys.argv)
    ui = MainWindow()
    ui.show()
    sys.exit(app.exec_())
```

1. 装饰器

@pyqtSlot()是 PyQt5 的一个专用装饰器,它把控件的触发方法和触发后的响应函数连接起来,例如 on_pushButton_clicked 的意思是单击 pushButton 按钮时,Python 调用它下面的函数。on_lineEdit_editingFinished 的意思是单行输入框输入完成后,Python 调用它下面的函数。

@pyqtSlot()装饰器的固定用法是 on_<控件名>_<触发方式>,常用的触发方式会在9.4 节进行介绍。

2. 标签(QLabel)

标签可以显示文本、图像、视频等,常用的方法见表 8-1。

表 8-1　标签常用方法

方　　法	描　　述	实　　例
setAlignment()	文本图像对齐方式 AlignLeft,水平靠左 AlignRight,水平靠右 AlignHCenter,水平居中 AlignJustify,水平两端 AlignTop,竖直靠上 AlignBottom,竖直靠下 AlignVCenter,竖直居中 AlignCenter,水平竖直居中	self.label_2.setAlignment(Qt.AlignCenter)
setText()	设置标签文本内容	self.label_2.setText("变了")
text()	获取标签文本内容	self.label_2.text()
width()	获取标签的宽度	self.label_2.width()
height()	获取标签的高度	self.label_2.height()
setPixmap()	标签加载 Pixmap 图像	self.label_2.setPixmap(QPixmap('1.jpg'))
setScaledContents()	是否自动缩放内容	self.label_2.setScaledContents(True)

代码如下:

```
#//第 8 章/8.2.py
from PyQt5.Qt import *
from PyQt5 import QtWidgets
from untitled import Ui_MainWindow

class MainWindow(QMainWindow, Ui_MainWindow):
```

```
        def __init__(self, parent = None):
            super(MainWindow, self).__init__(parent)
            self.setupUi(self)

        @pyqtSlot()
        def on_pushButton_clicked(self):
            #print(self.label_2.text())              #获取文本
            #self.label_2.setText("变了")             #设置文本
            #result = QPixmap('1.jpg').scaled(self.label_2.width(),\
                                self.label_2.height())   #调整为标签大小
            #self.label_2.setPixmap(result)          #加载图像
            self.label_2.setPixmap(QPixmap('1.jpg'))    #加载图像
            self.label_2.setScaledContents(True)        #图像自适应标签尺寸

if __name__ == "__main__":
    import sys
    app = QtWidgets.QApplication(sys.argv)
    ui = MainWindow()
    ui.show()
    sys.exit(app.exec_())
```

去掉相应的注释,运行代码,单击【确定】按钮,可以看到获取标签文本、改变标签文本、标签加载图像等效果。有两种方法可以调整图像的比例,一种是将图像大小设置为标签大小;另一种是设置图像自适应标签尺寸。

控件的控制,除了可以通过按钮实现,还可以放在初始化函数内或 UI 文件内。

3. 单行文本框

单行文本框(QLineEdit)可以输入单行文本,常用的方法见表 8-2。

表 8-2　单行文本框的常用方法

方　　法	描　　述	实　　例
setAlignment()	文本对齐方式 AlignLeft,水平靠左 AlignRight,水平靠右 AlignHCenter,水平居中 AlignJustify,水平两端 AlignTop,竖直靠上 AlignBottom,竖直靠下 AlignVCenter,竖直居中 AlignCenter,水平竖直居中	
setText()	设置文本内容	self.lineEdit.setText('变了')
clear()	清除内容	self.lineEdit.clear()
text()	获取文本内容	self.lineEdit.text()

单行文本框的常用信号见表 8-3。

表 8-3　单行文本框的常用信号

信　　号	描　　述	实　　例
editingFinished	编辑文本结束时	def on_lineEdit_editingFinished(self)

代码如下：

```
#//第8章/8.3.py
from PyQt5.Qt import *
from PyQt5 import QtWidgets
from untitled import Ui_MainWindow

class MainWindow(QMainWindow, Ui_MainWindow):
    def __init__(self, parent = None):
        super(MainWindow, self).__init__(parent)
        self.setupUi(self)

    @pyqtSlot()
    def on_pushButton_clicked(self):
        print(self.lineEdit.text())            #获取文本
        #self.lineEdit.setText('变了')          #设置文本
        # self.lineEdit.clear()                 #清除文本
        # slh = QIntValidator(self)             #实例化
        # slh.setRange(1,999)                   #设置范围
        # self.lineEdit.setValidator(slh)       #验证器

if __name__ == "__main__":
    import sys
    app = QtWidgets.QApplication(sys.argv)
    ui = MainWindow()
    ui.show()
    sys.exit(app.exec_())
```

当将单行文本框设置为整数限制1～999时，浮点数、字母、超过999的数字在控制台都无法被打印出来，即数据不合法，单行文本框还有设置输入字符长度、掩码的格式等高级功能。

4. 按钮

按钮（QPushButton）的常用方法见表8-4。

表 8-4　按钮的常用方法

方　　法	描　　述	实　　例
isChecked()	获取按钮状态	print(self.pushButton.isChecked())
setEnabled()	设置按钮是否可用	self.pushButton.setEnabled(False)

按钮的常用信号见表8-5。

表 8-5　按钮的常用信号

信　　号	描　　述	实　　例
clicked	左键按下并释放时	def on_pushButton_clicked(self)

代码如下：

```
#//第8章/8.4.py
from PyQt5.Qt import *
from PyQt5 import QtWidgets
from untitled import Ui_MainWindow
```

```
class MainWindow(QMainWindow, Ui_MainWindow):
    def __init__(self, parent = None):
        super(MainWindow, self).__init__(parent)
        self.setupUi(self)


    @pyqtSlot()
    def on_pushButton_clicked(self):
        print('我被单击了')
        print(self.pushButton.isChecked())          # 返回按钮状态
        # self.pushButton.setEnabled(False)          # 设置按钮不可用


if __name__ == "__main__":
    import sys
    app = QtWidgets.QApplication(sys.argv)
    ui = MainWindow()
    ui.show()
    sys.exit(app.exec_())
```

如果在按钮名字中某字母前加"&",则表示该字母被设置为快捷键,"Alt+字母"激活按钮。或者在 UI 内实现,代码如下:

```
self.pushButton.setText(_translate("MainWindow", "登录(&o)"))
```

运行代码后,按下 Alt+O 组合键,和单击【登录】按钮的效果是一样的,如图 8-2 所示。

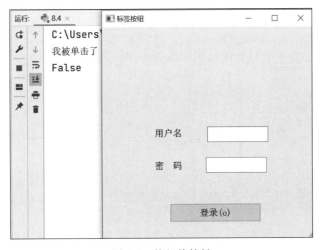

图 8-2　按钮快捷键

8.2　模拟留言板

本节模拟留言板的功能,输入文本后控制台打印出输入的内容,如图 8-3 所示。

在多行文本框内输入文本,单击【提交】按钮,控制台打印出多行文本框输入的文本内容,单击单选按钮【男】,打印出单选按钮的文本和状态,单击多选按钮【C 语言】,打印出多选按钮的文本和状态。

运行 Qt Designer,选择 MainWindow→【创建】,从控件工具箱拖入窗体 1 个　Label→1

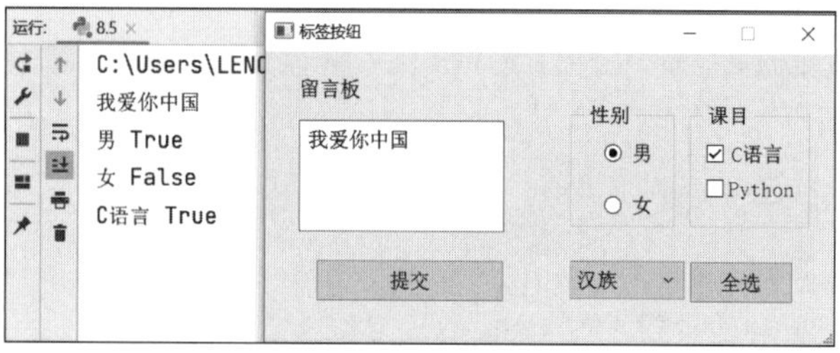

图 8-3　模拟留言板

个 🅰 Text Edit 并将 text 属性修改为"留言板"→2 个 🆗 Push Button 并将 text 属性修改为 "提交""全选",将 objectName 分别修改为 pushButton_tijiao、pushButton_quanxuan→2 个 🔲 Group Box 并将 text 属性修改为"性别"和"课目",将 2 个 ⦿ Radio Button 拖入"性别" Group Box 内,并将 text 属性修改为"男"和"女",将 2 个 ☑ Check Box 拖入"课目"Group Box,并将 text 属性修改为"C 语言"和"Python"→1 个 📑 Combo Box,双击下拉菜单,添加 "汉族""蒙古族""回族""其他"等条目,另存到 8.2 节的目录下面,文件名为 untitled.ui,编 译为 untitled.py,新建 Python 文件并保存到 8.2 节的目录下面,文件名为 8.5.py,代码 如下:

```python
♯//第 8 章/8.5.py
from PyQt5.Qt import *
from PyQt5 import QtWidgets
from untitled import Ui_MainWindow

class MainWindow(QMainWindow, Ui_MainWindow):
    def __init__(self, parent = None):
        super(MainWindow, self).__init__(parent)
        self.setupUi(self)

    @pyqtSlot()                                      ♯"男"单选按钮
    def on_radioButton_clicked(self):                ♯获取文本和状态
        print(self.radioButton.text(),self.radioButton.isChecked())
        print(self.radioButton_2.text(),self.radioButton_2.isChecked())

    @pyqtSlot()                                      ♯"女"单选按钮
    def on_radioButton_2_clicked(self):              ♯获取文本和状态
        print(self.radioButton.text(), self.radioButton.isChecked())
        print(self.radioButton_2.text(), self.radioButton_2.isChecked())

    @pyqtSlot()                                      ♯"C 语言"多选按钮
    def on_checkBox_clicked(self):                   ♯获取文本和状态
        print(self.checkBox.text(),self.checkBox.isChecked())

    @pyqtSlot()                                      ♯Python 多选按钮
    def on_checkBox_2_clicked(self):                 ♯获取文本和状态
        print(self.checkBox_2.text(),self.checkBox_2.isChecked())

    @pyqtSlot()                                      ♯全选按钮
    def on_pushButton_quanxuan_clicked(self):
        self.checkBox.setChecked(True)               ♯设置为选中状态
        self.checkBox_2.setChecked(True)
        print(self.checkBox.text(), self.checkBox.isChecked())
        print(self.checkBox_2.text(), self.checkBox_2.isChecked())
```

```
        @pyqtSlot()                                    #提交按钮
        def on_pushButton_tijiao_clicked(self):        #获取多行文本框内容
            print(self.textEdit.toPlainText())
            #self.textEdit.setText("我爱你中国!")    #设置文本
            #self.textEdit.clear()                     #清除文本
if __name__ == "__main__":
    import sys
    app = QtWidgets.QApplication(sys.argv)
    ui = MainWindow()
    ui.show()
    sys.exit(app.exec_())
```

1. 多行文本框

多行文本框(QTextEdit)的常用方法见表 8-6。

表 8-6 多行文本框的常用方法

方　　法	描　　述	实　　例
setText()	设置文本	self.textEdit.setText("我爱你中国!")
toPlainText()	获取文本	self.textEdit.toPlainText()
clear()	清除文本	self.textEdit.clear()

在 on_pushButton_tijiao_clicked()函数中,去掉相应的注释,运行代码 8.5.py,输入文本,单击【提交】按钮,可以看到获取文本、设置文本、清除文本等功能。

2. 单选按钮

单选按钮(QRadioButton)的常用方法见表 8-7。

表 8-7 单选按钮的常用方法

方　　法	描　　述	实　　例
text()	获取单选按钮文本	self.radioButton.text()
isChecked()	获取单选按钮状态	self.radioButton.isChecked()
setCheckable()	设置单选按钮状态	self.radioButton.setCheckable(True)

单选按钮的常用信号见表 8-8。

表 8-8 单选按钮的常用信号

信　　号	描　　述	实　　例
clicked	左键按下并释放时	def on_radioButton_clicked()

多个单选按钮组合使用时,必须放在同一个 QGroupBox 中,否则不能正常工作,所以要先在一个窗体拖入 QGroupBox,再把单选按钮拖入 QGroupBox 中。on_radioButton_clicked()定义了单击 radioButton 时,获取 radioButton 的文本和状态的函数。

3. 多选按钮

多选按钮(QCheckBox)的常用方法见表 8-9。

表 8-9 多选按钮的常用方法

方　　法	描　　述	实　　例
text()	获取多选按钮文本	self.checkBox.text()
isChecked()	获取多选按钮状态	self.checkBox.isChecked()
setCheckable()	设置多选按钮状态	self.checkBox.setCheckable(True)

多选按钮的常用信号见表 8-10。

表 8-10　多选按钮的常用信号

信　　号	描　　述	实　　例
clicked	左键按下并释放时	def on_checkBox_clicked()

on_ checkBox_clicked()函数定义了单击时,获取多选按钮文本和状态的函数。

on_pushButton_quanxuan_clicked()函数定义了设置多选按钮状态的功能。

4. 下拉菜单

下拉菜单(QComboBox)的常用方法见表 8-11。

表 8-11　下拉菜单的常用方法

方　　法	描　　述	实　　例
addItem()	添加一个下拉菜单	
addItems()	从列表中添加下拉菜单	
clear()	删除所有的下拉选项	
count()	统计下拉选项的个数	self.comboBox.count()
currentText()	返回选中的选项文本	self.comboBox.currentText()
itemText(i)	返回索引为 i 的选项文本	self.comboBox.itemText(0)
currentIndex()	返回选中项的索引	self.comboBox.currentIndex()
setItemText()	改变指定序号的文本	self.comboBox.setItemText(1,'回族')

下拉菜单的常用信号见表 8-12。

表 8-12　下拉菜单的常用信号

信　　号	描　　述	实　　例
currentIndexChanged	选中一个下拉选项时	def on_ comboBox_currentIndexChanged()

on_comboBox_currentIndexChanged()定义了选中一个下拉选项时,获取文本、索引和总项目数的函数。初始化函数内的 self.comboBox.setItemText(1,'回族')演示了指定索引项目文本的改变。

下拉菜单项目的添加,一般在设计 UI 时双击 📠 Combo Box 控件便可直接添加,如图 8-4 所示。

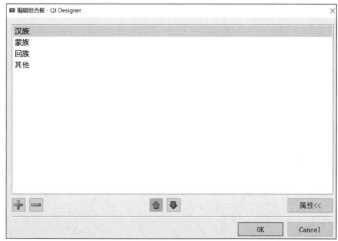

图 8-4　下拉菜单项目添加

8.3　模拟 LCD 显示

本节模拟 LCD 的显示效果，LCD 可以显示数字、字母、字符串，如图 8-5 所示。

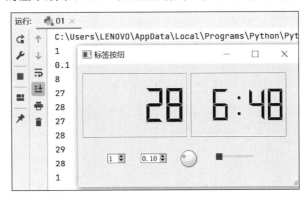

图 8-5　LCD 显示

运行 Qt Designer，选择 MainWindow→【创建】，从控件工具箱拖入窗体 2 个 ▦ LCD 显示→1 个 ① Spin Box→1 个 ② Double Spin Box→1 个 ⊙ Dial→1 个 ▬ Horizontal Slider，保存到 8.3 节的目录下面，文件名为 untitled.ui，编译为 untitled.py，新建 Python 文件并保存到 8.3 节的目录下面，文件名为 8.6.py，代码如下：

```
# //第 8 章/8.6.py
import time
from PyQt5.Qt import *
from PyQt5 import QtWidgets
from untitled import Ui_MainWindow

class MainWindow(QMainWindow, Ui_MainWindow):
    def __init__(self, parent = None):
        super(MainWindow, self).__init__(parent)
        self.setupUi(self)
        # self.spinBox.setRange(10, 90)                    # 最小值和最大值
        # self.spinBox.setSingleStep(5)                    # 步长
        # self.doubleSpinBox.setRange(10.0, 20.0)          # 最小值和最大值
        # self.doubleSpinBox.setSingleStep(2)              # 步长
        # self.horizontalSlider.setRange(10, 20)           # 最小值和最大值
        # self.horizontalSlider.setSingleStep(2)           # 步长
        # self.dial.setRange(10, 20)                       # 最小值和最大值
        # self.dial.setValue(4)                            # 当前值

    @pyqtSlot(int)
    def on_spinBox_valueChanged(self):                     # 整数计数器
        print(self.spinBox.value())                        # 获取值
        self.lcdNumber.display(self.spinBox.value())       # LCD 显示

    @pyqtSlot(float)
    def on_doubleSpinBox_valueChanged(self):               # 浮点计数器
        print(self.doubleSpinBox.value())                  # 获取计数器的值
```

```
        self.lcdNumber.display(self.doubleSpinBox.value())        #LCD 显示计数器值

    @pyqtSlot(int)
    def on_dial_valueChanged(self):                               #表盘
        print(self.dial.value())                                  #获取表盘值
        self.lcdNumber.display(self.dial.value())                 #LCD 显示表盘值

    @pyqtSlot(int)
    def on_horizontalSlider_valueChanged(self):                   #滑动条
        print(self.horizontalSlider.value())                      #获取滑动条的值
                                                                  #获取时间
        timestr = str(time.localtime()[3]) + ':' + str(time.localtime()[4])
        self.lcdNumber_2.display(timestr)                         #LCD 显示时间

if __name__ == "__main__":
    import sys
    app = QtWidgets.QApplication(sys.argv)
    ui = MainWindow()
    ui.show()
    sys.exit(app.exec_())
```

1. 整数计数器与浮点计数器

计数器是通过单击向上/向下按钮或键盘的↑/↓箭头来增加/减少数值的,也可以直接输入数值。整数计数器(QSpinBox)用于处理整数,默认的数值范围为0~99,步长为1。浮点计数器(QDoubleSpinBox)用于处理浮点数,默认的数值范围为0.0~0.9,步长为0.1。

计数器的常用方法见表8-13。

表 8-13　计数器的常用方法

方　　法	描　　述	实　　例
setValue()	设置当前值	self.spinBox.setValue(4)
value()	返回当前值	self.spinBox.value()
setSingleStep()	设置步长	self.spinBox.setSingleStep(5) self.doubleSpinBox.setSingleStep(2)
setRange()	设置最小值和最大值	self.spinBox.setRange(10，90) self.doubleSpinBox.setRange(10.0，20.0)

计数器的常用信号见表8-14。

表 8-14　计数器的常用信号

信　　号	描　　述	实　　例
valueChanged	数值变化时	on_spinBox_valueChanged() on_doubleSpinBox_valueChanged()

on_spinBox_valueChanged()、on_doubleSpinBox_valueChanged()定义了单击时获取计数器的值。self.spinBox.setRange(10，90)用于设置整数计数器的最小值和最大值,self.spinBox.setSingleStep(5)用于将整数计数器的步长设置为5,计数器的设置一般放在初始化函数内。

注意　定义 valueChanged()方法时,装饰器@pyqtSlot(int)的参数必须将传入参数指定为 int 类型。定义 doubleSpinBox()方法时,装饰器@pyqtSlot(float)的参数必须将传入参数指定为 float 类型。

2.滑动条

滑动条(SLider)有水平和竖直两种,用户拖动滑块时,滑块位置会被转换成数值,数值的默认取值范围为 0～99,步长为 1,滑动条的常用方法见表 8-15。

表 8-15　滑动条的常用方法

方　　法	描　　述	实　　例
setValue()	设置当前值	self. horizontalSlider. setValue(4)
value()	返回当前值	self. horizontalSlider. value()
setSingleStep()	设置步长	self. horizontalSlider. setSingleStep(2)
setRange()	设置最小值和最大值	self. horizontalSlider. setRange(10, 20)

滑动条的常用信号见表 8-16。

表 8-16　滑动条的常用信号

信　　号	描　　述	实　　例
valueChanged	数值变化时	on_ horizontalSlider _valueChanged()

on_horizontalSlider_valueChanged()定义了鼠标拖动滑块时获取滑动条的值。self. horizontalSlider. setRange(10, 20)命令设置了滑动条的最小值和最大值,self. horizontalSlider. setSingleStep(5)设置了滑块滑动时,数值变化的步长为 5。滑动条的设置一般放在初始化函数内。竖直滑动条与之相同,不再赘述。

注意　定义 valueChange 方法时,装饰器@pyqtSlot(int)的参数必须将传入参数指定为 int 类型。

3.表盘

用户转动表盘(QDial),表盘指针位置会被转换成数值,默认的数值范围为 0～99,步长为 1。表盘的常用方法见表 8-17。

表 8-17　表盘的常用方法

方　　法	描　　述	实　　例
setValue()	设置当前值	self. dial. setValue(4)
value()	返回当前值	self. dial. value()
setRange()	设置最小值和最大值	self. dial. setRange(10, 20)

表盘的常用信号见表 8-18。

表 8-18　表盘的常用信号

信　　号	描　　述	实　　例
valueChanged	数值变化时	on_dial_valueChanged()

on_dial_valueChanged()定义了鼠标拖动表盘时获取表盘的值。self. dial. setRange(10, 20)设置了表盘的最小值和最大值。

注意 定义 valueChange 方法时,装饰器@pyqtSlot(int)的参数必须将传入参数指定为 int 类型。

---

4. LCD 显示

LCD 显示(QLCDNumber)可以传入整数、浮点数、字符串,字符串的种类仅限于 b,C, d,E,F,g,H,h,L,o,P,S,U,u,y,.,,;等能用八段表示的字符。LCD 显示的常用方法见表 8-19。

表 8-19　LCD 显示的常用方法

方　　法	描　　述	实　　例
display()	显示	self. lcdNumber. display(456) self. lcdNumber. display('HELL')

8.4　时间日期控件

本节介绍时间日期控件,如图 8-6 所示。

图 8-6　时间日期设置

时间日期控件有时间输入文本框 QTimeEdit、日期输入文本框 QDateEdit、时间日期输入文本框 QDateTimeEdit、日历 QCalendar。前 3 个可以单击上/下按钮调节时间、日期,也可以用键盘的↑/↓键调节时间、日期,还可以直接输入时间、日期。

运行 Qt Designer,选择 MainWindow→【创建】,从控件工具箱拖入窗体 3 个 🐍 Label→1 个 🕐 Time Edit→1 个 📅 Date Edit→1 个 🕑 Date/Time Edit→1 个 🔢 Calendar Widget, 保存到 8.4 节的目录下面,文件名为 untitled. ui 并编译为 untitled. py,新建 Python 文件并保存到 8.4 节的目录下面,文件名为 8.7. py,代码如下:

```
#//第 8 章/8.7.py
from PyQt5.Qt import *
from PyQt5 import QtWidgets, QtCore
from untitled import Ui_MainWindow

class MainWindow(QMainWindow, Ui_MainWindow):
    def __init__(self, parent = None):
        super(MainWindow, self).__init__(parent)
        self.setupUi(self)
            #将日期时间设置为当前日期时间
            # self.dateTimeEdit.setDateTime(QDateTime.currentDateTime())
            #设置为当前日期
            # self.dateEdit.setDate(QDate.currentDate())
            #设置为当前时间
            # self.timeEdit.setTime(QTime.currentTime())
            #将日期时间设置为指定日期
            # self.dateTimeEdit.setDate(QtCore.QDate(2018, 10, 25))
            #将日期时间设置为指定时间
            # self.dateTimeEdit.setTime(QtCore.QTime(11, 0, 0))
            #指定日期
            # self.dateEdit.setDate(QtCore.QDate(2023, 9, 25))
            #指定时间
            # self.timeEdit.setTime(QtCore.QTime(9, 9, 9))

    @pyqtSlot(QDateTime)
    def on_dateEdit_dateTimeChanged(self):        #日期输入框
                                                  #获取日期文本框日期
        print(self.dateEdit.date().toString(Qt.ISODate))
        self.dateEdit.setCalendarPopup(True)      #弹出日历选择时间

    @pyqtSlot(QDateTime)
    def on_timeEdit_dateTimeChanged(self):        #时间输入框
                                                  #获取时间
        print(self.timeEdit.time().toString(Qt.ISODate))

    @pyqtSlot(QDateTime)
    def on_dateTimeEdit_dateTimeChanged(self):    #时间日期输入框
        print(self.dateTimeEdit.date().toString(Qt.ISODate))
        print(self.dateTimeEdit.time().toString(Qt.ISODate))
        print(self.dateTimeEdit.dateTime().toString(Qt.ISODate))

    @pyqtSlot()
    def on_calendarWidget_selectionChanged(self):        #日历
        #获取日历日期
        print(self.calendarWidget.selectedDate().toString(Qt.ISODate))
        #将获取的日历日期传给日期时间文本框
        self.dateTimeEdit.setDate(self.calendarWidget.selectedDate())
        #将获取的日历日期传给日期文本框
        self.dateEdit.setDate(self.calendarWidget.selectedDate())

if __name__ == "__main__":
    import sys
    app = QtWidgets.QApplication(sys.argv)
```

```
ui = MainWindow()
ui.show()
sys.exit(app.exec_())
```

1. 时间日期文本框

时间日期文本框的常用方法见表 8-20。

表 8-20　时间日期文本框的常用方法

方　　法	描　　述	实　　例
time()	获取时间	self.timeEdit.time() self.dateTimeEdit.time()
date()	获取日期	self.dateEdit.date() self.dateTimeEdit.date()
dateTime()	获取时间日期	self.dateTimeEdit.dateTime()
setDateTime()	设置日期时间	self.dateTimeEdit.setDateTime(QDateTime.currentDateTime())
setTime()	设置时间	self.timeEdit.setTime(QTime.currentTime()) self.timeEdit.setTime(QtCore.QTime(9, 9, 9))
setDate()	设置日期	self.dateEdit.setDate(QDate.currentDate()) self.dateEdit.setDate(QtCore.QDate(2023, 9, 25))

注意　定义触发信号函数时，这 3 个函数的装饰器都需要带参数 QDateTime，即 @pyqtSlot (QDateTime)。

常用的信号见表 8-21。

表 8-21　时间日期文本框的常用信号

信　　号	描　　述	实　　例
dateTimeChanged()	日期或时间变化时	def on_dateEdit_dateTimeChanged(self)

2. 日历

日历（QCalendar）的常用方法见表 8-22。

表 8-22　日历的常用方法

方　　法	描　　述	实　　例
selectedDate()	返回当前选定的日期	self.calendarWidget.selectedDate()

日历的常用信号见表 8-23。

表 8-23　日历的常用信号

信　　号	描　　述	实　　例
selectionChanged(int,int)	筛选年月时发出的信号（年，月）	on_calendarWidget_selectionChanged()

获取日历日期的命令如下：

```
print(self.calendarWidget.selectedDate().toString(Qt.ISODate))
```

获取日期对象之后，通过 toString(Qt.ISODate) 的方法转换为字符串。获取的日期对象还可以直接传给日期文本框或时间日期文本框，命令如下：

```
#将获取的日历日期传给日期时间文本框
self.dateTimeEdit.setDate(self.calendarWidget.selectedDate())
#将获取的日历日期传给日期文本框
self.dateEdit.setDate(self.calendarWidget.selectedDate())
```

除了可以通过按钮调出日历,还可以在任意位置调出日历控件,命令如下:

```
#允许弹出日历选择时间
self.dateEdit.setCalendarPopup(True)
```

把这行命令加到其他函数中或者日期文本框的方法中,便可通过日历选择日期。
也可以直接获取时间和日期信息,代码如下:

```
print(QDate.currentDate().year())              #获取年份
print(QDate.currentDate().month())             #获取月份
print(QDate.currentDate().day())               #获取日
print(QDateTime.currentDateTime().toSecsSinceEpoch())   #获取时间戳
print(QTime.currentTime().hour())              #获取小时
print(QTime.currentTime().minute())            #获取分钟
print(QTime.currentTime().second())            #获取秒数
```

8.5　对话框

本节介绍对话框(QMessageBox)控件,根据用户在对话框中的选择做出相应的动作,
如图 8-7 所示。

图 8-7　QMessageBox 对话框

当用户单击 Yes 按钮时,控制台打印"退出",当用户单击 No 按钮时,控制台打印"不
退出"。

运行 Qt Designer,选择 MainWindow→【创建】,从控件工具箱拖入窗体 1 个 [OK] Push
Button,保存到 8.5 节的目录下面,文件名为 untitled. ui 并编译为 untitled. py,新建 Python
文件并保存到 8.5 节的目录下面,文件名为 8.8. py,代码如下:

```
#//第 8 章/8.8.py
from PyQt5.Qt import *
from PyQt5 import QtWidgets
from untitled import Ui_MainWindow

class MainWindow(QMainWindow, Ui_MainWindow):
    def __init__(self, parent = None):
        super(MainWindow, self).__init__(parent)
        self.setupUi(self)
```

```
@pyqtSlot()
def on_pushButton_clicked(self):
    #1.生成消息对话窗
    reply = QMessageBox.information(self, '退出', '确定退出?',
                                    QMessageBox.Yes | QMessageBox.No)
    if reply == QMessageBox.Yes:
        print('退出')
    else:
        print('不退出')
    #2.生成提问对话框
    # reply = QMessageBox.question(self, '退出', '确定退出?',
    #       QMessageBox.Yes | QMessageBox.No | QMessageBox.Cancel)
    # if reply == QMessageBox.Yes:
    #     print('退出')
    #else:
    #     print('不退出')
    #3.生成警告对话框
    # reply = QMessageBox.warning(self, '退出', '确定退出?',
    #       QMessageBox.Yes | QMessageBox.No | QMessageBox.Cancel)
    # if reply == QMessageBox.Yes:
    #     print('退出')
    #else:
    #     print('不退出')
    #4.生成严重错误对话框
    # reply = QMessageBox.critical(self, '退出', '确定退出?',
    #       QMessageBox.Yes | QMessageBox.No | QMessageBox.Cancel)
    # if reply == QMessageBox.Yes:
    #     print('退出')
    #else:
    #     print('不退出')
    #5.生成关于对话框
    # QMessageBox.about(self, '关于对话框', '这个程序只能用于学习,不能用于商业!')
    # QMessageBox.information(self, '提示', '正在关机!')
```

弹出对话框命令的格式为

```
QMessageBox.[弹窗类型](self, '标题', '正文', <按钮>)
```

不同类型的弹窗,图标不同,但是使用方法完全一样,5种弹窗的名称及效果见表8-24。

表8-24 弹窗类型

名 称	效 果	实 例
消息对话框	■ 退出 × ⓘ 确定退出? [Yes] [No]	reply = QMessageBox.information(self, '退出', '确定退出?', QMessageBox.Yes | QMessageBox.No)
提问对话框	■ 退出 × ❓ 确定退出? [Yes] [No] [Cancel]	reply = QMessageBox.question(self, '退出', '确定退出?', QMessageBox.Yes | QMessageBox.No | QMessageBox.Cancel)

名　　称	效　　果	实　　例
警告对话框		reply = QMessageBox. warning(self, '退出', '确定退出？', QMessageBox. Yes | QMessageBox. No | QMessageBox. Cancel)
严重错误对话框		reply = QMessageBox. critical(self, '退出', '确定退出？', QMessageBox. Yes | QMessageBox. No | QMessageBox. Cancel)
关于对话框		QMessageBox. about(self, '关于对话框', '这个程序只能用于学习,不能用于商业！')

按钮类型,见表 8-25。

表 8-25　按钮类型

类　　型	描　　述
QMessageBox. Yes	同意操作
QMessageBox. No	终止操作
QMessageBox. Cancel	取消操作
QMessageBox. Ok	同意操作
QMessageBox. Abort	终止操作
QMessageBox. Retry	重试操作
QMessageBox. Ignore	忽略操作

排在第 1 位置的按钮是默认的选中按钮。可以不放置按钮只作为提醒,也可以放置多个按钮,以便对不同的按钮进行不同的响应。

8.6　字体、颜色、字号的设置

本节介绍文本的字体、颜色、字号的设置方法,以及通过字体下拉菜单设置字体的方法,【字体选择】按钮可以设置字体和字号,【颜色选择】按钮可以设置字体的颜色,效果如图 8-8 所示。

运行 Qt Designer,选择 MainWindow→【创建】,从控件工具箱拖入窗体 1 个 🏷 Label→2 个 ㏇ Push Button,将标签和按钮的 text 属性修改为如图 8-8 所示的"示例""字体选择""颜色选择",1 个 🖊 Font Combo Box,保存到 8.6 节的目录下面,文件名为 untitled. ui 并编译为 untitled. py,新建 8.9. py 文件,保存到 8.6 节的目录下面,代码如下:

图 8-8　字体、颜色设置

```
#//第8章/8.9.py
from PyQt5.Qt import *
from PyQt5 import QtWidgets
from untitled import Ui_MainWindow

class MainWindow(QMainWindow, Ui_MainWindow):
    def __init__(self, parent = None):
        super(MainWindow, self).__init__(parent)
        self.setupUi(self)

    @pyqtSlot()
    def on_pushButton_yanse_clicked(self):                  #1 颜色按钮
        color = QColorDialog.getColor(Qt.red, self, "Select Color")
        if color.isValid():                                 #如果获取颜色有效
            print(color.name())                             #打印颜色十六进制的值
            red, green, blue, _ = color.getRgb()            #颜色 RGB 的值
            self.label.setStyleSheet("color:rgb({},{},{\
            },255)".format(red, green, blue))               #设置字体颜色

    @pyqtSlot()
    def on_pushButton_ziti_clicked(self):                   #2 字体按钮
        font ,ok = QFontDialog.getFont()                    #获取字体
        if ok:
            print(font)                                     #打印字体对象
            self.label.setFont(font)                        #设置字体

    @pyqtSlot(str)
    def on_fontComboBox_currentIndexChanged(self):          #3 字体下拉菜单
        font = self.fontComboBox.currentFont()              #获取字体
        print(font)                                         #打印字体对象
        self.label.setFont(font)                            #设置字体

if __name__ == "__main__":
    import sys
    app = QtWidgets.QApplication(sys.argv)
    ui = MainWindow()
    ui.show()
    sys.exit(app.exec_())
```

1. 字体下拉菜单

字体下拉菜单(fontComboBox)的常用方法,见表 8-26。

表 8-26 字体下拉菜单的常用方法

方　　法	描　　述	实　　例
currentFont()	获得当前所选择的字体	self.fontComboBox.currentFont()

字体下拉菜单的常用信号,见表 8-27。

表 8-27 字体下拉菜单的常用信号

信　　号	描　　述	实　　例
currentIndexChanged	当前索引发生变化时	def on_fontComboBox_currentIndexChanged(self)

2. 颜色对话框

颜色对话框(QColorDialog)命令的简化格式为

```
QColorDialog.[方法](默认颜色,self, '标题')
```

单击对话框的 OK 按钮,返回值为用户所选择颜色的十六进制的值,例如♯0000ff;若单击 Cancel 按钮,则返回值为一个无效的颜色,该颜色使用 QColor.isValid() 方法的返回值 False。

颜色对话框的常用方法,见表 8-28。

表 8-28　颜色对话框的常用方法

方　　法	描　　述	实　　例
getColor()	获得当前所选择的颜色	color = QColorDialog.getColor(Qt.red, self, "颜色选择")

3. 字体对话框

字体对话框(QFontDialog)命令的格式为

```
font,ok = QFontDialog.getFont()
```

getFont()方法返回的为元组类型,同时返回所选择的字体和函数执行的状态。

8.7　文件对话框

本节介绍文件对话框(QFileDialog)。单行文本框显示用户的选择,如图 8-9 所示。

运行 Qt Designer,选择 MainWindow→【创建】,从控件工具箱拖入窗体 4 个 ⊞ Push Button,将按钮的 text 属性修改为如图 8-9 所示的"文件夹选择""文件选择""多文件选择""文件保存"→4 个 ᴀʙɪ Line Edit,保存到 8.7 节的目录下面,文件名为 untitled. ui 并编译为 untitled. py,新建 8.10. py 文件,保存到 8.7 节的目录下面,代码如下:

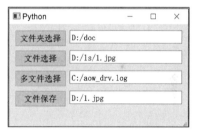

图 8-9　文件夹、文件选择

```
♯//第 8 章/8.10.py
from PyQt5.Qt import *
from PyQt5 import QtWidgets
from untitled import Ui_MainWindow

class MainWindow(QMainWindow, Ui_MainWindow):
    def __init__(self, parent = None):
        super(MainWindow, self).__init__(parent)
        self.setupUi(self)

    @pyqtSlot()
    def on_pushButton_wenjianjia_clicked(self):          ♯1 文件夹选择按钮
        fname = QFileDialog.getExistingDirectory(self,'选择文件夹', 'c:/')
```

```
            print(fname)
            self.lineEdit_wenjianjia.setText(fname)

        @pyqtSlot()
        def on_pushButton_wenjian_clicked(self):                  #2 文件选择按钮
            fname, _ = QFileDialog.getOpenFileName(self, '选择图像文件',
                                        './','Image files (＊.jpg ＊.gif)')
            self.lineEdit_wenjian.setText(fname)

        @pyqtSlot()
        def on_pushButton_wenjians_clicked(self):                 #3 多文件选择按钮
            fname = QFileDialog.getOpenFileNames(self,'选择多文件', 'c:/')
            print(fname)
            for i in fname:
                print(i)
            self.lineEdit_wenjians.setText(fname[0][0])

        @pyqtSlot()
        def on_pushButton_wenjianbc_clicked(self):                #4 保存文件按钮
            fname, filetype = QFileDialog.getSaveFileName(self, '选择图像文件',
                                        './','Image files (＊.jpg ＊.gif)')
            self.lineEdit_wenjianbc.setText(fname)
            print('保存文件名为',fname)
            print('筛选器为', filetype)

if __name__ == "__main__":
    import sys
    app = QtWidgets.QApplication(sys.argv)
    ui = MainWindow()
    ui.show()
    sys.exit(app.exec_())
```

文件对话框命令的简化格式如下：

```
QFileDialog.[方法]( self, '标题',默认路径,筛选器)
```

文件对话框的常用方法见表 8-29。

表 8-29　文件对话框的常用方法

方　　法	效　　果	实　　例
getExistingDirectory()	选择文件夹	fname = QFileDialog.getExistingDirectory(self,'选择文件夹', 'c:/')
QFileDialog. getOpenFileName()	选择文件	fname，_ = QFileDialog.getOpenFileName(self,'选择图像文件', './','Image files (＊.jpg ＊.gif)')
QFileDialog. getOpenFileNames()	选择多个文件	fname = QFileDialog.getOpenFileNames(self,'选择多个文件', 'c:/')
QFileDialog. getSaveFileName()	选择保存文件	fname = QFileDialog.getSaveFileName(self，'选择图像文件', './','Image files (＊.jpg ＊.gif)')

常用的路径有指定目录，例如'c:/'，当前程序所在的目录，例如'./'。

筛选器由[筛选器名字](＊.扩展名)组成，例如筛选图像'图像(＊.jpg ＊.gif ＊.bmp)'，

例如只筛选 Word 文件'Word 文件(∗.docx)'。若有多个筛选器,则用两个分号隔开,例如
'PDF Files (∗.pdf);;Text Files (∗.txt)'。

选择文件、选择文件夹返回的是字符串。如果用户没有选择,则返回结果为空字符串,
这时需要设置默认值,否则容易出错,详细的处理方法见 15.5 节、15.6 节。

多文件选择的返回值是一个元组,第 1 项是文件列表,第 2 项是筛选器。

保存文件的返回值也是一个元组,第 1 项是文件名,第 2 项是筛选器。

8.8 模拟饭店点餐(列表视图)

本节实现点餐列表效果(QListWidget),如图 8-10 所示。

可以单击选择,也可以按 Ctrl 键单击多个
选项实现多选,选择后控制台打印出选择项目的
索引、总项目个数、所选菜名等。

运行 Qt Designer,选择 MainWindow→【创
建】,从控件工具箱拖入窗体 2 个 <kbd>OK</kbd> Push
Button,将按钮的 text 属性修改为如图 8-10 所
示的"增加""减少"→1 个 ▦ List Widget,另存
到 8.8 节的目录下面,文件名为 untitled.ui 并编
译为 untitled.py,新建 8.11.py 并保存到 8.8 节
的目录下面,代码如下:

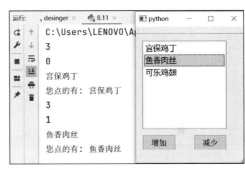

图 8-10 列表窗口

```
#//第 8 章/8.11.py
from PyQt5.Qt import *
from PyQt5 import QtWidgets
from untitled import Ui_MainWindow


class MainWindow(QMainWindow, Ui_MainWindow):
    def __init__(self, parent = None):
        super(MainWindow, self).__init__(parent)
        self.setupUi(self)
        self.listWidget.addItem("宫保鸡丁")                  #添加列表视图条目
        self.listWidget.addItem("鱼香肉丝")
        self.listWidget.addItem("可乐鸡翅")
        self.listWidget.setSelectionMode(QAbstractItemView.\
                ExtendedSelection)                          #设置允许 Ctrl 多选
    @pyqtSlot()
    def on_pushButton_zengjia_clicked(self):                #1增加按钮
        self.listWidget.addItem('sh')                       #项目列表[]
        print(self.listWidget.count())                      #返回项目总数
        print(self.listWidget.currentRow())                 #当前项目的行索引
        print(self.listWidget.currentItem())                #返回当前项目对象

    @pyqtSlot()
    def on_pushButton_jianshao_clicked(self):               #2减少按钮
        self.listWidget.takeItem(self.listWidget.currentRow())
                                                            #删除当前项目
```

```
@pyqtSlot(QListWidgetItem)
def on_listWidget_itemClicked(self):        #3 单击项目时
    print(self.listWidget.count())          # 返回项目总数
    print(self.listWidget.currentRow())     # 当前项目的行索引号
                                            # 第1个项目的文本
    print(self.listWidget.selectedItems()[0].text())
    items = self.listWidget.selectedItems()
    for item in items:                      # 遍历所有选中项目
        print('您点的有:', item.text())

if __name__ == "__main__":
    import sys
    app = QtWidgets.QApplication(sys.argv)
    ui = MainWindow()
    ui.show()
    sys.exit(app.exec_())
```

列表视图是一个基于条目的接口,用于从列表中添加或删除条目,可以设置为多重选择。

列表视图的常用方法见表 8-30。

表 8-30　列表视图的常用方法

方　　法	描　　述	实　　例
addItem()	添加项目	self.listWidget.addItem("可乐鸡翅")
count()	返回项目总数	self.listWidget.count()
currentRow()	返回所选的条目索引	self.listWidget.currentRow()
selectedItems()	返回选中项目列表	print(self.listWidget.selectedItems()[0].text())
setSelectionMode()	模式设置(如允许多选)	self.listWidget.setSelectionMode(QAbstractItemView.ExtendedSelection)

列表视图的常用信号见表 8-31。

表 8-31　列表视图的常用信号

信　　号	描　　述	实　　例
itemClicked	单击列表中的条目时发射此信号	def on_listWidget_itemClicked(self)

注意　定义 itemClicked() 函数的装饰器传入参数为 QListWidgetItem,即 @pyqtSlot(QListWidgetItem)。

8.9　模拟电影院选票(表格视图)

本节演示电影院选票效果(QTableView),如图 8-11 所示。

双击选择项目,控制台打印出选择座位号,选中的表格变成红色背景。

运行 Qt Designer,选择 MainWindow→【创建】,从控件工具箱拖入窗体 1 个 [OK] Push Button,按钮的 text 属性修改为"填表",1 个 ▦ Table View,另存到 8.9 节的目录下面,文

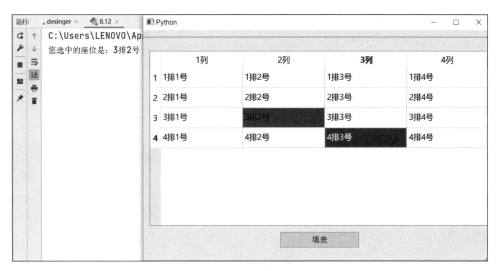

图 8-11 表格视图

件名为 untitled. ui 并编译为 untitled. py,新建 8. 12. py 并保存到 8.9 节的目录下面,代码
如下:

```
#//第 8 章/8.12.py
from PyQt5.Qt import *
from PyQt5 import QtWidgets
from untitled import Ui_MainWindow

class MainWindow(QMainWindow, Ui_MainWindow):
    def __init__(self, parent = None):
        super(MainWindow, self).__init__(parent)
        self.setupUi(self)

    @pyqtSlot()
    def on_pushButton_table_clicked(self):                  #填表按钮
        self.model = QStandardItemModel(4, 4)               #建立数据模型
        self.model.setHorizontalHeaderLabels(['1 列',
                              '2 列', '3 列', '4 列'])
        for row in range(4):                                #生成表格内容
            for column in range(4):
                item = QStandardItem('{}排{}号'.format(row + 1, column + 1))
                self.model.setItem(row, column, item)
        #以下两行代码让表格满窗口显示,不出现滚动条
        self.tableView.horizontalHeader().setStretchLastSection(True)
        self.tableView.horizontalHeader().setSectionResizeMode(QHeaderView.Stretch)

        self.tableView.setModel(self.model)                 #表格关联数据模型

    @pyqtSlot(QModelIndex)
    def on_tableView_doubleClicked(self):                   #双击时
        #返回结果是 QModelIndex 类对象
        indexes = self.tableView.selectionModel().selection().indexes()
        print('您选中的座位是:{}排{}号'.format(indexes[0].row() + 1,
                                    indexes[0].column() + 1))
```

```
            if len(indexs)> 0:
                index = indexs[0]
                # self.model.removeRow(index.row())          # 删除双击选中的行
                # self.model.removeColumn(index.column())     # 删除双击选中的列
                # self.model.removeRows(index.row(),2)        # 删除双击行后面2行
                                                              # 删除双击列后2列
                # self.model.removeColumns(index.column(),1)
                # self.model.item(index.row(),index.column()).setForeground(
                        QBrush(QColor(255, 0, 0)))            # 字体颜色(红色)
                self.model.item(index.row(),index.column()).setBackground(
                        QBrush(QColor(255, 0, 0)))            # 背景颜色(红色)
                                                              # 将文本修改为'已售'
                # self.model.item(index.row(), index.column()).setText('已售')

    if __name__ == "__main__":
        import sys
        app = QtWidgets.QApplication(sys.argv)
        ui = MainWindow()
        ui.show()
        sys.exit(app.exec_())
```

定义表格前,先定义数据模型,常用数据模型的方法见表 8-32。

表 8-32 数据模型的常用方法

方　　法	描　　述	实　　例
QStandardItemModel()	实例数据模型	self. model = QStandardItemModel(4, 4)
setHorizontalHeaderLabels()	设置列名	self. model. setHorizontalHeaderLabels(['1 列', '2 列', '3 列', '4 列'])
setItem()	设置单元格内容	self. model. setItem(0, 1, item)
removeRow()	删除行	self. model. removeRow(1)
removeColumn()	删除列	self. model. removeColumn(2)
removeRows()	删除多行	self. model. removeRows(1,2)
removeColumns()	删除多列	self. model. removeColumns(0,2)
item(). setText()	修改数据	self. model. item(1, 2). setText('已售')

表格视图的常用方法见表 8-33。

表 8-33 表格视图的常用方法

方　　法	描　　述	实　　例
setModel()	实例化表格	self. tableView. setModel(self. model)
selectionModel()	选择模式	self. tableView. selectionModel(). selection()
horizontalHeader()	水平方向	self. tableView. horizontalHeader(). setStretchLastSection(True)

表格视图的常用信号见表 8-34。

表 8-34 列表视图的常用信号

信　　号	描　　述	实　　例
doubleClicked	双击时	def on_tableView_doubleClicked(self)

注意　定义 doubleClicked 信号的函数的装饰器传入参数为 QModelIndex，即 @ pyqtSlot（QModelIndex）。

8.10　选项卡

选项卡（QtabWidget）相当于控件容器，选项卡有多个页面，每个页面都可以装载多个控件，效果如图 8-12 所示。

选择【班干部】【科代表】【小组长】这些不同的选项卡，便可显示不同的页面内容。

运行 Qt Designer，选择 MainWindow→【创建】，从控件工具箱拖入窗体 1 个 ▦ Tab Widget，保存到 8.10 节的目录下，文件名为 untitled. ui 并编译为 untitled. py，新建 8.13. py 并保存到 8.10 节的目录下。

将【属性编辑器】的 currentTabText 修改为"班干部"，如图 8-13 所示。

图 8-12　选项卡

添加选项卡的方法为右击选项卡，选择【插入页】→【在当前页之后】，如图 8-14 所示。

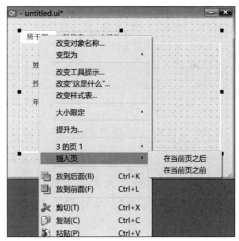

图 8-13　修改选项卡 currentTabText 属性　　　　图 8-14　插入选项卡

还可以删除、复制、剪切、粘贴选项卡。

8.11　树结构

树结构（QtreeWidget）效果如图 8-15 所示。

双击不同的子项，控制台打印出相应的内容。

图 8-15　树结构

运行 Qt Designer，选择 MainWindow →【创建】，从控件工具箱拖入窗体 1 个 Tree Widget，双击 TreeWidget 控件会弹出如图 8-16 所示的界面。

图 8-16　编辑树窗口部件

选择【项目】，双击项目列表，更改项目文本，单击 ➕ 按钮添加同一级项目→单击 按钮添加下一级项目→单击 按钮把项目转换为上一级父项目→单击 按钮把项目转换为下一级子项目→单击 按钮上移项目→单击 按钮下移项目→单击 OK 按钮完成编辑→另存到 8.11 节的目录下面，文件名为 untitled.ui 并编译为 untitled.py，新建 8.14.py 并保存到 8.11 节的目录下面，代码如下：

```python
#//第 8 章/8.14.py
from PyQt5.Qt import *
from PyQt5 import QtWidgets
from untitled import Ui_MainWindow

class MainWindow(QMainWindow, Ui_MainWindow):
    def __init__(self, parent = None):
        super(MainWindow, self).__init__(parent)
        self.setupUi(self)
```

```
        @pyqtSlot(QModelIndex)
        def on_treeWidget_doubleClicked(self, index):          #获取双击文本
            print('您点的是:',self.treeWidget.currentItem().text(0))

    if __name__ == "__main__":
        import sys
        app = QtWidgets.QApplication(sys.argv)
        ui = MainWindow()
        ui.show()
        sys.exit(app.exec_())
```

常用信号只有一个 doubleClicked,双击便可触发,常用的方法如上,currentItem().text (0)用于获取双击项目的文本内容。

8.12 菜单栏、工具栏与状态栏

本节介绍菜单栏、工具栏与状态栏的应用,效果如图 8-17 所示。

选择工具栏上的【打开】按钮会弹出打开文件的对话框,选定文件后,状态栏打印出选中的文件名,也可以按快捷键 Alt+O 弹出打开文件的对话框。

运行 Qt Designer,选择 MainWindow→【创建】,保存 untitled.ui,保存到 8.12 节的目录下面。

图 8-17 菜单栏、工具栏与状态栏

1. 菜单栏

双击菜单栏 在这里输入 按钮,输入菜单名字后按 Enter 键,选择菜单名字会弹出子菜单,双击子菜单的 在这里输入 按钮,输入菜单项目的英文 text 属性,【属性编辑器】的 text 属性可以修改成中文 text 属性。重复以上步骤,可以生成多级菜单。

右击菜单栏空白处,选择菜单中的【移除菜单栏】可以删除菜单栏,选择菜单中的【增加菜单栏】可以增加菜单栏。

2. 工具栏

右击窗体的空白处,选择菜单中的【增加工具栏】可以增加工具栏,右击工具栏空白处,选择菜单中的【移除工具栏】也可以移除工具栏。可以把菜单内的项目拖进工具栏,也可以拖回去。右击工具栏的空白处,可以增加分隔符。

工具栏内的项目无法直接选中,在【对象查看器】内选中工具栏内的项目,并在【属性编辑器】内修改。

3. 状态栏

右击窗体的空白处,选择菜单中的【增加状态栏】便可增加状态栏,选择【移除状态栏】便

可删除状态栏。

4. 快捷键

用 setShortcut()方法为项目设置快捷键更灵活,更方便,代码如下:

```
self.actionopen.setShortcut('alt + o')
```

5. 信号

菜单和工具栏内的项目触发信号是 triggered()。

新建 8.15.py 并保存到 8.12 节的目录下面,代码如下:

```
# //第 8 章/8.15.py
from PyQt5.Qt import *
from PyQt5 import QtWidgets
from untitled import Ui_MainWindow

class MainWindow(QMainWindow, Ui_MainWindow):
    def __init__(self, parent = None):
        super(MainWindow, self).__init__(parent)
        self.setupUi(self)
        self.actionopen.setShortcut('alt + o')              # 设置快捷键

    @pyqtSlot()                                             # 设置打开命令
    def on_actionopen_triggered(self):                      # 单击打开命令
        fname, _ = QFileDialog.getOpenFileName(self, 'Open file',
                    'D:/', '所有文件 ( * . * )')             # 打开文件对话框
        print(fname)
        self.statusBar.showMessage(fname, 5000)             # 状态栏显示信息 5s

if __name__ == "__main__":
    import sys
    app = QtWidgets.QApplication(sys.argv)
    ui = MainWindow()
    ui.show()
    sys.exit(app.exec_())
```

对于本章所讲解的 PyQt5 的常用控件,初学者应尽量用 Qt Designer 创建和设置,这样便可以减少写代码的工作量,也更容易上手。

第 9 章

PyQt5 的高级功能

第 8 章介绍了各种控件的简单应用,本章介绍 PyQt5 的界面布局、图像处理、信号与槽、多线程等知识。

9.1　布局管理

PyQt5 的界面布局有两种,即绝对布局和相对布局。

1. 绝对布局

绝对布局即窗体和控件的大小和位置都是固定的。PyQt5 中的坐标系统如图 9-1 所示。

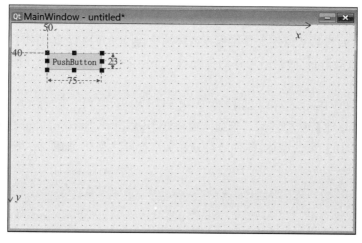

图 9-1　窗体坐标

以窗体左上角为坐标原点,向右为 x 轴正方向,向下为 y 轴正方向,控件坐标(左上角)为 $(50,40)$,控件宽度为 75,高度为 23(均以像素为单位)。可以拖动以改变控件的大小和位置,也可以在【属性编辑器】内设置,如图 9-2 所示。

还可以用代码控制,代码如下:

```
#移动到(0,0)
self.pushButton.move(0,0)
#移动并设置宽度和高度
self.pushButton.setGeometry(20,20,50,50)
```

对于控件或窗体,只要将它的最大值和最小值设置为相同,控件或窗体的大小就固定了,如图 9-3 所示。

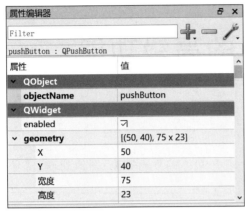

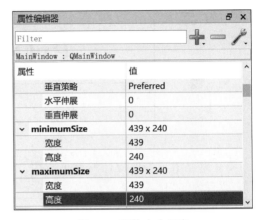

图 9-2　属性编辑器　　　　　　　　　　图 9-3　窗体大小固定

绝对布局的控件及窗体的大小和位置不会变化,如果想让控件的大小随着窗体的大小变化,就要用到相对布局。

2. 相对布局

相对布局有以下几种布局器。

1) 水平布局

水平布局(QHBoxLayout)即控件从左到右单行排列。运行 Qt Designer,选择 MainWindow→【创建】,从控件工具箱拖入窗体 3 个 🆗 Push Button,右击窗体空白处,选择【布局】→【水平布局】,拖动窗体,控件的位置和大小会随之变化,如图 9-4 所示。

2) 垂直布局

垂直布局(QVBoxLayout)即控件从上到下垂直排列。运行 Qt Designer,选择 MainWindow→【创建】,从控件工具箱拖入窗体 3 个 🆗 Push Button,右击窗体空白处,选择【布局】→【垂直布局】,拖动窗体,控件的位置和大小会随之变化,如图 9-5 所示。

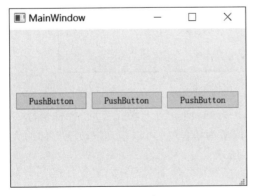

图 9-4　水平布局　　　　　　　　　　图 9-5　垂直布局

3) 网格布局

网格布局(QGridLayout),控件按行列分布。运行 Qt Designer,选择 MainWindow→

【创建】,从控件工具箱拖入窗体 9 个 Push Button,按 3 行 3 列排布,右击窗体空白处,选择【布局】→【网格布局】,拖动窗体,控件的大小会随之变化,如图 9-6 所示。

4）表单布局

运行 Qt Designer,选择 MainWindow→【创建】,从控件工具箱拖入窗体 6 个 Push Button,按 3 行 2 列排布,右击窗体空白处,选择【布局】→【在布局中布局】,拖动窗体,控件的大小会随之变化,如图 9-7 所示。

图 9-6 网格布局

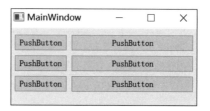

图 9-7 表单布局(QFormLayout)

5）布局的综合应用

综合应用上述各种布局,达到如图 9-8 所示的效果。

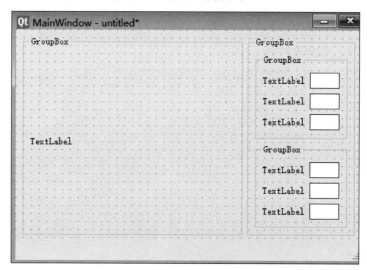

图 9-8 布局的综合应用

步骤如下:

(1) 运行 Qt Designer,选择 MainWindow→【创建】,从控件工具箱中拖入窗体 2 个 Group Box,右击窗体空白处,选择【布局】→水平布局。

(2) 右击右边的组合框,选择【布局】→【垂直布局】,把两个 Group Box 拖入右边的组合框内,分别右击右边新拖入的两个组合框,选择【布局】→【布局中布局】,从控件工具箱拖入窗体标签和单行文本框,效果如图 9-9 所示。

(3) 调整 GroupBox 之间的比例,选择【对象查看器】中的 centralwidget,找到【属性编辑器】中的 layoutStretch,将二者比例设置为 7,3,即 7∶3,如图 9-10 所示。

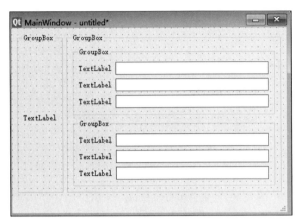

图 9-9　布置所有控件

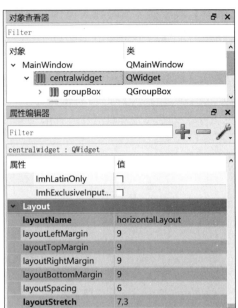

图 9-10　调整组合框间距

效果如图 9-11 所示。

图 9-11　调整比例

水平布局和垂直布局都有 layoutStretch 属性，可以设置内部控件所占的比例。

网格布局可以通过 layoutRowStretch 和 layoutColumnStretch 属性设置每行的比例和每列的比例。

无论是哪种布局器，设置哪个方向的比例，控件的大小策略不能是 Fixed。

（4）调整控件策略，控件大小策略 sizePolicy，如图 9-12 所示。

控件大小策略规定了当窗体的大小变化时，控件的大小用什么方式变化。水平策略和垂直策略都提供了如图 9-12 所示的 7 种方式。常用的有 3 种：①Fixed 让控件固定在默认值不变；②Minimum 让控件不小于默认值，即随窗体放大；③Maximun 让控件不大于默认值，即放大到默认值就不再放大，常用的 3 种组合方式如下。

sizePolicy	[Preferred, Fixed, 0, 0]
水平策略	Preferred
垂直策略	Fixed
水平伸展	Minimum
垂直伸展	Maximum
> minimumSize	Preferred
> maximumSize	MinimumExpanding
	Expanding

图 9-12　控件策略

❑ 一个方向固定，另一个方向伸展：例如默认的是垂直方向用 Fixed，水平方向用
Minimum，结果就是控件高度不变，宽度会随着窗体放大而放大。

❑ 两个方向伸展：水平方向和垂直方向都用 Minimum，结果就是在 x 和 y 方向控件
都伸展到最大空间，如图 9-13 左侧所示，4 个 PushButton 的水平方向和垂直方向都
伸展到了最大空间。

❑ 某方向按比例伸展：控件的垂直策略均用 Expanding，将控件的比例
layoutSizeConstraint 设置成 1，2，3，效果如图 9-13 右侧所示，3 个 PushButton 的垂
直方向按 1：2：3 的比例伸展到最大空间。

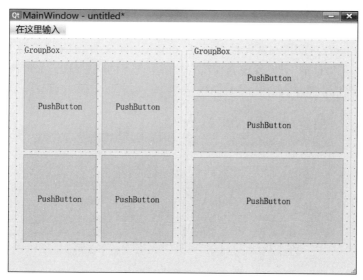

图 9-13　策略示例

（5）控件之间的间距和控件到边框的间距都可以调整。方法一是在需要加大间距的位
置，从控件工具箱插入 ▨ Horizontal Spacer 或 ▨ Vertical Spacer，属性面板可以设置弹簧
的宽度和高度。方法二是 GroupBox 的 layout 属性可以修改控件上、下、左、右的边距及控
件之间的间距。

把以上各种布局用一个 Python 程序调用展示，代码如下：

```python
#//第 9 章/9.1.py
from PyQt5.Qt import *
from PyQt5 import QtWidgets
# from untitled import Ui_MainWindow          #绝对布局
# from untitled1 import Ui_MainWindow         #水平布局
# from untitled2 import Ui_MainWindow         #垂直布局
```

```
# from untitled3 import Ui_MainWindow        # 网格布局
from untitled4 import Ui_MainWindow          # 表单布局
# from untitled5 import Ui_MainWindow        # 嵌套布局
# from untitled6 import Ui_MainWindow        # 策略演示

class MainWindow(QMainWindow, Ui_MainWindow):
    def __init__(self, parent = None):
        super(MainWindow, self).__init__(parent)
        self.setupUi(self)

if __name__ == "__main__":
    import sys
    app = QtWidgets.QApplication(sys.argv)
    ui = MainWindow()
    ui.show()
    sys.exit(app.exec_())
```

一次只导入一种布局,拖动以改变窗体大小,查看各种布局的效果。

9.2 编辑 Tab 顺序

运行 Qt Designer,打开 9.2 节目录下的 untitled. ui 文件,选择【窗体】→【预览于】→Windows,连续按下 Tab 键,可以发现光标没有按由上而下的顺序跳转,如何调整 Tab 顺序呢?

选择 ▦ 编辑 Tab 顺序,如图 9-14(a)所示。

(a) Tab顺序调整前   (b) Tab顺序调整后

图 9-14 调整 Tab 顺序

图上的数字就是按下 Tab 键后,光标的跳动顺序,调整方法是由上至下依次单击这几个数字即可,调整后的顺序如图 9-14(b)所示。

9.3 常用的图像操作类

1. 打开与保存图像(QPixmap 类)

QPixmap 类通常用于标签或按钮上显示图像,常用方法见表 9-1。

表 9-1 QPixmap 的常用方法

方　　法	描　　述	示　　例
QPixmap ()	将图像文件加载为 QPixmap 对象	tp＝QPixmap('1. bmp')
save()	将 QPixmap 对象保存为文件	tp. save('2. png')

2. 读取与写入剪贴板（QClipboard 类）

QClipboard 类用于对系统剪贴板的访问，常用方法见表 9-2。

表 9-2　QClipboard 类的常用方法

方　　法	描　　述	示　　例
clear()	清除剪贴板内容	self.jtbnr.clear()
setPixmap()	将 Pixmap 图像传入剪贴板	self.jtbnr.setPixmap(QPixmap('1.bmp'))
pixmap()	获取剪贴板的图像	self.jtbnr.pixmap()
setText()	将文本传入剪贴板	self.jtbnr.setText("中国")
text()	从剪贴板中获取文本	self.jtbnr.text()

示例代码如下：

```
#//第 9 章/9.2.py
from PyQt5.Qt import *
from PyQt5 import QtWidgets
from untitled import Ui_MainWindow

class MainWindow(QMainWindow, Ui_MainWindow):
    def __init__(self, parent = None):
        super(MainWindow, self).__init__(parent)
        self.setupUi(self)
        self.jtbnr = QApplication.clipboard()              #实例化 clipboard
    @pyqtSlot()
    def on_pushButton_clicked(self):
        self.jtbnr.setText("中国")                          #将文本传入剪贴板
        print('剪贴板文本是：', self.jtbnr.text())            #打印剪贴板内的文本
        self.lineEdit.setText(self.jtbnr.text())           #将剪贴板文本粘贴到输入框
        tp = QPixmap('1.bmp')                              #读取图像
        self.jtbnr.setPixmap(tp)                           #将图像传入剪贴板
        self.label.setPixmap(self.jtbnr.pixmap())          #将剪贴板内图像粘贴到标签
        self.jtbnr.pixmap().save('2.png')                  #保存剪贴板内图像

if __name__ == "__main__":
    import sys
    app = QtWidgets.QApplication(sys.argv)
    ui = MainWindow()
    ui.show()
    sys.exit(app.exec_())
```

3. 调整图像（QTransform 类）

调整图像用 scaled() 函数，旋转图像用 QTransform() 函数，图像自适应标签用 setScaledContents() 函数。

其中 scaled() 和 setScaledContents() 在 8.1 节已经介绍过，这里为了知识的系统性，只是简单地把代码复制过来，代码如下：

```
#//第 9 章/9.3.py
from PyQt5.Qt import *
from PyQt5 import QtWidgets
from untitled import Ui_MainWindow
```

```
class MainWindow(QMainWindow, Ui_MainWindow):
    def __init__(self, parent = None):
        super(MainWindow, self).__init__(parent)
        self.setupUi(self)

    @pyqtSlot()
    def on_pushButton_clicked(self):
        tp = QPixmap('1.bmp')                                    # 读取图像
                                                                 # 1 调图比例
        # tp = tp.scaled(self.label.width(), self.label.height())
        transform = QTransform()                                 # 2 旋转图像
        transform.rotate(90)                                     # 设置旋转角度
        tp = tp.transformed(transform)                           # 对 image 进行旋转
        self.label.setPixmap(tp)
        self.label.setScaledContents(True)                       # 3 图像自适应
        # self.label.setPixmap(QPixmap(""))                      # 4 移除图像


if __name__ == "__main__":
    import sys
    app = QtWidgets.QApplication(sys.argv)
    ui = MainWindow()
    ui.show()
    sys.exit(app.exec_())
```

PyQt5 还可以对图像进行平移、扭曲等操作。

9.4　eric6 与信号和槽

单击某按钮，然后执行某操作，这个单击动作称为信号，执行操作的函数称为槽。信号与槽可通过 connect() 函数绑定在一起，方法如下：

```
<控件>.<信号>.connect(槽函数)
```

信号既可以使用内置信号，也可以使用自定义信号；槽函数既可以使用内置的函数，也可以使用自定义函数。一个信号可以对应一个或多个槽函数，多个信号也可以对应一个槽函数。

运行 Qt Designer，选择【创建】，从【控件工具箱】拖动 1 个 ☑ Push Button 到窗体中，保存在 9.4 节的目录下面，文件名为 untitled.ui，编译为 untitled.py。右击 9.4 节目录，选择 Open Folder as PyCharm Community Edition Project，右击项目文件夹，选择【新建】→ Python 文件，保存为 9.4.py。

1. 内置信号与内置槽

内置信号与内置槽，示例代码如下：

```
# //第 9 章/9.4.py
from PyQt5.Qt import *
from PyQt5 import QtWidgets
from untitled import Ui_MainWindow


class MainWindow(QMainWindow, Ui_MainWindow):
```

```
        def __init__(self, parent = None):
            super(MainWindow, self).__init__(parent)
            self.setupUi(self)
            self.pushButton.clicked.connect(self.close)      ♯内置信号内置槽

if __name__ == "__main__":
    import sys
    app = QtWidgets.QApplication(sys.argv)
    ui = MainWindow()
    ui.show()
    sys.exit(app.exec_())
```

运行 9.4.py,单击按钮,程序随之关闭。

内置信号与内置槽最为简单,一行代码即可实现。如何查看控件都有哪些内置信号与内置槽呢? 单击工具栏的 ▣【编辑信号/槽】(或者单击【编辑(Edit)】→【编辑信号/槽】)进入信号与槽的编辑模式,在按钮上单击后拖动到窗体上面,释放左键后会弹出【配置连接】的对话框,勾选【显示从 QWidget 继承的信号和槽】,便可在左侧显示所有按钮的内置信号,在右侧显示所有窗体的内置槽函数,如图 9-15 所示。

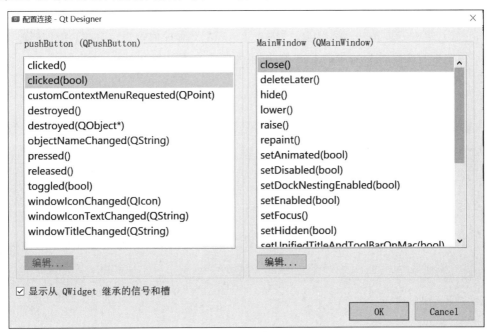

图 9-15　内置信号与槽

选择信号 clicked()和槽 close(),单击 OK 按钮,编译 UI,运行 9.4.py,单击按钮可以关闭窗体。

打开 untitled.py,能找到的相关命令如下:

```
self.pushButton.clicked['bool'].connect(MainWindow.close)
```

这条命令把 self.pushButton 发出的内置 clicked 信号绑在内置槽函数 close()上,把这行代码剪切到 9.4.py 初始化函数内,修改为

```
self.pushButton.clicked.connect(self.close)
```

运行代码,单击按钮同样可以关闭窗体。连接槽函数时,槽函数 self. close 后面不应带括号,否则会报错。

图 9-16 修改信号与槽

如何修改信号与槽的连接呢? 在 Qt Designer 主界面的右下角,在【编辑信号/槽】面板中双击修改对象,可以对【发送者】【信号】【接收者】【槽】等每项进行修改。或者直接双击连接本身,弹出如图 9-16 所示的界面后便可进行修改。

信号是发送者发出的,槽函数是作用在接收者上面的,本例中内置信号 clicked 的发送者是 pushButton,接收者是 MainWindow,内置槽函数是 close()。为了加深读者对发送者与接收者的理解,举例如下:

选择 ⊞ 进入编辑窗口部件模式,在窗体中再拖入 1 个 [ABI] Line Edit 单行文本框,选择 ⊻ 进入编辑信号与槽模式,在单行文本框上按住左键不放,拖到按钮上后释放左键,此时会弹出【配置连接】对话框,勾选【显示从 QWidget 继承的信号和槽】,选择信号 textChanged() 和槽 hide(),单击 OK 按钮,编译 UI,运行 9.4. py,在文本框内输入信息时,按钮隐藏了。

本例中单行文本框为信号的发送者,按钮为信号的接收者。

2. 内置信号与自定义槽

内置信号与自定义槽是常用的信号与槽的连接方式,代码如下:

```
♯//第 9 章/9.5.py
from PyQt5.Qt import *
from PyQt5 import QtWidgets
from untitled import Ui_MainWindow

class MainWindow(QMainWindow, Ui_MainWindow):
    def __init__(self, parent = None):
        super(MainWindow, self).__init__(parent)
        self.setupUi(self)
        self.pushButton.clicked.connect(self.guanbi)        ♯内置信号与槽连接

    def guanbi(self):                                        ♯自定义的槽函数
        self.close()

if __name__ == "__main__":
    import sys
    app = QtWidgets.QApplication(sys.argv)
    ui = MainWindow()
    ui.show()
    sys.exit(app.exec_())
```

代码中用自定义的槽函数 self. guanbi()代替了 9.4. py 文件中的内置槽函数 self. close。

3. eric6 与装饰器信号和槽

装饰器连接信号和槽,具体用法如下:

```
@pyqtSlot()
def on_pushButton_clicked(self)
    pass
```

通过装饰器，把 pushButton 发射的信号 clicked 绑定在槽函数上，前面一直用这种方法，这里不再过多讲解。作为初学者，一般通过 eric6 来获得装饰器连接信号和槽的方法，下面介绍它的使用方法。

1) 下载与安装

进入 eric 官网，单击 Files 选项卡，如图 9-17 所示。

8min

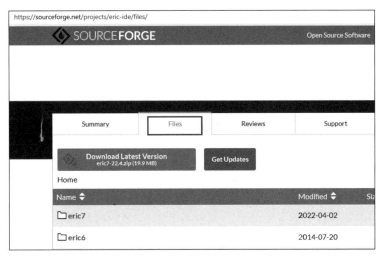

图 9-17 eric 官网

选择 eric6 后，出现的界面如图 9-18 所示。

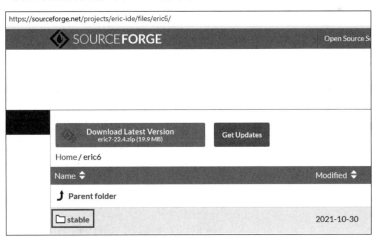

图 9-18 eric 下载目录

选择 stable 后会弹出版本选择，如图 9-19 所示。

选择 21.11，弹出的窗口如图 9-20 所示。

选择 eric6-21.11.zip 进行下载，下载完成后解压到 D 盘 eric6 目录下，如图 9-21 所示。

在命令行中输入 cmd 后按 Enter 键，运行命令 python install.py，如图 9-22 所示。

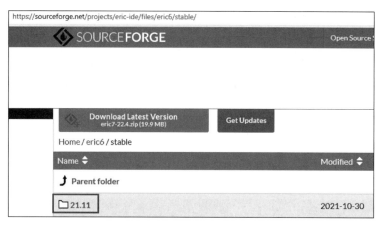

图 9-19　eric 版本选择

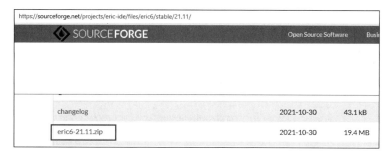

图 9-20　eric 下载

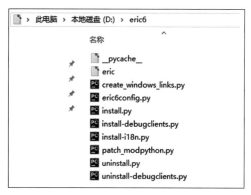

图 9-21　eric6 目录

图 9-22　安装 eric6

图 9-23　eric6 目录

安装完成后,进入 eric\eric6 目录,双击 eric6. pyw 文件,如图 9-23 所示。

稍后,双击桌面上的 🖋 eric6 快捷方式,会发现 eric6 是英文的,可以从网上下载一个汉化包(或使用软件包内的 eric6-i18n-zh_CN-17. 12. zip),尽管汉化包的最高版本是 17. 12 版的,但是仍可用于 21. 11 版本,解压到如图 9-23 所示的 eric6\eric\eric6 目录中,覆盖原文件,在该目录的 cmd 窗口运行 python install-i18n. py

命令便可完成汉化。

2）使用步骤

打开 eric6，选择【菜单栏】→【项目】→【新建】，【项目名称】可以任意填写，如“1”，然后将【项目文件夹】设置成已存的 Python 文件夹，如图 9-24 所示。

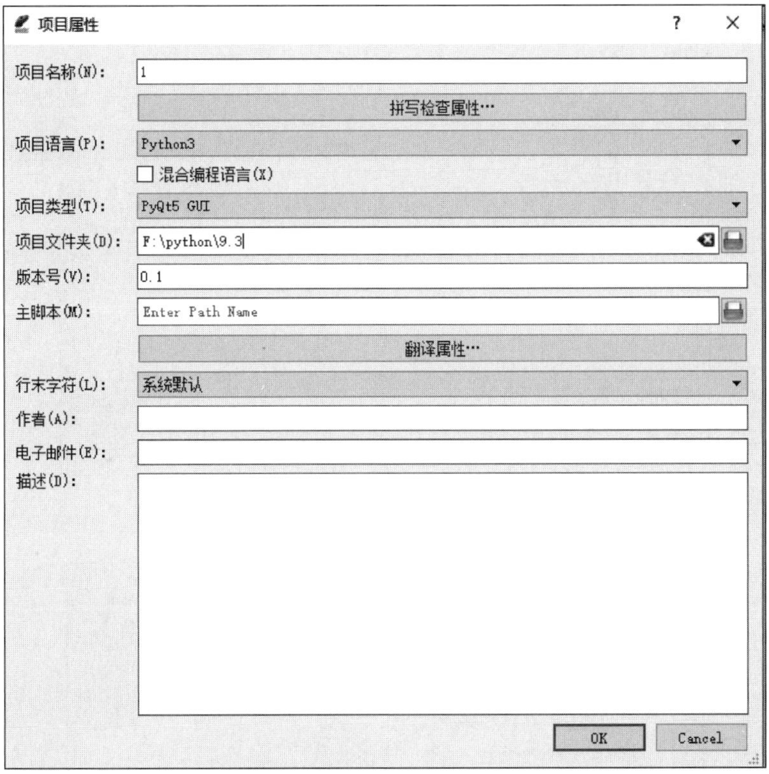

项目属性
项目名称(N):
1
拼写检查属性…
项目语言(P):
Python3
混合编程语言(X)
项目类型(T):
PyQt5 GUI
项目文件夹(D):
F:\python\9.3
版本号(V):
0.1
主脚本(M):
Enter Path Name
翻译属性…
行末字符(L):
系统默认
作者(A):
电子邮件(E):
描述(D):
OK
Cancel

图 9-24 新建 eric6 项目

单击 OK 按钮会弹出如图 9-25 所示的对话框。

单击 Yes 按钮，弹出的对话框如图 9-26 所示。

单击 OK 按钮→ Qt 选项卡，右击 UI 文件 untitled.ui，如图 9-27 所示。

选择【生成对话框代码】按钮，弹出的对话框如图 9-28 所示。

eric6 - 新建项目
是否将已有文件添加到项目中?
Yes
No

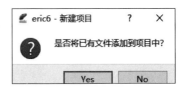

图 9-25 添加文件提示

勾选控件的相应信号，例如 pushButton_clicked()，单击 OK 按钮，打开 untitled.py，多了几行代码，代码如下：

```
@pyqtSlot()
def on_pushButton_clicked(self):
    """
    Slot documentation goes here.
    """
    # TODO: not implemented yet
    raise NotImplementedError
```

图 9-26　eric6 文件类型关联

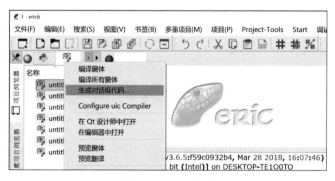

图 9-27　eric6 目录

图 9-28　eric6 窗体代码生成器

将这几行代码剪切到主程序内就可以使用了,这就是获取装饰器连接内置信号和自定义槽的方法,其他控件的装饰器信号与槽都可以用这种方法获得。

9.5 多线程

当同时执行多个任务时要用到多线程,最简单的使用多线程的方法就是用计时器模块 QTimer,可以周期性地执行任务,使用步骤如下。

(1) 初始化一个定时器:self.timer = QTimer(self)。

(2) 将定时器的信号与槽连接:self.timer.timeout.connect(self.p1)。

(3) 定义槽函数,代码如下:

```
def p1(self):
    print(1)
```

(4) 启动定时器:self.timer.start(1000)。

单位是毫秒,1000 表示每秒执行一次 self.p1()槽函数。

(5) 关闭定时器:self.timer.stop()。

如果有多个定时任务,则可重复以上步骤。为了方便控制,启动定时器和关闭定时器一般用按钮控制。

示例代码如下:

```
#//第 9 章/9.6.py
from PyQt5.Qt import *
from PyQt5 import QtWidgets
from untitled import Ui_MainWindow

class MainWindow(QMainWindow, Ui_MainWindow):
    def __init__(self, parent = None):
        super(MainWindow, self).__init__(parent)
        self.setupUi(self)
        self.timer = QTimer(self)                    #1 初始化两个定时器
        self.timer2 = QTimer(self)
        self.timer.timeout.connect(self.showTime)    #2 信号与槽连接
        self.timer2.timeout.connect(self.showTime2)

    def showTime(self):                              #3 定义槽函数
        print(1)
    def showTime2(self):
        print(2)

    @pyqtSlot()
    def on_startBtn_clicked(self):                   #4 通过按钮启动定时器
        self.timer.start(1000)                       # 设置计时间隔并启动
        self.timer2.start(3000)

    @pyqtSlot()
    def on_endBtn_clicked(self):                     #5 通过按钮关闭定时器
```

```
            self.timer.stop()
            self.timer2.stop()

if __name__ == "__main__":
    import sys
    app = QtWidgets.QApplication(sys.argv)
    ui = MainWindow()
    ui.show()
    sys.exit(app.exec_())
```

运行结果如下：

```
1
1
2
1
1
1
2
```

每过 1s 打印数字 1，每过 3s 打印数字 2，两个事件同时执行，互不影响。

9.6 鼠标事件

常用的鼠标事件见表 9-3。

表 9-3 常用的鼠标事件

方　　法	描　　述	示　　例
mouseDoubleClickEvent()	双击时	def mouseDoubleClickEvent(self,event):
mousePressEvent()	按下鼠标时	def mousePressEvent(self, event):
mouseReleaseEvent()	释放鼠标时	def mouseReleaseEvent(self, event):
mouseMoveEvent()	拖动鼠标时	def mouseMoveEvent(self, event):

示例代码如下：

```
#//第 9 章/9.7.py
from PyQt5.Qt import *
from PyQt5 import QtWidgets, QtCore
from untitled import Ui_MainWindow
class MainWindow(QMainWindow, Ui_MainWindow):
    def __init__(self, parent = None):
        super(MainWindow, self).__init__(parent)
        self.setupUi(self)

    def mouseDoubleClickEvent(self,event):              #鼠标双击事件
        if event.buttons() == QtCore.Qt.LeftButton:
            print("双击鼠标左键了")

    def mousePressEvent(self, event):                   #单击事件
        if event.buttons() == QtCore.Qt.LeftButton:     #左键按下
            print("单击鼠标左键")
```

```
                    print('控件坐标为', (event.x(), event.y()))
                    print('屏幕坐标为', (event.globalX(), event.globalX()))
              elif event.buttons() == QtCore.Qt.RightButton:          # 右键按下
                    print("单击鼠标右键")
              elif event.buttons() == QtCore.Qt.MidButton:            # 中键按下
                    print("单击鼠标中键")

          def mouseReleaseEvent(self, event):                         # 鼠标释放事件
                print("鼠标释放")
                print('控件坐标为', (event.x(), event.y()))
                print('屏幕坐标为', (event.globalX(), event.globalX()))

          def mouseMoveEvent(self, event):                            # 鼠标拖动事件
                print("鼠标拖动了")
    if __name__ == "__main__":
        import sys
        app = QtWidgets.QApplication(sys.argv)
        ui = MainWindow()
        ui.show()
        sys.exit(app.exec_())
```

注释掉函数，一次验证一个事件，运行结果如下：

```
双击鼠标左键了
单击鼠标左键
控件坐标为 (342, 307)
屏幕坐标为 (1022, 1022)
单击鼠标右键
单击鼠标中键
鼠标释放
控件坐标为 (327, 412)
屏幕坐标为 (1007, 1007)
鼠标拖动了
鼠标拖动了
```

9.7　键盘事件

常用的键盘事件见表 9-4。

表 9-4　常用的键盘事件

方　　法	描　　述	示　　例
keyPressEvent()	按下按键时	def keyPressEvent(self, event):
keyReleaseEvent()	释放按键时	def keyReleaseEvent(self, event):

示例代码如下：

```
# //第 9 章/9.8.py
from PyQt5.Qt import *
from PyQt5 import QtWidgets
from untitled import Ui_MainWindow
```

```
class MainWindow(QMainWindow, Ui_MainWindow):
    def __init__(self, parent = None):
        super(MainWindow, self).__init__(parent)
        self.setupUi(self)

    def keyPressEvent(self, e):                    # 按键事件
        print('文本', e.text())
        # print('值', e.key())
        if e.key() == Qt.Key_Escape:               # 按键 Esc 时退出
            self.close()
        if e.modifiers() == Qt.ControlModifier and e.key() == Qt.Key_A:
            print('按下了 Ctrl + A 键')             # 判断是否按下 Ctrl + A
        # def keyReleaseEvent(self,e):
        # print('释放了', e.text())
        # print('释放了', e.key())
if __name__ == "__main__":
    import sys
    app = QtWidgets.QApplication(sys.argv)
    ui = MainWindow()
    ui.show()
    sys.exit(app.exec_())
```

运行结果如下：

```
文本 a
文本 s
文本 d
文本 f
文本
文本
按下了 Ctrl + A 键
```

（1）e. key()用于返回按下键的值。

（2）e. text()用于返回按下键的 Unicode 字符编码信息，当按键为 Shift、Control 和 Alt 等时，则该函数返回的字符为空值。

（3）e. modifiers()用于判断按下了哪些修饰键（Shift、Ctrl 和 Alt 等），Qt. ControlModifier 表示按键 Ctrl，Qt. ShiftModifier 表示按键 Shift，Qt. AltModifier 表示按键 Alt。

9.8　窗口事件和操作

常用的窗口事件见表 9-5。

表 9-5　常用的窗口事件

方　法	描　述	示　例
changeEvent()	当窗口、应用程序、控件的状态发生变化时	def changeEvent(self,e):
paintEvent()	重绘时	def paintEvent(self,e):
moveEvent()	移动时	def moveEvent(self,e):
closeEvent()	关闭时	def closeEvent(self,e):
showEvent()	显示时	def showEvent(self,e):
hideEvent()	隐藏时	def hideEvent(self,e):

示例代码如下：

```
#//第 9 章/9.9.py
from PyQt5.Qt import *
from PyQt5 import QtWidgets, QtCore
from untitled import Ui_MainWindow

class MainWindow(QMainWindow, Ui_MainWindow):
    def __init__(self, parent = None):
        super(MainWindow, self).__init__(parent)
        self.setupUi(self)

    def changeEvent(self, e):                          #窗口事件
        if e.type() == QtCore.QEvent.WindowstateChange:
            if self.isMinimized():                     #最小化时
                print("窗口最小化")
            elif self.isMaximized():                   #最大化时
                print("窗口最大化")
            elif self.isFullScreen():                  #全屏时
                print("全屏显示")
    def showEvent(self, e):                            #显示时
        print("窗口显示")
    def hideEvent(self, e):                            #隐藏时
        print("窗口隐藏")
    def closeEvent(self, e):                           #关闭时
        print("窗口关闭")

if __name__ == "__main__":
    import sys
    app = QtWidgets.QApplication(sys.argv)
    ui = MainWindow()
    ui.show()
    sys.exit(app.exec_())
```

运行结果如下：

```
x = 920; y = 592
窗口显示
窗口隐藏
窗口最小化
窗口显示
窗口关闭
窗口隐藏
```

9.9　窗口常用的 22 种操作

窗口的操作除上述事件外，还有其他常用的操作，代码如下：

```
#//第 9 章/9.10.py
from PyQt5.Qt import *
from PyQt5 import QtWidgets
```

```
from untitled import Ui_MainWindow

class MainWindow(QMainWindow, Ui_MainWindow):
    def __init__(self, parent = None):
        super(MainWindow, self).__init__(parent)
        self.setupUi(self)
        # self.resize(400,400)                              #1 设置窗口大小
        # self.move(0,0)                                    #2 移动窗口位置
        # self.setWindowTitle('常用窗口设置')               #3 设置窗口标题
        # self.setWindowstate(Qt.WindowMaximized)           #4 设置窗口最大化
        # self.setWindowstate(Qt.WindowMinimized)           #5 设置窗口最小化
        # self.setWindowstate(Qt.WindowNoState)             #6 设置窗口正常
        # self.setWindowstate(Qt.WindowFullScreen)          #7 设置窗口全屏
        # self.setWindowstate(Qt.WindowActive)              #8 将窗口设置为活动窗口
        # print(self.Windowstate())                         #9 获取窗口状态


    @pyqtSlot()
    def on_pushButton_clicked(self):
        # self.close()                                      #10 关闭窗口
        # self.setWindowOpacity(0.5)                        #11 设置窗口透明度
                                                            #12 设置窗口背景图片
        self.setStyleSheet("#MainWindow{border - image:url(1.bmp);}")
        #13 设置窗口背景色
        # self.setStyleSheet("#MainWindow{background - color: gray}")
        # self.setWindowFlags(Qt.WindowstaysOnBottomHint)  #14 将窗口置于最底层
        # self.show()
        # self.setWindowFlags(Qt.WindowstaysOnTopHint)     #15 将窗口置于最顶层
        # self.show()
        self.setWindowFlags(Qt.FramelessWindowHint)        #16 窗口无边框
        self.show()
        self.setWindowFlags(Qt.WindowCloseButtonHint)      #17 添加一个关闭按钮
        self.show()
                                                            #18 添加多个按钮
        # self.setWindowFlags(Qt.WindowCloseButtonHint |
                Qt.WindowMinimizeButtonHint|Qt.WindowMaximizeButtonHint)
        # self.show()
                                                            #19 按屏幕百分比设置窗口大小
        screen = QApplication.desktop()
        self.resize(screen.width() * 0.6, screen.height() * 0.6)
                                                            #20 将窗口移动到中心
        screen = QDesktopWidget().screenGeometry()
        size = self.geometry()
        self.move((screen.width() - size.width()) / 2,
                (screen.height() - size.height()) / 2)
        self.show()                                         #21 显示窗口


if __name__ == "__main__":
    import sys
    QtCore.QCoreApplication.setAttribute(QtCore.Qt.AA_
                        EnableHighDpiScaling)               #22 屏幕自适应
    app = QtWidgets.QApplication(sys.argv)
    ui = MainWindow()
    ui.show()
    sys.exit(app.exec_())
```

在低分辨率情况下创建的 UI,在高分辨率情况下 UI 上的文字会显示不全,第 22 条代码可以解决高分辨率屏幕不匹配或自适应的问题,对应的引入库的命令如下:

```
from PyQt5 import QtCore
```

其余 21 条,读者可以逐一地去掉注释,运行代码,查看效果。

9.10 数据库 SQLite

6min

SQLite 是轻量级的数据库,主流的操作系统和编程软件支持 SQLite 数据库。

1. 安装 SQLite

进入 SQLite 的下载网页,如图 9-29 所示。

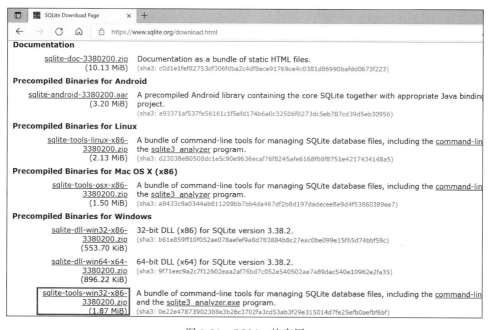

图 9-29 SQLite 的官网

选择 sqlite-tools-win32-x86-3380200.zip 进行下载(或使用软件包内的),双击下载好的压缩包,会发现里面有 3 个文件,如图 9-30 所示。

直接解压到磁盘上,笔者的解压路径如下:

```
D:\sqlite
```

把路径 D:\sqlite 按照 5.15 节的方法加入环境变量中,结果如图 9-31 所示。

打开 cmd 命令行窗口,输入 sqlite3,按 Enter 键,如果看到的信息如图 9-32 所示,就表示 SQLite 安装成功了。

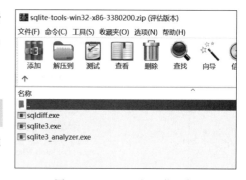

图 9-30 SQLite 的下载文件

图 9-31　编辑环境变量

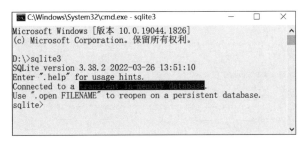

图 9-32　验证安装是否成功

2. 安装 SQLite 数据库浏览器

数据库浏览器是数据库图形化的管理工具,可以大大减少初学者编写代码的工作量。进入数据库浏览器的网站,如图 9-33 所示。

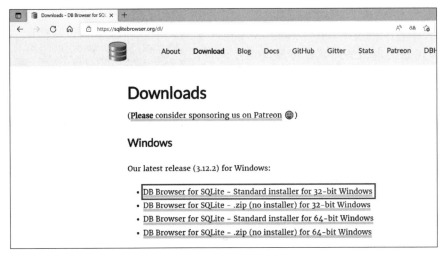

图 9-33　SQLite 下载

下载 DB Browser for SQLite- Standard installer for 32-bit Windows 版本,下载完成后如图 9-34 所示。

双击 DB. Browser. for. SQLite-3. 12. 2-win32. msi 后会弹出安全警告窗口,如图 9-35 所示。

单击【运行】按钮,弹出的界面如图 9-36 所示。

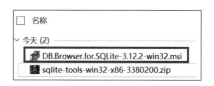

图 9-34 DB. Browser 安装文件

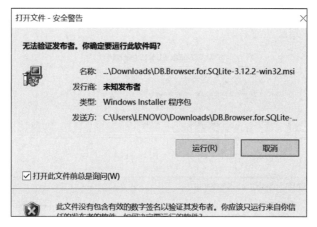

图 9-35 安全警告

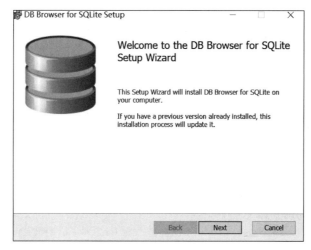

图 9-36 欢迎安装

单击 Next 按钮,弹出的对话框如图 9-37 所示。

勾选 I accept the terms in the License Agreement 后,单击 Next 按钮,弹出的对话框如图 9-38 所示。

勾选 Desktop、Program Menu 后,然后单击 Next 按钮,此时会弹出路径选择界面,如图 9-39 所示。

单击 Next 按钮,弹出的对话框如图 9-40 所示。

单击 Install 按钮,弹出提示后,单击【是】按钮开始安装,完成后,单击 Finish 按钮完成安装。

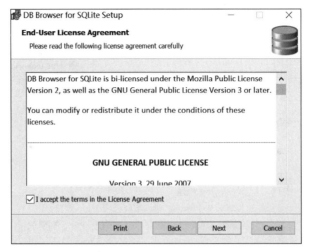

图 9-37　协议窗口

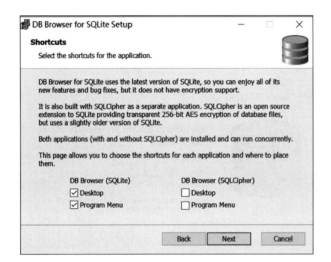

图 9-38　创建快捷方式

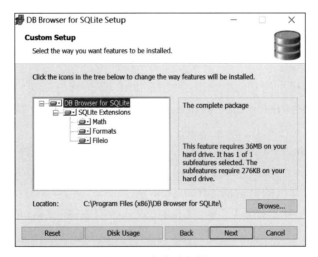

图 9-39　安装路径设置

图 9-40 安装提示

3．导入数据库

双击桌面上的 ![] DB Browser（SQLite）的快捷方式，打开数据库管理器，选择【文件】→【新建数据库】，如图 9-41 所示。

此时会出现文件名设置窗口，如图 9-42 所示。

笔者选择的是 9.10 节的文件夹，文件名是 cj，单击【保存】按钮后会弹出新建表的对话框，如图 9-43 所示。

单击 Cancel 按钮取消，在项目目录内新建一个名为 1.xlsx 的文件，内容如图 9-44 所示。

选择【文件】→【导出】，如图 9-45 所示。

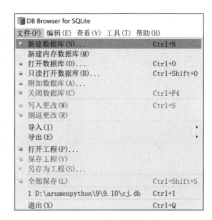

图 9-41 新建数据库

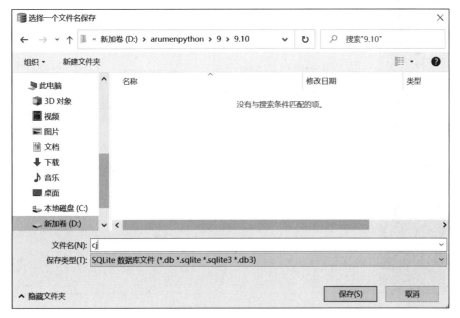

图 9-42 文件名设置

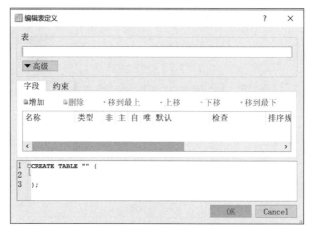

图 9-43　新建表

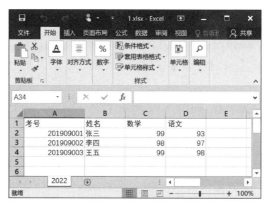

图 9-44　新建 Excel

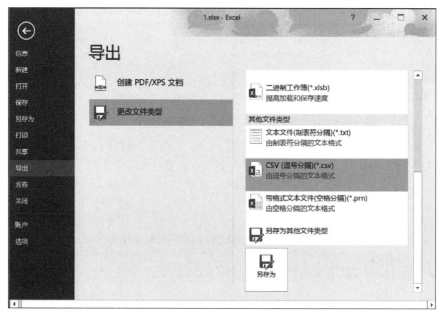

图 9-45　导出 CSV

选择【更改文件类型】→【CSV(逗号分隔)(＊.csv)】→【另存为】,保存到9.10节的目录下面,文件名字为1.csv,弹出的对话框如图9-46所示。

图9-46　保存提示

单击【是】按钮,关闭CSV文件,右击CSV文件,选择【打开方式】→【记事本】,如图9-47所示。

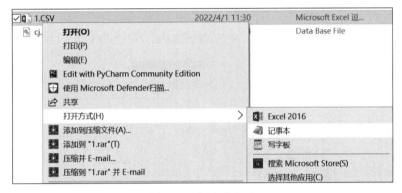

图9-47　记事本打开

选择【文件】→【另存为】,如图9-48所示。

此时会弹出另存为窗口,如图9-49所示。

文件名1.csv不变,编码选用UTF-8,单击【保存】按钮。如果1.csv文件不关闭,则这一步无法保存。

在数据库浏览器中,选择【文件】→【导入】→【从CSV文件导入表(T)】,如图9-50所示。

弹出的对话框如图9-51所示。

选择1.CSV文件后,单击【打开】按钮,如图9-52所示。

表名"1"即1.CSV的文件名,可以不改,但是一定要勾选

图9-48　另存为

【列名在首行】,单击OK按钮,关闭数据库浏览器,如图9-53所示。

单击Save按钮保存数据库,或者选择工具栏中的【保存工程】,再关闭数据库浏览器。

4. 数据查询

数据库查询的基本步骤是连接数据库→获取管理权→编写SQL语句→执行查询→关闭连接。

查询所有数据的代码如下:

```python
#//第9章/9.11.py
import sqlite3
conn = sqlite3.connect('cj.db')                    #1 连接数据库 cj.db
```

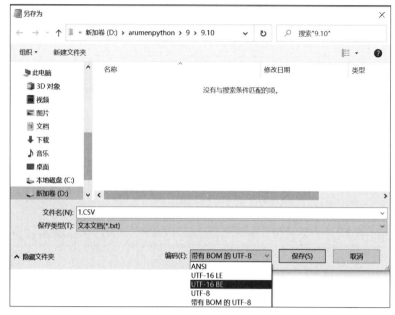

图 9-49　选择编码

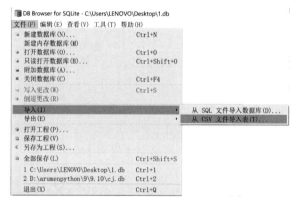

图 9-50　导入 CSV

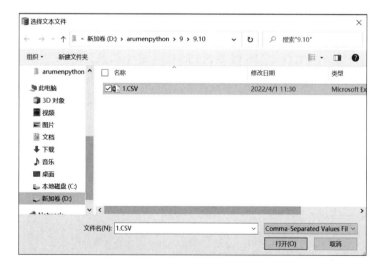

图 9-51　选择导入文件

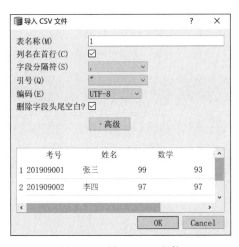

图 9-52 导入 CSV 文件

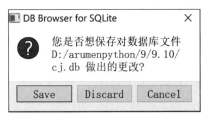

图 9-53 保存数据库

```
cur = conn.cursor()              # 2 获取管理权
sql = 'select * from "1"'        # 3 编写查询语句
cur.execute(sql)                 # 4 执行 SQL
conn.close                       # 5 关闭连接
print(cur.fetchall())            # 6 打印取出的数据
```

运行结果如下：

```
[(201909001, '张三', 99, 93), (201909002, '李四', 98, 97), (201909003, '王五', 99, 98)]
```

查询结果返回的是列表。

查询语句的格式为 select [列名] from [表名]，多个列名用逗号分隔，当列名和表名为汉字或字母时不用引号，当列名和表名为数字时需要用引号。

如果只查询某些字段(列)，则可用列名代替"＊"号，修改后的查询语句如下：

```
sql = 'select 考号,姓名 from "1"'
```

运行结果如下：

```
[(201909001, '张三'), (201909002, '李四'), (201909003, '王五')]
```

结果中只有"考号""姓名"这两列数据。

5. 数据筛选

例如，需要筛选出"张三"这一行数据，怎么办呢？查询语句修改如下：

```
sql = 'select 考号,姓名 from "1" where 姓名 = "张三"'
```

运行结果如下：

```
[(201909001, '张三', 99, 93)]
```

多个筛选条件用 and 连接，示例代码如下：

```
sql = 'select 考号,姓名 from "1" where  姓名 = "张三" and 数学 <= 100'
```

运行结果如下：

```
[(201909001, '张三')]
```

除了可以用"＝""＜＝""＜""＞＝""＞"等方法外，还可以用 IN 的方法筛选，示例代码如下：

```
sql = 'select * from "1" where  数学 IN (97,99 )'
```

运行结果如下：

```
[(201909001, '张三', 99, 93), (201909003, '王五', 99, 98)]
```

还可以用 like 方法进行模糊筛选，示例代码如下：

```
sql = 'select * from "1" where  姓名 like "张%" '
```

运行结果如下：

```
[(201909001, '张三', 99, 93)]
```

'where 姓名 like "张%" '的意思是筛选"姓名"这一列以"张"开头的所有行。

6. 数据排序

order by 方法用于升序排列，其后面跟字段名(列名)，示例代码如下：

```
sql = 'select * from "1" order by 数学'
```

运行结果如下：

```
[(201909002, '李四', 98, 97), (201909001, '张三', 99, 93), (201909003, '王五', 99, 98)]
```

"order by 列名 desc"用于降序排列，示例代码如下：

```
sql = 'select * from "1" order by 数学 desc'
```

运行结果如下：

```
[(201909001, '张三', 99, 93), (201909003, '王五', 99, 98), (201909002, '李四', 98, 97)]
```

多列排序，排序列名用空格分隔，示例代码如下：

```
sql = 'select * from "1" order by 数学 desc 考号'
```

运行结果如下：

```
[(201909001, '张三', 99, 93), (201909003, '王五', 99, 98), (201909002, '李四', 98, 97)]
```

"order by 数学 desc 考号"意思是"数学"列降序排列，"考号"列升序排列。

7. 数据修改

数据库的查询、排序、筛选等步骤是一样的,共用了一个操作模板9.12.py,数据库的修改、删除、插入、创建新表等操作比查询多了几个步骤,需要使用新的模板,以数据修改为例,示例代码如下:

```
#//第9章/9.12.py
import sqlite3
conn = sqlite3.connect('cj.db')              #1 连接数据库
cur = conn.cursor()                          #2 获取管理权
                                             #3 编写语句
sql = 'update "1" set 数学 = ?, 语文 = ? where 考号 = 201909001'
data = (96, 96,)                             #数据
cur.execute(sql,data)                        #4 执行SQL
conn.commit()                                #结束修改
conn.close                                   #5 关闭连接
```

可以看出,修改的SQL语句格式为'update 表名 set 列名＝? where 索引＝索引值',SQL语句后面多了一个“data＝(96,96,)”,执行SQL语句后面多了一个结束修改语句conn.commit(),其他步骤与查询语句相同。运行9.12.py后的结果如下:

```
[(201909001, '张三', 96, 96), (201909002, '李四', 98, 97), (201909003, '王五', 99, 98)]
```

数据修改成功。

8. 插入数据

将9.12.py内的查询语句和数据修改为

```
sql = 'insert into "1" (考号,姓名,数学,语文) values(?,?,?,?)'
data = ('201909004',"李四",90,90)
```

运行9.13.py,查询结果如下:

```
[(201909001, '张三', 96, 96), (201909002, '李四', 98, 97), (201909003, '王五', 99, 98),
(201909004, '李四', 90, 90)]
```

插入数据成功。

9. 删除数据

将9.12.py内的查询语句和数据修改为

```
sql = 'delete from "1" where 考号 = ?'
考号 = (201901004,)
cur.execute(sql,考号)
```

运行9.12.py,查询结果如下:

```
[(201909001, '张三', 96, 96), (201909002, '李四', 98, 97), (201909003, '王五', 99, 98)]
```

删除成功。

第 10 章

PyQt5 实例

本章通过一些实例,从易到难地讲解 PyQt5 开发图形界面的综合应用。第 6 章所有的案例都可以图形化。

10.1 时钟

4min

1. 需求

办公室的同事让笔者写一个超大显示的钟表程序,这样他在办公室走动时,瞄一眼就知道时间了,效果如图 10-1 所示。

07 : 18 : 21

图 10-1 时钟

2. 思路

定时器定时刷新标签内的时间。

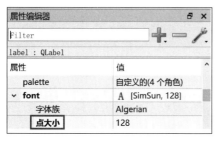

图 10-2 字体大小

3. 程序界面制作

启动 Designer,选择 MainWindow→【创建】,从控件工具箱拖入窗体 1 个 Label,选择【属性编辑器】→font→将【点大小】设置为 128,如图 10-2 所示。

右击标签,选择【改变样式表】→【添加颜色】→color→选中红色,单击 OK 按钮,双击标签,删除标签上显示的文本 TextLabel,右击窗体空白处,弹出菜单,选择【布局】→【垂直布局】,保存为 untitled.ui 并保存到 10.1 节的目录下面,编译为 untitled.py。

4. 代码实现

右击文件夹 10.1,选择 Open Folder as PyCharm as Community Edition Project,右击项目文件夹 10.1,选择【新建】→Python 文件,文件名为 10.1.py,代码如下:

```python
#//第 10 章/10.1.py
from PyQt5.Qt import *
from PyQt5 import QtWidgets
from untitled import Ui_MainWindow


class MainWindow(QMainWindow, Ui_MainWindow):
```

```
    def __init__(self, parent = None):
        super(MainWindow, self).__init__(parent)
        self.setupUi(self)
        #self.setWindowOpacity(0.5)                    #设置窗口透明度
        self.timer = QTimer(self)                      #1 初始化定时器
        self.timer.timeout.connect(self.showTime)      #2 信号与槽连接
        self.timer.start(1000)                         #3 启动

    def showTime(self):                                #4 定义槽函数
        #获取小时并将长度格式化为2位,左对齐,如果不足,则补0
        timeh = '{0:0>2}'.format(str(QTime.currentTime().hour()))
        #获取分钟并将长度格式化为2位,左对齐,如果不足,则补0
        timem = '{0:0>2}'.format(str(QTime.currentTime().minute()))
        #获取秒并将长度格式化为2位,左对齐,如果不足,则补0
        times = '{0:0>2}'.format(str(QTime.currentTime().second()))
        #标签显示时间
        self.label.setText(timeh + ':' + timem + ':' + times)

if __name__ == "__main__":
    import sys
    app = QtWidgets.QApplication(sys.argv)
    ui = MainWindow()
    ui.show()
    sys.exit(app.exec_())
```

5. 代码说明

获取时间可以用time库获取,也可以采用PyQt5自带的QTime获取。

10.2 事件提醒

1. 需求

在程序10.1.py的基础上,再加上简单的定时提醒功能,如图10-3所示,图10-3(a)为正常显示的时间,图10-3(b)为定时提醒内容,到指定时间后,显示提醒内容,如果单击【开始】按钮,则继续显示时间。

(a)时间显示

(b)提醒内容

图10-3 事件提醒

2. 思路

在10.1.py的界面加上单行文本框,再加个按钮来提取时间和提醒的内容,同时开启计时器就行了。

3. 程序界面制作

复制 10.1 节的文件夹，粘贴，重新命名为 10.2，启动 Designer，打开 10.2 目录下的 untitled. ui 文件，标签下面拖入 1 个 ▢ Group Box，Group Box 内拖入 1 个 ᴼᴷ Push Button，再拖入 1 个 ᴿᴮᴵ Line Edit，在【对象查看器】内右击 Group Box，选择【布局】→【水平布局】，结果如图 10-4 所示。

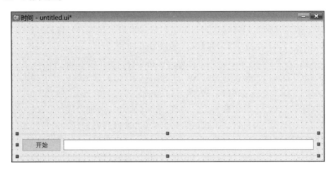

图 10-4　UI 设计

4. 代码实现

代码如下：

```python
#//第 10 章/10.2.py
from PyQt5.Qt import *
from PyQt5 import QtWidgets
from untitled import Ui_MainWindow
class MainWindow(QMainWindow, Ui_MainWindow):
    def __init__(self, parent = None):
        super(MainWindow, self).__init__(parent)
        self.setupUi(self)
        self.timer = QTimer(self)                        #1 初始化两个定时器
        self.timer2 = QTimer(self)
        self.timer.timeout.connect(self.showTime)        #2 信号与槽连接
        self.timer2.timeout.connect(self.showTime2)
        self.timer.start(1000)                           #启动定时器 1

    def showTime(self):                                  #4 定义槽函数 1
                                                         #获取小时
        self.timeh = '{0:0>2}'.format(str(QTime.currentTime().hour()))
                                                         #获取分钟
        self.timem = '{0:0>2}'.format(str(QTime.currentTime().minute()))
                                                         #获取秒
        self.times = '{0:0>2}'.format(str(QTime.currentTime().second()))
                                                         #标签显示时间
        self.label.setText(self.timeh + ":" + self.timem + ':' + self.times )

    def showTime2(self):                                 #4 定义槽函数 2
                                                         #获取小时
        self.timeh = '{0:0>2}'.format(str(QTime.currentTime().hour()))
                                                         #获取分钟
        self.timem = '{0:0>2}'.format(str(QTime.currentTime().minute()))
                                                         #获取秒
```

```
            self.times = '{0:0>2}'.format(str(QTime.currentTime().second()))
            if self.t1 == self.timeh + self.timem:          #到提醒时间
                self.timer.stop()                           #停止计时器1
                self.label.setText(self.t2)                 #显示提醒内容


        @pyqtSlot()
        def on_pushButton_clicked(self):                    #开始按钮
            self.timer.start(1000)                          #启动两个计时器
            self.timer2.start(1000)
            self.t1,self.t2 = self.lineEdit.text().split()  #获取时间和提醒内容

if __name__ == "__main__":
    import sys
    app = QtWidgets.QApplication(sys.argv)
    ui = MainWindow()
    ui.show()
    sys.exit(app.exec_())
```

5. 代码分析

self.t1,self.t2＝self.lineEdit.text().split()用于读取单行文本框的文本,用split()函数分割成列表并赋值给变量self.t1和self.t2。单行文本框输入文本的格式为<提醒时间><提醒内容>,用空格隔开两项内容。例如"0935 9班上课",表示9:35提醒去9班上课。

本案例开了两个线程,self.timer是用来定时刷新时间的,self.timer2是用来定时检测是否到指定时间的,若到了指定时间,则停止self.timer,由self.timer2把提醒内容显示在标签上。

虽然多个线程可以同时工作,但是在同一时间,标签只能显示一部分内容,所以停了一个线程self.timer,只让self.timer2工作。

10.3　频率记忆

1. 需求

有学生反映Python命令记不住,让笔者写一个帮助记忆的程序,可以拖动窗口的大小,可以设置播放知识的速度,单击【开始】按钮,便开始自动播放知识点,单击【速度】按钮,便可切换播放速度,如图10-5所示。

图 10-5　频率学习

2. 思路

在程序 10.2.py 的基础上,把文本框换成调整速度的按钮,以列表的形式读取文本内容,然后逐个显示在标签上就可以了。

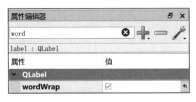

图 10-6 label 属性修改

3. 程序界面的制作

复制 10.2 节的文件夹,粘贴后重新命名为 10.3,启动 Designer,打开 10.3\untitled.ui,删除文本框,再拖入 1 个 🆗 Push Button,参考 10.2 节的相关方法,将标签的字体大小修改为 56,将字体颜色修改为绿色,勾选标签的 wordWrap 属性,允许自动换行,如图 10-6 所示。

4. 代码实现

代码如下:

```
#//第 10 章/10.3.py
"""
按顺序显示 key2.txt 每行的内容
1.先设置播放速度
2.再单击【开始】按钮
"""
import time
from PyQt5.Qt import *
from PyQt5 import QtWidgets
from untitled import Ui_MainWindow

class MainWindow(QMainWindow, Ui_MainWindow):
    def __init__(self, parent = None):
        super(MainWindow, self).__init__(parent)
        self.setupUi(self)
        self.pl = 2                              #显示 2s
        self.label.setText('先设置速度,再单击开始')

    @pyqtSlot()
    def on_pushButton_clicked(self):             #开始按钮
        with open('key2.txt', mode = 'r', encoding = 'UTF - 8') as f:
            fkeylist = f.readlines()             #读取文件形成列表
            for i in range(len(fkeylist)):       #遍历列表
                a,b = fkeylist[i].split()        #分割成两个元素
                self.label.setText(a)            #显示问题 a
                self.label.repaint()             #刷新标签
                time.sleep(self.pl)              #程序暂停
                self.label.setText(b)            #显示答案 b
                self.label.repaint()             #刷新标签
                time.sleep(self.pl)              #程序暂停
    @pyqtSlot()
    def on_pushButton_2_clicked(self):           #速度按钮
        self.pl = self.pl + 1                    #设定速度
        if self.pl == 4:
            self.pl = 1
        self.pushButton_2.setText('速度(1 个/{}秒)'.format(self.pl))
if __name__ == "__main__":
```

```
import sys
app = QtWidgets.QApplication(sys.argv)
ui = MainWindow()
ui.show()
sys.exit(app.exec_())
```

5. 代码分析

当通过按钮改变标签和显示文本时,执行完按钮触发的所有命令才会更新标签内容,self.label.repaint()用于立即刷新标签的显示文本。

文件夹内的 key2.txt 文件用于保存笔者整理的 Python 常用命令的知识点,文本格式的特点是每行前面是问题,后面是答案,中间用空格隔开,读者可以自行加上语音播报功能,以便实现语音复习的效果,答案也可以设置成图像地址,图像显示在标签上,还可以换上其他的复习内容。

soft 文件夹内的 lhyz.apk 安装包是笔者制作的 Python 知识复习的安卓版本,供读者在手机上使用。

10.4　批改Ⅱ卷程序

3min

1. 需求

对电子试卷打分,同时将成绩记录到 Excel 文件。

2. 思路

用列表视图显示试卷名称列表,用标签显示试卷,单击打分位置或者通过键盘输入分数,将相应分数打印到试卷上,并将成绩记录到 Excel 文件。

3. 创建图形界面

打开 Designer,选择 MainWindow→【创建】,从控件工具箱拖入窗体 1 个 ▦ List Widget→1 个 ✏ Label,在【对象查看器】内右击 MainWindow,选择【布局】→【水平布局】,选择 centralwidget,在【属性编辑器】内将 layoutStretch 比例设置为 1,10,菜单新建条目 "1""2"和"3",在【对象查看器】内选中这 3 个条目,在【属性编辑器】内将 text 属性分别改名为 "1 分""2 分""重置"。右击窗体,选择添加工具栏,把 3 个条目拖到工具栏,如图 10-7 所示,保存到 10.4 节的目录下,文件名默认为 untitled.ui 并编译为 untitled.py。

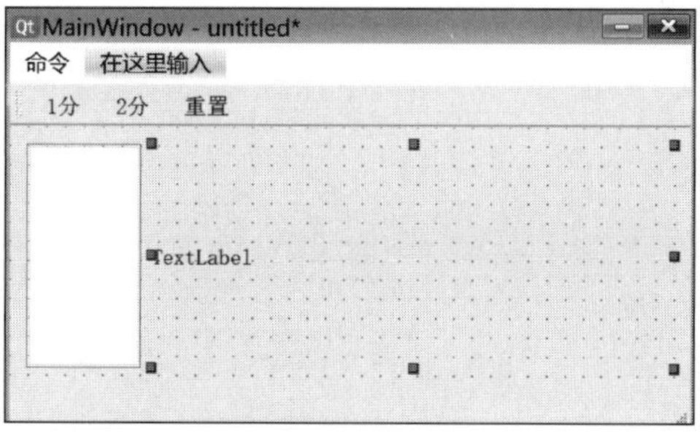

图 10-7　创建 UI

4. 编写代码

1) 创建主程序及初始化

在 PyCharm 中右击本节项目,新建 10.4.py。

初始化函数,代码如下:

```
#//第 10 章/10.4.py
screen = QDesktopWidget().screenGeometry()           #获取屏幕尺寸
self.move(0, 0)                                       #移动窗体
self.resize(screen.width(), screen.height() - 105)   #窗体大小
self.namelist2 = []                                   #列表视图项目
self.j = 0                                            #Excel 表格列索引
                                                      #Excel 文件选择
self.WJname = QFileDialog.getOpenFileName(self, '选择 Excel 文件', "./")[0]
self.openwenjianjia()                                 #文件夹选择
self.listWidget.itemClicked.connect(self.check)       #信号连接槽函数
self.Tcolor = ("red")                                 #默认字体颜色为红色
self.fontsize = 50                                    #默认字体大小
                                                      #设置字体
self.Tfont = ImageFont.truetype('simhei.ttf', self.fontsize)
```

2) 创建打开文件夹函数

打开文件夹,代码如下:

```
#//第 10 章/10.4.py
def openwenjianjia(self):                             #打开文件夹按钮
    self.fname = QFileDialog.getExistingDirectory(self,'选择学生试卷文件夹',
    './')                                             #获取文件夹地址
    imagePath = Path(self.fname)                      #设置为路径对象
    self.namelist = []                                #文件名列表
    imageWithLogoFolder = imagePath.joinpath('bak')   #bak 目录路径
    imageWithLogoFolder.mkdir(777, exist_ok = True, ) #新建 bak 目录
    for filename in [x for x in imagePath.iterdir()]: #形成文件名列表
        fname0 = filename.name                        #取出文件名
        if not ((fname0.endswith('.jpg')) or (fname0.endswith('.JPG')) \
        or (fname0.endswith('.jpeg')) or (fname0.endswith('.png')) \
        or (fname0.endswith('.bmp'))):                #跳过非图像文件
            continue
        listname1 = fname0.split(".")                 #取出文件名
        self.filename2 = listname1[0][0:2]
        self.namelist.append(self.filename2)          #加入名字列表
        my_file = imagePath.joinpath('bak').joinpath(self.filename2\
                                    + '.jpg')         #建立文件路径
        if not my_file.is_file():                     #如果文件不存在
            dollIm = Image.open(filename)             #打开、保存
            dollIm.save(str(imagePath.joinpath('bak').\
                            joinpath(self.filename2 + '.jpg')))
        self.listWidget.addItem(self.filename2)       #将文件名加入列表视图
    strname = self.fname +"/" + self.namelist[0] + '.jpg'
    self.activename = strname                         #设置为当前工作试卷
```

3) 创建单击列表功能

当单击列表中试卷的文件名时,自动切换相应的试卷,代码如下:

```
#//第 10 章/10.4.py
    def check(self,lindex):                           #单击表单
        global namelist
        global i
```

```
global imagePath
global fname
global filename2
filename2 = lindex.text()                                    #单击条目的文本
i = (namelist.index(filename2))                              #单击条目的文件名
global img
global activename
activename = fname + '/' + filename2 + '.jpg'
img = QImage(activename)                                      #打开试卷
result = img.scaled(self.label.width(), self.label.height(),
            Qt.KeepAspectRatio, Qt.SmoothTransformation)     #设置比例
self.label.setPixmap(QPixmap.fromImage(result))              #加载图像
self.label.setAlignment(Qt.AlignLeft | Qt.AlignTop)          #左上显示
global j
j = 0
```

需要导入库,代码如下:

```
from pathlib import Path
from pynput import mouse
import openpyxl
from PIL import Image, ImageDraw, ImageFont
```

运行代码,选择 Excel 文件 moban.xlsx,选择试卷所在目录 bak,单击列表中的任意一张试卷的文件名,在标签中会自动切换成相应的试卷,如图 10-8 所示。

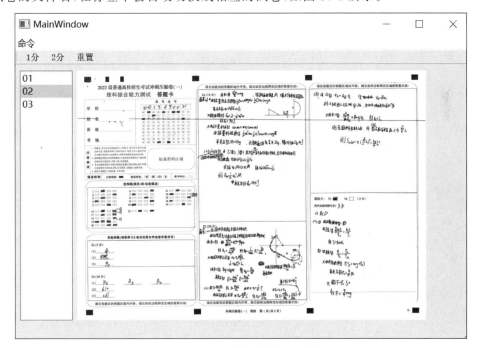

图 10-8　测试单击菜单项目功能

4) 创建单击打印分数与重置试卷功能

打印分数与重置试卷,代码如下:

```
# //第 10 章/10.4.py
    @pyqtSlot()
    def on_action1_triggered(self):                          # 单击"1 分"
        self.actname = self.action1.text()                   # 获取"1 分"这个文本
        self.clickxiezi()                                    # 调用写字函数

    @pyqtSlot()
    def on_action2_triggered(self):                          # 单击"2 分"时
        self.actname = self.action2.text()                   # 获取文本"2 分"
        self.clickxiezi()                                    # 调用写字函数

    @pyqtSlot()
    def on_action3_triggered(self):                          # 单击重置命令时
        dollIm = Image.open(imagePath.joinpath('bak').joinpath(\
                self.activename.split('/')[ -1]))            # 打开备份试卷
        dollIm.save(self.activename)                         # 覆盖保存当前试卷
        img = QImage(self.activename)                        # 重新打开
        result = img.scaled(self.label.width(), self.label.height(),\
            Qt.KeepAspectRatio, Qt.SmoothTransformation)     # 设置比例
        self.label.setPixmap(QPixmap.fromImage(result))      # 重新加载到标签中
        self.label.setAlignment(Qt.AlignTop)                 # 设置上部对齐方式
        self.j = 0                                           # Excel 列索引为 0
```

5）写字和保存功能

把成绩保存到 Excel 中，代码如下：

```
# //第 10 章/10.4.py
def clickxiezi(self):                                        # 保存成绩功能
    def on_click(x, y, button, pressed):                     # 监听鼠标事件
        if pressed:                                          # 如果按下左键
            x, y = pyautogui.position()                      # 获取光标所在坐标
            listener.stop()                                  # 停止监听
            self.xiezi(x, y, self.actname)                   # 调用写字函数
                                                             # 打开 Excel
            wb = openpyxl.load_workbook(imagePath.joinpath(self.WJname))
            ws = wb['erjuan']                                # 打开Ⅱ卷工作表
            rows = ws.max_row                                # 获取最大行数
            for i in range(2, rows + 1):                     # 从第 2 行到最后一行
                xsname = ws.cell(row = i, column = 1).value  # 获取列文件名
                if xsname == None:
                    continue
                else:
                    xsname = xsname[0:2]                      # 获取文件名
                if xsname == self.filename2:                 # 当名字相同时
                    if self.actname[ -1] == '分' and \
                            len(self.actname) <= 3:
                        ws.cell(row = i, column = self.j + 2).value = \
                        self.actname.replace('分','')          # 保存分数
                        wb.save(imagePath.joinpath(self.WJname))
                        self.j = self.j + 1                   # 列索引号加 1
                    else:                                     # 将成绩写在第 9 列
                        ws.cell(row = i, column = 9).value = self.actname
```

```
                            wb. save(imagePath. joinpath(self. WJname))
                        break
    try:
        with mouse. Listener(on_click = on_click) as listener:
            listener. join()
    except KeyboardInterrupt:
        listener. stop()
```

在试卷上打印出分数,代码如下:

```
#//第 10 章/10.4.py
def xiezi(self, x, y, text):                                   #写字
    dollIm = Image. open(self. activename)                     #打开当前试卷的图像
    draw = ImageDraw. Draw(dollIm)                             #加字模块
    biliu = max(dollIm. size[1]/1200, dollIm. size[0]/1800)    #计算图像比值
    x, y = int((x - 181) * biliu), int((y - 147) * biliu)      #计算图像中的位置
    #print(x, y)                                               #打印分数
    draw. text((x, y), text, fill = self. Tcolor, font = self. Tfont)
    dollIm. save(self. activename)                             #保存文件
    img = QImage(self. activename)                             #打开保存的文件
    result = img. scaled(self. label. width(), self. label. height(), \
            Qt. KeepAspectRatio, Qt. SmoothTransformation)     #调整比例
    self. label. setPixmap(QPixmap. fromImage(result))         #加载图像
    self. label. setAlignment(Qt. AlignTop)                    #设置图像居上显示
```

运行代码,选择 Excel 文件 moban. xlsx,选择目录 ls,选择菜单中的试卷文件名→工具栏的分数→打分位置,将分数打印在相应位置并记录在 Excel 文件中,如图 10-9 所示。

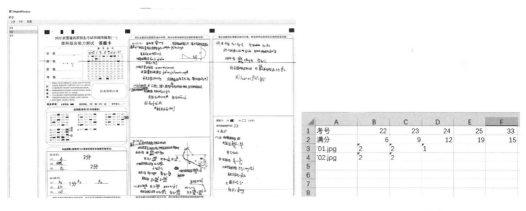

(a) 试卷上打分   (b) Excel打分

图 10-9　写字打分功能测试

5. 键盘输入成绩

上述方案的优点是指哪打哪,缺点是打分速度太慢。为了提高打分速度,下面加上键盘输入成绩的功能。

1) UI 布局修改

在 UI 上增加一个给试卷打分数的控件组 groupBox,将 text 属性修改为"打分栏"。在控件组内部增加两个 Push Button,将 text 属性修改为"打开 Excel""打开文件夹"。1 个

标签用于显示当前试题的满分值。1个单行文本框用于输入成绩。在【对象查看器】内选择 centralwidget，在【属性编辑器】内将 layoutStretch 比例设置为 1,10,2，如图 10-10 所示。

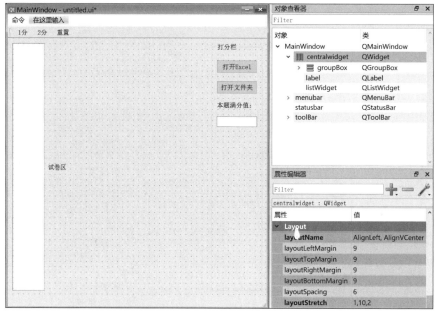

图 10-10　修改 UI

将 UI 文件另存为 untitled. ui，编译后的文件名为 untitled. py。

2）增加打开 Excel 文件函数

打开 Excel 文件时，读取每题满分值列表、题号列表、自动打分区域列表，代码如下：

```
#//第 10 章/10.41.py
def openexcel(self):                                          #打开
    self.WJname = QFileDialog.getOpenFileName(self, '选择 Excel 文件', \
                                      "./","Excel ( * .xlsx)")[0]
    wb = openpyxl.load_workbook(imagePath.joinpath(self.WJname))
    ws = wb['quyufs']
    ws2 = wb['erjuan']
    for i in range(1, ws.max_column + 1):
        self.quyufs.append(ws.cell(row = 1, column = i).value)    #题号列表
        self.quyufs.append(ws.cell(row = 2, column = i).value)    #区域列表
        self.bzdaan.append(ws2.cell(row = 2, column = i + 1).value)  #每题分
        self.tihao.append(ws2.cell(row = 1, column = i + 1).value)   #题号
    print(self.quyufs)
    print(self.bzdaan)
```

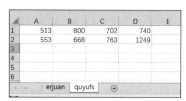

图 10-11　Excel 模板修改

3）Excel 模板修改

因为要设置打分位置，所以模板增加了一个工作表 quyufs，用于保存打分坐标，第 1 行为打分位置的 x 坐标，第 2 行为打分位置的 y 坐标，如图 10-11 所示。

4）增加自动换试卷功能

每份试卷打完分数，要自动切换试卷，新增函数的代

码如下：

```
#//第10章/10.41.py
def Xyg(self):                                          #下一张试卷按钮
    self.j = 0                                          #Excel列索引为0
    self.i = self.i + 1                                 #列表中名字索引+1
    if self.i >= len(self.namelist):                    #将计数器重设为0
        self.i = 0
                                                        #获取文件名
    self.strname = self.fname + "/" + self.namelist[self.i] + ".jpg"
    self.filename2 = self.namelist[self.i]              #名字列表
    self.activename = self.strname                      #设置为当前文件
    self.img = QImage(self.strname)                     #打开图像
    result = self.img.scaled(self.label.width(),self.label.height(),\
            Qt.KeepAspectRatio,Qt.SmoothTransformation) #设置比例
    self.label.setPixmap(QPixmap.fromImage(result))     #加载图像
    self.label.setAlignment(Qt.AlignTop)                #标签图像靠上
```

5）文本框输入完成触发函数

文本框输入完成，按 Enter 键时触发函数，代码如下：

```
#//第10章/10.41.py
@pyqtSlot()
def on_lineEdit_editingFinished(self):                  #输入完成时
    self.text = self.lineEdit.text()                    #取出输入文本
    self.label_2.setText('第' + str(self.tihao[self.j]) + '题总分:'\
                + str(self.bzdaan[self.j]))             #标签显示满分值
    if self.text != '' and int(self.text)<= int(self.bzdaan[self.j]) \
            and self.text.isdigit():                    #如果输入有效
        self.xiezi2sj(self.quyufs[self.qy], self.quyufs[self.qy+1],\
                        self.text)                      #打印分数
        self.xieexcel()                                 #成绩写入Excel函数
        self.lineEdit.clear()                           #清除文本框
        self.lineEdit.setFocus()                        #设置为焦点
        self.qy = self.qy + 2                           #区域列表读数+2
        if self.qy == len(self.quyufs):                 #完成一张试卷
            self.qy = 0                                 #区域列表计数为0
            self.Xyg()                                  #打开下一张试卷
            self.lineEdit.setFocus()                    #将文本输入框设为焦点
```

代码说明：

if self.text != '' and int(self.text)<=int(self.bzdaan[self.j]) and self.text.isdigit()用于对输入的内容进行判断，防止输入分值大于满分值、防止误按 Enter 键输入空值、非数字等。

self.lineEdit.setFocus()让文本框一直处于焦点状态，可以连续输入分数。

6. 打包

在主程序所在目录的命令行中输入 cmd，然后按 Enter 键，如图 10-12 所示。

输入打包命令如下：

```
pyinstaller 10.41.py
```

按 Enter 键开始打包，建议打包成文件夹，这样运行速度快，也更容易打包成功。

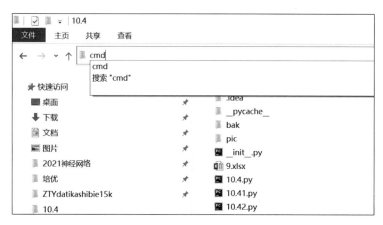

图 10-12 打包

为了突出思路,10.41.py 没有太多的容错功能,而在 10.42.py 文件中笔者加上了许多容错功能,更好用一点。

10.5 学生成绩管理数据库

1. 开发环境

（1）操作系统：Windows 10。

（2）Python 版本：3.6.5。

（3）数据库：sqlite3。

（4）数据库可视化管理软件：DB Browser（SQLite）。

（5）开发工具：PyCharm。

其中(3)和(4)的安装和使用可参见 9.10 节。

2. 业务介绍

程序效果如图 10-13 所示,主要功能如下：

（1）查询指定学届、姓名、考试时间、科目等信息。

（2）筛选各科前多少名的成绩。

（3）模糊查找学生姓名。

（4）清除查询内容。

（5）导出查询结果并保存为 Excel 文件。

3. 设计 UI

打开 Designer,选择 MainWindow→创建,从控件工具箱拖入窗体 1 个 📊 Table View→拖入 1 个 🔲 Group Box,在【对象查看器】内右击 MainWindow,选择【布局】→【水平布局】,在【对象查看器】内选中 centralwidget,选择【属性编辑器】→将 layoutStretch 比例设置为 10,1。

在 Group Box 内拖入 4 个 Group Box,从上至下依次为 Group Box_2、Group Box_3、Group Box_4、Group Box_5。在【对象查看器】内右击 Group Box,选择【布局】→【垂直布局】,将【属性编辑器】的 layoutStretch 比例设置为 2,1,9,3。

在 Group Box_2 内拖入 3 个 🔖 Label 和 3 个 📝 Line Edit→在【对象查看器】内右击 Group Box_2,选择【布局】→【布局中布局】。

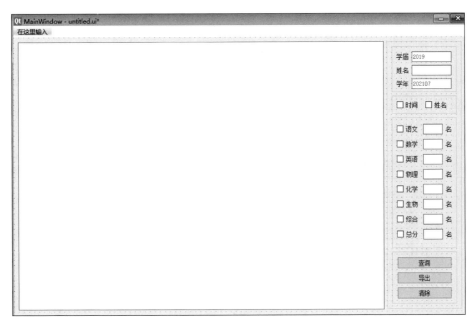

图 10-13 界面效果

在 Group Box_3 内拖入 2 个 Check Box→在【对象查看器】内右击 Group Box_3,选择【布局】→【水平布局】。

在 Group Box_4 内拖入 8 个 Check Box、8 个 ᴀʙɪ Line Edit 和 8 个 Label→在【对象查看器】内右击 Group Box_4,选择【布局】→【栅格布局】。

在 Group Box_5 内拖入 3 个 Push Button。

如图 10-13 所示的样式进行排列,并双击更改 text 属性→在【对象查看器】内选中一个→将【属性编辑器】内的文本属性 text、控件名字属性 objectName 按表 10-1 对照修改,保存到 10.5 节的目录下,文件名为 untitled.ui 并编译为 untitled.py。

表 10-1 控件属性名修改对照表

多选按钮文本	多选按钮控件名字	文本输入框(由上至下)	按　　钮	按钮控件名字
时间	checkBox_date	lineEdit_xuejie	查询	pushButton_chaxun
姓名	checkBox_name	lineEdit_xingming	导出	pushButton_daochu
语文	checkBox_yuwen	lineEdit_yuwen_ming	清除	pushButton_qingchu
数学	checkBox_shuxue	lineEdit_shuxue_ming		
英语	checkBox_yingyu	lineEdit_yingyu_ming		
物理	checkBox_wuli	lineEdit_wuli_ming		
化学	checkBox_huaxue	lineEdit_huaxue_ming		
生物	checkBox_shengwu	lineEdit_shengwu_ming		
综合	checkBox_zonghe	lineEdit_zonghe_ming		
总分	checkBox_zongfen	lineEdit_zongfen_ming		
学年		lineEdit_xuenian		

4. 创建主程序及初始化

1) 主程序创建

在 PyCharm 中右击本节项目 10.5,选择【新建】→Python 文件,将文件名保存为 10.5.py。

2) 数据准备

Excel 成绩的整理,如图 10-14 所示。

	A	B	C	D	E	F	G	H	I	W	X	Y	Z	AA	AB	AC
1	id	xuejie	date	name	banji	yuwen	yuwenbm	yuwennm	shuxue	shengwunm	lizhong	lizhongbm	lizhongnm	zhongfen	zhongfenbm	zhongfennm
2	1	2020	202107	缘	10	104	33	107	127	8	242	3	6	602	1	2
3	2	2020	202107	伟	10	103	35	118	116	25	248	1	1	598	2	4
4	3	2020	202107	延	10	114	11	22	118	11	248	2	2	588	3	6
5	4	2020	202107		10	106	27	84	111	50	229	5	11	585	4	7
6	5	2020	202107		10	112	12	30	113	47	231	4	9	573	5	10
7	6	2020	202107	崴	10	106	27	84	124	34	225	6	13	565	6	13
8	7	2020	202107	洋	10	110	15	42	119	13	223	7	14	563	7	15
9	8	2020	202107	宇	10	125	1	1	106	28	210	8	27	560	8	17
10	9	2020	202107	义	10	107	22	71	118	38	210	8	27	556	9	18
11	10	2020	202107	博	10	115	8	18	119	69	193	18	50	550	10	21
12	11	2020	202107	睿	10	115	8	18	100	22	206	11	34	539	11	27
13	12	2020	202107	伸	10	116	5	15	110	91	193	19	52	539	12	28
14	13	2020	202107	欣	10	108	17	61	105	20	197	13	43	536	13	30
15	14	2020	202107	月	10	112	12	30	81	15	207	10	32	533	14	32
16	15	2020	202107	远	10	102	37	130	122	72	187	25	64	533	15	33
17	16	2020	202107	雯	10	116	5	15	102	25	196	15	45	532	16	34

图 10-14 Excel 数据格式

选择【文件】→【另存为】→CSV→【保存】,右击已保存的 1.csv 文件,右击 CSV 文件,选择【打开方式】→【记事本】→【文件另存为】→编码→【UTF-8】,单击【保存】按钮,保存到 10.5 的目录下。

3) 准备数据库

打开数据库浏览器 ,选择【新建数据库】,文件名为 stu,保存到 10.4 节的目录下,此时会弹出创建表的窗口,单击 Cancel 按钮,选择【文件】→【导入】→【CSV 文件导入】→将表名修改为 cj,并勾选【列名在首行】,单击 OK 按钮,关闭数据库并保存。

4) 初始化列表

数据库操作最常用的格式为

```
select 字段名 from 表名 where 筛选条件
```

因为 SQL 查询语句是字符串,所以可以用 format()命令把字段名和筛选条件加进去,列表 self.list1 用于放置查询字段,即列筛选,列表 self.list2 用于放置行筛选条件,列表 self.jieguo 用于存放查询结果。

代码如下:

```
self.list1 = []                # 列名称
self.list2 = []                # 行信息
self.jieguo = []               # 查询结果
```

数据库操作需要导入 sqlite3 和 time 库,代码如下:

```
import sqlite
import time
```

5) 多选按钮及单行输入框

获取多选按钮及单行文本框信息并转换为查询语句,部分代码如下:

```
#//第 10 章/10.5.py

@pyqtSlot()
def on_lineEdit_xuejie_editingFinished(self):                    #学届筛选条件
    if self.lineEdit_xuejie.text() != '':
        self.list2.append('xuejie = ' + self.lineEdit_xuejie.text())

@pyqtSlot()
def on_lineEdit_xingming_editingFinished(self):                  #姓名筛选条件
    if self.lineEdit_xingming.text() != "":
        self.list2.append('name = ' + \
                          '\"{}\"'.format(self.lineEdit_xingming.text()))

@pyqtSlot()
def on_lineEdit_xuenian_editingFinished(self):                   #学年筛选条件
    if self.lineEdit_xuenian.text() != "":
        self.list2.append('date = ' + self.lineEdit_xuenian.text())
    #print(self.list2)

@pyqtSlot()
def on_lineEdit_yuwen_ming_editingFinished(self):                #语文名次筛选条件
    if self.lineEdit_yuwen_ming.text() != '':
        self.list2.append(' yuwenbm <= \ ' + self.lineEdit_yuwen_ming.text())

@pyqtSlot()
def on_checkBox_date_clicked(self):                              #考试时间
    if self.checkBox_date.isChecked():
        self.list1.append('date')

@pyqtSlot()
def on_checkBox_name_clicked(self):                              #学生姓名
    if self.checkBox_name.isChecked():
        self.list1.append('name')

@pyqtSlot()
def on_checkBox_yuwen_clicked(self):                             #语文成绩
    if self.checkBox_yuwen.isChecked():
        self.list1.append('yuwen, yuwenbm, yuwennm')
```

6）查询按钮

查询按钮的部分代码如下：

```
#//第 10 章/10.5.py
@pyqtSlot()
def on_pushButton_chaxun_clicked(self):                          #查询按钮
        cur = sqlite3.connect('stu.db').cursor()                 #连接数据库
    if len(self.list1) == 0:                                     #如果字段列表为空
        self.list1 = [" * "]                                     #查询所有列
    if len(self.list2) == 0:                                     #如果筛选为空
        self.list2 = ["xuejie = 2020"]                           #查询 2020 届
    sql = 'select {} from cj where {} '.format(','.join(self.list1),\
            ' and '.join(self.list2))                            #编写查询语句
```

```
query = cur.execute(sql)                          #查询
colname = [d[0] for d in query.description]        #获取查询结果
self.jieguo.append(colname)                        #将列名加入列表
for r in query.fetchall():                         #加入结果列表
    row = []
    for i in range(len(colname)):
        row.append(str(r[i]))
    self.jieguo.append(row)
    del row
if len(self.jieguo) == 1:                           #模糊查询
    sql = 'select name from cj where name like \
            "{}%\"'.format(self.lineEdit_xingming.text())
    print(sql)
    query = cur.execute(sql)
    colname = [d[0] for d in query.description]
    self.jieguo.append(colname)
    for r in query.fetchall():
        row = []
        for i in range(len(colname)):
            row.append(str(r[i]))
        self.jieguo.append(row)
        del row

cur.close()                                        #释放授权
cur.connection.close()                             #关闭连接
                                                   #设置行数和列数
self.model = QStandardItemModel(len(self.jieguo), len(colname))
                                                   #设置表格列名
self.model.setHorizontalHeaderLabels(self.jieguo[0])
for row in range(1,len(self.jieguo)):              #填充数据
    for column in range(len(colname)):
        item = QStandardItem(self.jieguo[row][column])
        self.model.setItem(row, column, item)
self.tableView.setModel(self.model)               #实例化表格
```

7）导出按钮

导出按钮的代码如下：

```
#//第10章/10.5.py
@pyqtSlot()
def on_pushButton_daochu_clicked(self):                 #导出Excel查询结果
    if self.lineEdit_xingming.text() == '':             #以时间为文件名
        f = open('{}.csv'.format(str(time.localtime().tm_year)\
          + str(time.localtime().tm_mon) + str(time.localtime().tm_mday)), 'w')
    else:                                               #以学生姓名为文件名
        f = open('{}.csv'.format(self.lineEdit_xingming.text()), 'w')
    for row in self.jieguo:
        print(row)
        f.write(','.join(row) + '\n')
    f.close()                                           #关闭文件
    QMessageBox.information(self, '提示', '已导出!')
```

8）清除按钮

清除按钮的代码如下：

```
@pyqtSlot()
def on_pushButton_qingchu_clicked(self):            #清除按钮
    self.chushihua()
```

9）清除函数

清除函数的部分代码如下：

```
#//第10章/10.5.py
def chushihua(self):
        self.list1 = []
        self.list2 = []
        self.jieguo = []
        self.model = QStandardItemModel(0, 0)               #建立数据模型
        self.tableView.setModel(self.model)                 #实例化表格
        self.lineEdit_xuenian.setText('')                   #清空输入文本框
        self.lineEdit_xingming.setText('')
        self.lineEdit_xuejie.setText('')
        self.lineEdit_shuxue_ming.setText('')
        self.lineEdit_wuli_ming.setText('')
        self.lineEdit_huaxue_ming.setText('')
        self.lineEdit_shengwu_ming.setText('')
        self.lineEdit_yingyu_ming.setText('')
        self.lineEdit_yuwen_ming.setText('')
        self.lineEdit_zongfen_ming.setText('')
        self.lineEdit_zonghe_ming.setText('')
        self.checkBox_date.setChecked(False)                #多选按钮不可用
        self.checkBox_name.setChecked(False)
        self.checkBox_wuli.setChecked(False)
        self.checkBox_yuwen.setChecked(False)
        self.checkBox_shuxue.setChecked(False)
        self.checkBox_yingyu.setChecked(False)
        self.checkBox_zongfen_2.setChecked(False)
        self.checkBox_zonghe.setChecked(False)
        self.checkBox_huaxue.setChecked(False)
        self.checkBox_shengwu.setChecked(False)
```

运行结果如图 10-15 所示。

代码说明。

如果字段列表为空，则默认显示所有字段（列），代码如下：

```
if len(self.list1) == 0:
    self.list1 = [" * "]
```

如果筛选列表为空，则默认查询 2020 届的所有学生，代码如下：

```
if len(self.list2) == 0:
self.list2 = ["xuejie = 2020"]
```

如果查询字段和筛选条件为空，则按默认值查询，否则容易出错。

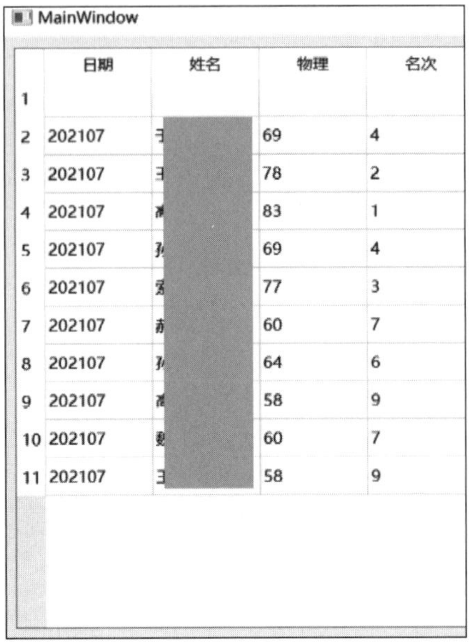

图 10-15   查询结果

10.6   多窗口跳转

1. 需求

主窗口、注册、登录 3 个窗口之间的跳转,以及注册时写入数据库,并且在登录时查询数据库。

2. 思路

首先建立 3 个窗口的 UI 并编译为 Python 文件,然后建立主程序,内设 3 个窗口的类,用按钮实现窗口之间的切换,用 sqlite3 实现数据库的查询和写入。

3. 创建 3 个图形界面

运行 Designer,选择 MainWindow→【创建】,从控件工具箱拖入窗体一个 🏷 Label,将 text 属性修改为"主窗口",保存到 10.6 节的目录下,文件名为 main_window.ui 并编译为 main_window.py,如图 10-16 所示。

选择【新建】,从控件工具箱拖入窗体 2 个 🏷 Label,将 text 属性修改为"用户名:""密码:",拖入 2 个 ⎘ Line Edit,将 objectName 属性修改为 lineEdit_loginyhm、lineEdit_loginmm →拖入 2 个 ⏺ Push Button,将 text 属性修改为【注册】【登录】,将 objectName 属性修改为 pushButton_loginzc、pushButton_logindl,然后保存到 10.6 节的目录下,文件名为 login_window.ui 并编译为 login_window.py,如图 10-17 所示。

选择【新建】,从控件工具箱拖入窗体 3 个 🏷 Label,将 text 属性修改为"用户名:""密码:""密码:"→拖入 3 个 ⎘ Line Edit,将 objectName 属性修改为 lineEdit_zcyhm、lineEdit_zcmm、lineEdit_zcmm2 →拖入 1 个 ⏺ PushButton,将 text 属性修改为"注册",然后将 objectName 属性修改为 pushButton_zc 并保存到 10.6 节的目录下,文件名为 zc_window.ui,并编译为 zc_window.py,如图 10-18 所示。

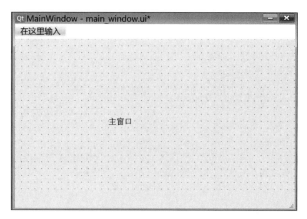

图 10-16　主窗口

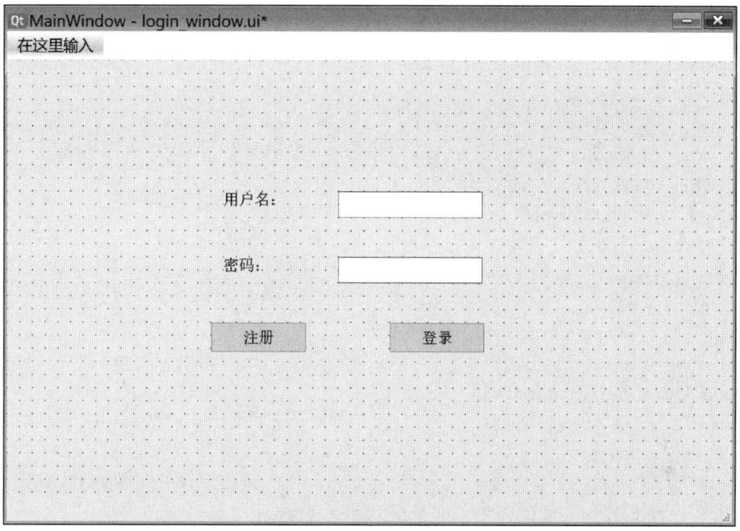

图 10-17　登录窗口

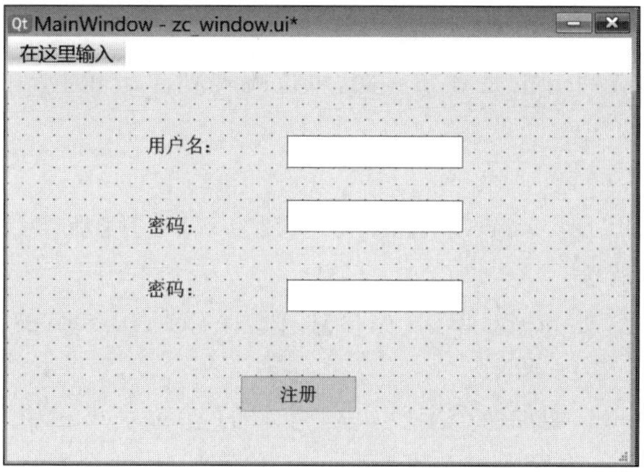

图 10-18　注册窗口

4．界面跳转代码

界面跳转，代码如下：

```python
#//第10章/10.6.py
import sys
from PyQt5.QtWidgets import QApplication, QMainWindow
import login_window                          #导入所有窗体
import main_window
import zc_window

                                             #创建主窗体的类
class main_window(main_window.Ui_MainWindow, QMainWindow):
    def __init__(self):
        super(main_window, self).__init__()
        self.setupUi(self)

                                             #创建登录窗体的类
class login_window(login_window.Ui_MainWindow, QMainWindow):
    def __init__(self):
        super(login_window, self).__init__()
        self.setupUi(self)

class zc_window(zc_window.Ui_MainWindow, QMainWindow)#创建注册窗体的类
    def __init__(self):
        super(zc_window, self).__init__()
        self.setupUi(self)

if __name__ == '__main__':
    app = QApplication(sys.argv)
    main_window = main_window()              #实例化所有窗口
    login_window = login_window()
    zc_window = zc_window()
    login_window.show()                      #显示指定窗口
                                             #按钮与打开窗口绑定
    zc_window.pushButton.clicked.connect(login_window.show)
    login_window.pushButton.clicked.connect(main_window.show)
    login_window.pushButton_2.clicked.connect(zc_window.show)
    sys.exit(app.exec_())
```

运行 main.py，首先打开的是登录界面，可以跳转到注册和主界面，下面加上数据库操作功能。

5．建立数据库

双击桌面上 ▨ DB Browser（SQLite）的快捷方式，选择【新建数据库】，此时会弹出保存对话框，如图 10-19 所示。

输入数据库文件名，如 qqsjk，单击【保存】按钮，保存到 10.6 节的目录下面，此时会弹出新建表的对话框，如图 10-20 所示。

将表名设置为 yhmm，增加两个字段，一个字段的名字为 yhm，此字段为文本类型、不能为空、主键不能重复，另一个字段的名字为 mima，此字段为文本类型、不能为空（按图 10-20 勾选即可），单击 OK 按钮，完成表的创建。

选择【浏览数据】→【在当前表中插入一条新记录】，在字段名下面直接输入记录，如图 10-21 所示。

图 10-19　新建数据库

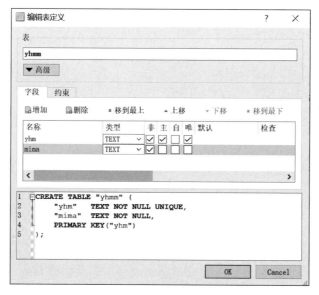

图 10-20　新建表

图 10-21　添加数据

选择【写入更改】,保存数据库并退出数据库浏览软件。

6. 数据查询与添加

增加数据库操作后的代码如下:

```
# //第 10 章//10.7.py
import sys
from PyQt5.QtCore import pyqtSlot
from PyQt5.QtWidgets import QApplication, QMainWindow
import logging
import sqlite3
import login_window                                    # 导入所有窗体 py
import main_window
import zc_window
                                                       # 创建主窗体的类
class main_window(main_window.Ui_MainWindow, QMainWindow):
def __init__(self):
        super(main_window, self).__init__()
        self.setupUi(self)
                                                       # 创建登录的类
class login_window(login_window.Ui_MainWindow, QMainWindow):
    def __init__(self):
        super(login_window, self).__init__()
        self.setupUi(self)

    @pyqtSlot()
    def on_pushButton_loginzc_clicked(self):           # 注册按钮
        zc_window.show()                               # 显示注册窗体
        login_window.close()                           # 关闭登录窗体

    @pyqtSlot()
    def on_pushButton_logindl_clicked(self):           # 登录按钮
        loginyhm = login_window.lineEdit_loginyhm.text()  # 获取登录用户名
        loginmm = login_window.lineEdit_loginmm.text()    # 获取登录密码
        conn = sqlite3.connect('qqsjk.db')             # 连接数据库
        cur = conn.cursor()                            # 获取管理权
        sql = 'select * from yhmm where yhm = "%s"'% loginyhm  # 编写语句
        cur.execute(sql)                               # 执行 SQL
        conn.close                                     # 关闭连接
        jglist = cur.fetchall()
        if len(jglist) == 0:                           # 如果没有注册,则返回注册界面
            zc_window.show()                           # 注册窗体显示
            login_window.close()                       # 关闭登录窗体
            print('没有注册.')
        else:                                          # 表示查询到用户名
            if jglist[0][1] != loginmm:                # 如果密码不正确
                print('用户名或密码错误.')

            else:                                      # 如果密码正确,则返回主页
                main_window.show()                     # 显示主窗体
                login_window.close()                   # 关闭登录窗体
                print('登录成功.')
```

```
class zc_window(zc_window.Ui_MainWindow, QMainWindow):          # 注册类
    def __init__(self):
        super(zc_window, self).__init__()
        self.setupUi(self)

    @pyqtSlot()
    def on_pushButton_zc_clicked(self):                         # 注册按钮
        zcyhm = zc_window.lineEdit_zcyhm.text()                 # 获取注册用户名
        zcmm = zc_window.lineEdit_zcmm.text()                   # 获取注册密码1
        zcmm2 = zc_window.lineEdit_zcmm2.text()                 # 获取注册密码2
        if zcmm == '' or zcmm2 == '':                           # 空白提示
            print('密码不能为空.')
        else:
            if zcmm != zcmm2:                                   # 不一致提示
                print('密码不一致,请重新设置.')
            else:
                conn = sqlite3.connect('qqsjk.db')             # 连接数据库
                cur = conn.cursor()                             # 获取管理权
                sql = 'select * from yhmm where yhm = "%s"' % zcyhm
                cur.execute(sql)                                # 执行 SQL
                jglist = cur.fetchall()
                if len(jglist) == 1:                            # 用户名已存在
                    print('用户名已存在.')
                    conn.close                                  # 关闭连接
                else:                                           # 否则编写语句
                    sql = 'insert into yhmm (yhm,mima) values(?,?)'
                    data = (zcyhm, zcmm)                        # 用户名和密码
                    cur.execute(sql, data)                      # 执行 SQL
                    conn.commit()                               # 结束修改
                    conn.close                                  # 关闭连接
                    main_window.show()                          # 显示主界面
                    zc_window.close()                           # 关闭注册窗口
                    print('注册成功')

if __name__ == '__main__':
    app = QApplication(sys.argv)
    main_window = main_window()                                 # 实例化 3 个窗口
    login_window = login_window()
    zc_window = zc_window()
    login_window.show()                                         # 显示登录窗口
    sys.exit(app.exec_())
```

7. 测试

运行 10.7.py,测试各按钮及界面跳转是否都可正常工作。

10.7 文本纠错

1. 需求

在笔者校对书稿时,感觉校对过程真是太麻烦了,为了提高效率,需要编写一个辅助纠错的软件,要求能用不同的颜色标注出错误的字符。

2．思路

首先建立一个窗口的 UI 来接收百度 AI 的 Key、显示纠错的结果，然后把 5.48.py 添加到主程序中。

3．创建图形界面

运行 Designer，选择 MainWindow→【创建】，从控件工具箱拖入窗体 1 个 ▦ Horizo...Layout→在水平布局器内部插入 2 个 ▦ Horizo...Layout→在左面的垂直布局器内拖入 3 个 🄰 Text Edit→在右面的垂直布局器内拖入 3 个 🔠 Line Edit 和 5 个 ⟨ok⟩ Push Button，在【对象查看器】内选中 ▦ Horizo...Layout，在【属性编辑器】内将控件比例 layoutStretch 修改为 9,1，右击窗体空白处，选择【布局】→【水平布局】，分别双击多行文本框、单行文本框、按钮，修改 text 属性，如图 10-22 所示，保存到 10.7 节的目录下，文件名为 untitled.ui，并编译为 untitled.py。

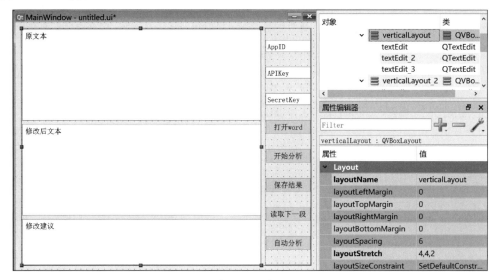

图 10-22　布局

4．编写代码

1) 读取 Key 及打开文件按钮功能

用 PyQt5 模板新建主函数 10.8.py，初始化代码如下：

```
#//第10章/10.8.py
import time
from PyQt5.Qt import *
from PyQt5 import QtWidgets
from docx import Document
from aip import AipNlp
from untitled import Ui_MainWindow
import logging

class MainWindow(QMainWindow, Ui_MainWindow):
    def __init__(self, parent = None):
        super(MainWindow, self).__init__(parent)
        self.setupUi(self)
```

```
        #logging.disable(logging.CRITICAL)                    #启用调试
        logging.basicConfig(level = logging.Debug)
        self.paragraph_textlist = []                           #自然段列表
        self.paragraph_textlist2 = []                          #合并段列表
        self.k2 = 0                                            #合并段列表指针
        self.kaiguan = 1                                       #识别开关
```

将 Word 的每段加入 self.paragraph_textlist "自然段" 列表,并将多个自然段合并成大的 "合并段" 列表 self.paragraph_textlist2,初始化一个 "合并段" 的指针 self.k2,self.kaiguan＝1,则在允许单击【读取一下段】按钮时,自动调用【开始分析】按钮功能。

"打开文件" 按钮代码如下:

```
#//第 10 章/10.8.py
@pyqtSlot()
def on_pushButton_clicked(self):                              #读取 Word 文件按钮
    self.AppID = self.lineEdit.text()                        #读取用户 AppID
    self.AppKey = self.lineEdit_2.text()                     #读取用户 AppKey
    self.SecretKey = self.lineEdit_3.text()                  #读取用户 SecretKey
    if self.AppID == 'AppID' or self.AppKey == 'APIKey' or \
                    self.SecretKey == 'SecretKey':           #没有输入 Key 时
        self.AppID = ''                                      #百度 AI 的 Key
        self.AppKey = ''
        self.SecretKey = ''
    if self.AppID == 'AppID' or self.AppKey == 'APIKey' or self.SecretKey == 'SecretKey':
        print('百度 Key 不能为空.')
        self.textEdit_2.setHtml('< font size = "10" color = "red"
                        >百度 Key 不能为空.</font >')          #Key 为空时提醒

    self.openwordname = QFileDialog.getOpenFileName(self,
            '选择 Word 文件', "./", "Excel ( * .docx)")[0]     #获取 Word 文件
    if self.openwordname == '':
        print("没有选择 Word 文件!")                           #没有选择提示
    else:
        document = Document(self.openwordname)               #打开 Word 文档
        all_paragraphs = len(document.paragraphs)            #获取 Word 段落总数
        logging.Debug('总小段数为{}'.format(all_paragraphs))
        for i in range(all_paragraphs):                      #不超出总段数时
            if len(document.paragraphs[i].text)> 21 and \
                (str(document.paragraphs[i].text)[ - 1] == '.'or\
                    str(document.paragraphs[i].text)[ - 1] == ':') :#过滤文本
                    self.paragraph_textlist.append(document.paragraphs[i].\
                    text.replace('【',''). replace('】',''). replace('→',','). \
                    replace(' - ',' - '))                    #加入合并段落列表
        num_textlist = len(self.paragraph_textlist)          #自然段落列表总数
        lsstr = ''
        for i in range(num_textlist):                        #遍历自然段落列表
            if len(lsstr + self.paragraph_textlist[i])< 550:
                lsstr = lsstr + self.paragraph_textlist[i]   #合并段落
            if len(lsstr + self.paragraph_textlist[i]) > 550 or i == num_textlist - 1:
                                                             #大于 550 或最后 1 段
```

```
            self.paragraph_textlist2.append(lsstr)            # 加入合并段落列表
            lsstr = self.paragraph_textlist[i]
            tishistr = '共{}小段,正在合并第{}小段'.format(num_textlist,i)
            print(tishistr)
            self.textEdit_3.setText(tishistr)                 # 提示信息
    self.textEdit.setText('【原文】:' + self. \
            paragraph_textlist2[self.k2] )                    # 显示原文
```

百度 AI 自然语言处理的 Key 既可以在程序界面输入,也可以在程序内部设置。

百度 AI 不能处理"【""】""""→""-"等特殊字符,所以需要把它们替换掉,否则会报错。

为了提高效率,过滤掉了字数小于 21 个字符的段落、结尾不是"。"和"："的标题及代码类段落。

if len(lsstr + self. paragraph_textlist[i]) > 550 or i==num_textlist-1 这行代码是合并段落的两个条件：其一,如果再加一段超过 550 字,则加入合并段落列表(百度 AI 限制一次最多提交 550 字)；其二,如果是最后一段了,则要合并到段落列表。

为了实时看到 Word 处理的进度,print(tishistr)命令实时打印出 Word 处理信息,建议一次处理 50 页左右,否则会感觉计算机太慢,等待时间太长。

2)"开始分析"按钮

百度 AI 返回的文本纠错结果如下：

```
# //第 10 章/2.json
{'item':
    {'vec_fragment':
    [{'end_pos': 27, 'begin_pos': 15, 'correct_frag': '人工智能', 'ori_frag': '人工只能'},
    {'end_pos': 75, 'begin_pos': 69,'correct_frag': '生态', 'ori_frag': '生太'},
    {'end_pos': 117, 'begin_pos': 105,'correct_frag': '编程语言', 'ori_frag': '编成语言'}],
    'score': 0.6296167969703674,
        'correct_query': '未来社会是人工智能的社会,Python 作为语法最简洁、生态最丰富、最容易
入门的编程语言、最适合开发人工智能,Python 几度霸占编程语言榜首.' },
    'text': '未来社会是人工只能的社会,Python 作为语法最简洁、生太最丰富、最容易入门的编成语言、
最适合开发人工智能,Python 几度霸占编程语言榜首.',
    'log_id': 1543811239101565237
    }
}
```

可以看出,返回结果主干是 3 个键-值对,它们的键分别是'item''text''log_id'。'item'的值记录了纠错的结果,'text'的值是需要纠错的原文,'log_id'是百度 AI 申请文本纠错的唯一标识码。

键'item'的值是字典,这个字典也有 3 个键-值对,它们的键分别是'vec_fragment''score''correct_query'。'correct_query'的值是纠正后的文本内容。'score'是纠错的置信度打分；若文本不合法,例如输入超过 550 个字、有多段文本或有特殊字符,则该情况没有纠错结果,没有'item'键；在文本没有错误的情况下'score'的值为 0。'vec_fragment'的值是纠错的文本的位置和结果的列表,每个字的错误信息都是列表的一个字典元素；'begin_pos'的值是错误片段的起始单位(1 个中文字符换算为 3 个单位,1 个英文字符换算为 1 个单位),'end_pos'的值是错误片段的结尾单位。如果没有错误,则列表为空。

"开始分析"按钮的代码如下：

```
# //第 10 章/10.8.py
@pyqtSlot()
def on_pushButton_2_clicked(self):                        # "开始分析"按钮
    client = AipNlp(self.AppID, self.AppKey, self.SecretKey)
    try:                                                  # 请求
        result = client.ecnet(self.paragraph_textlist2[self.k2])
        xiuzhengshumu = len(result['item']['vec_fragment'])    # 修正错误的个数
        if 'item' in result:                              # 如果正确识别
            self.textEdit.setText(result['text'])         # 显示原文
            s3 = ''                                       # 初始化原文
            s4 = ''                                       # 初始化修改后的文本
            try:                                          # 超文本显示
                for i in range(len(result['text'])):
                    if result['text'][i] != \
                    result['item']['correct_query'][i]:   # 如果字符不同
                        s3 = s3 + '<font color="red">{}</font>'.\
                        format(result['text'][i])         # 修改文本颜色
                        s4 = s4 + '<font color="green">{}</font>'.format(\
                    result['item']['correct_query'][i])   # 修改文本颜色
                    else:                                 # 如果字符相同
                        s3 = s3 + result['text'][i]       # 加入原文文本
                                                          # 加入修改文本
                        s4 = s4 + result['item']['correct_query'][i]
                self.textEdit.setHtml(s3)                 # 超文本显示原文
                self.textEdit_2.setHtml(s4)               # 超文本显示修改文本
            except:                                       # 文本显示
                self.textEdit.setText(result['text'])     # 显示原、修改后的文本
                self.textEdit_2.setText(result['item']['correct_query'])
                print('特殊字符需要转义,直接展示')
            if result['item']['score'] > 0:               # 评分大于 0
                                                          # 修改信息
                self.str3 = str(result['item']['vec_fragment'])
                self.textEdit_3.setText('第' + str(self.k2) + '段,共' + str\
            (xiuzhengshumu) + '处修正:' + self.str3)       # 显示修改信息
            else:                                         # 评分等于 0
                self.str3 = '第{}段没有错误.'.format(self.k2)
                self.textEdit_3.setText(self.str3)        # 显示没有错误
    except:                                               # 请求失败
        self.str3 = '第{}段格式不规范,无法识别.'.format(self.k2)
        self.textEdit.setText(self.paragraph_textlist2[self.k2])
        self.textEdit_3.setText(self.str3)
```

代码设置了两种 text 属性的方式,一种是超文本(HTML 详见 17.1 节)显示,可以用彩色标出原文和修改文本中不同的字符。另一种,如果超文本中包含了特殊字符,超文本显示失败,则需改为文本显示。

3)【保存】按钮功能

【保存】按钮功能,代码如下：

```
# //第 10 章/10.8.py
@pyqtSlot()
```

```
def on_pushButton_3_clicked(self):                   # 保存结果按钮
    logging.Debug('已单击保存结果按钮')
    with open('jieguo.txt', mode = 'a') as t:        # 写入识别信息
        t.write(str(self.k2) + '\n' + \
        self.paragraph_textlist2[self.k2] + '\n' + self.str3 + '\n')
```

单击【保存】按钮,将当前原文和识别信息存入 jieguo.txt 文件。

4)【下一段】按钮功能

【下一段】按钮,代码如下:

```
# //第 10 章/10.8.py
@pyqtSlot()
def on_pushButton_4_clicked(self):                   # 下一段按钮
    logging.Debug('已单击下一段按钮')
    if self.k2 < len(self.paragraph_textlist2) - 1:
        self.k2 = self.k2 + 1                        # 合并段落列表指针 + 1
        if self.kaiguan == 1:                        # 识别开关开状态
            self.on_pushButton_2_clicked()           # 开始分析
    else:
        self.textEdit_3.setText('全部校对完毕.')
```

每单击【下一段】按钮一次,合并段落列表指针+1,并调用一次【开始分析】按钮功能,这就是手动分析模式,效果如图 10-23 所示。

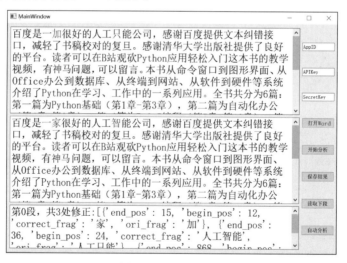

图 10-23 手动操作

可以看出,如果词有错误,百度 AI 则能够查出来,反之,百度 AI 查不出来。例如"复旦"应为"负担","神马"应为"什么"等,没有查出来,这也是校对软件的通病。

5)【自动分析】按钮功能

【自动分析】按钮功能,代码如下:

```
# //第 10 章/10.8.py
@pyqtSlot()
def on_pushButton_5_clicked(self):                   # 自动校对按钮
```

```
logging.Debug('已单击自动校对按钮')
self.kaiguan = 0                    # 关闭识别开关
for i in range(len(self.paragraph_textlist2)):
    self.on_pushButton_2_clicked()  # 开始分析
    self.on_pushButton_3_clicked()  # 写入文件按钮
    self.on_pushButton_4_clicked()  # 下一段
    time.sleep(1)                   # 暂停 1s
```

自动分析模式,循环调用【开始分析】【写入文件】【分析下一段】功能,最终把分析结果记录到 jieguo.txt 文件。

百度的 QPS 被限制为 2,即每秒最多能发出两次请求,所以 time.sleep(1)让程序暂停 1s。

10.8　图像查看器:滚动区域

1. 需求

滚动区域(QScrollArea)可以任意放大、缩小图像,查看图像的每一部分细节。

2. 思路

滚动区域 QScrollArea 是将 widget 作为子窗口,子窗口可以容纳其他控件,当子窗口的宽或高大于滚动区域的宽或高时会出现滚动条,效果如图 10-24 所示。

图 10-24　滚动区域

单击【放大】按钮,图像可放大,单击【缩小】按钮,图像可缩小,拖动滚动条,可以查看图像的不同区域。

3. 创建 UI

运行 Qt Designer,选择 MainWindow→【创建】,去除状态栏与菜单栏,从控件工具箱拖入窗体 1 个 🖼 Scroll Area→将 1 个 🏷 Label 拖到滚动区域(QScrollArea)内→将 1 个 ▥ Horizo...Layout 拖到滚动区域(QScrollArea)下面→将 2 个 🆗 Push Button 拖到 ▥ Horizo...Layout 水平布局内,将按钮文本分别更改成如图 10-24 所示的"放大""缩小",右击

窗体空白处,选择【布局】→【垂直布局(V)】,右击滚动区域(QScrollArea),选择【布局】→
【垂直布局(V)】,在【对象查看器】中选择 scrollArea,取消【属性编辑器】内 QScrollArea 的
widgetResizable 右边的勾选,禁用自动调整大小。另存到 10.8 节目录下面,文件名为
untitled.ui 并编译为 untitled.py,新建 Python 文件并保存到 10.8 节目录下面,文件名为
10.9.py。

4. 编写代码

图像查看器,代码如下:

```python
# //第 10 章/10.9.py
from PyQt5.Qt import *
from PyQt5 import QtWidgets, QtCore
from untitled import Ui_MainWindow

class MainWindow(QMainWindow, Ui_MainWindow):
    def __init__(self, parent = None):
        super(MainWindow, self).__init__(parent)
        self.setupUi(self)
        self.label.setPixmap(QPixmap('1.jpeg'))          # 标签加载图像 1.jpeg
        self.label.setScaledContents(True)               # 图像自适应标签大小

    @pyqtSlot()
    def on_pushButton_clicked(self):                     # 放大按钮功能
                                                          # 标签放大 1.2 倍
        self.label.resize(self.label.width() * 1.2, self.label.height() * 1.2)
        # 将 scrollArea 的子部件 scrollAreaWidgetContents 大小调整为标签大小
        self.scrollAreaWidgetContents.setGeometry(
                QtCore.QRect(0,0,self.label.width(),self.label.height()))

    @pyqtSlot()
    def on_pushButton_2_clicked(self):                   # 缩小按钮功能
                                                          # 将标签缩小到 0.8 倍
        self.label.resize(self.label.width() * 0.8,
                                          self.label.height() * 0.8)
        # 将 scrollArea 的子部件 scrollAreaWidgetContents 大小调整为标签大小
        self.scrollAreaWidgetContents.setGeometry(QtCore.QRect(0,0,
                                    self.label.width(),self.label.height()))

if __name__ == "__main__":
    import sys
    app = QtWidgets.QApplication(sys.argv)
    ui = MainWindow()
    ui.show()
    sys.exit(app.exec_())
```

5. 代码说明

代码中关键的一步是取消 widgetResizable 的勾选,以便禁止内容自动调节大小。打开
untitled.py 后可以看到以下代码:

```python
self.scrollArea.setWidgetResizable(False)
```

标签 self. label 与滚动区域的子窗口 self. scrollAreaWidgetContents 同时决定了图像的大小,所以放大和缩小按钮一定要同时调整。

10.9　采集像素的坐标

1. 需求

在 10.8 节的基础上,加上采集像素坐标的功能,效果如图 10-25 所示。

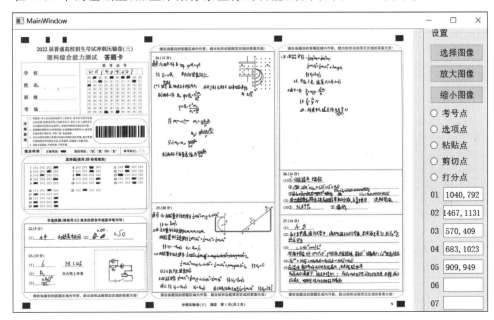

图 10-25　采集像素坐标

双击需要采集的点,并将点的坐标记录到单行文本框,选择坐标点的分类,例如"考号点",将坐标保存到 Excel 文件指定的区域内。

2. 思路

将控件边距设置为 0,相对坐标与滑动条的值之和再乘以缩放比例即为像素坐标。

3. 创建 UI

运行 Qt Designer,选择 MainWindow→【创建】,去除状态栏与菜单栏,从控件工具箱拖入窗体 1 个 Scroll Area→将 1 个 Label 拖到滚动区域(QScrollArea)内→将 1 个 Form Layout 拖到滚动区域(QScrollArea)右面→将 3 个 Push Button 拖到 Form Layout 表单布局→将 5 个 Radio Button 拖到表单布局→将 23 个 Label 和 23 个 Line Edit 拖到 Form Layout 表单布局,将按钮、标签文本改成如图 10-25 所示的内容,右击窗体空白处,选择【布局】→【水平布局】,右击滚动区域(QScrollArea),选择【布局】→【垂直布局(V)】,在【对象查看器】中选择 scrollArea,取消【属性编辑器】内 QScrollArea 的 widgetResizable 的勾选,以便禁用内容自动调整大小。在【对象查看器】中,选中 centralwidget,通过【属性编辑器】将边距设置为 0,将滚动区和表单布局比例设置为 9,1,如图 10-26 所示。

在【对象查看器】中选中 scrollAreawidgetContents,通过【属性编辑器】将边距设置为 0,

如图 10-27 所示。

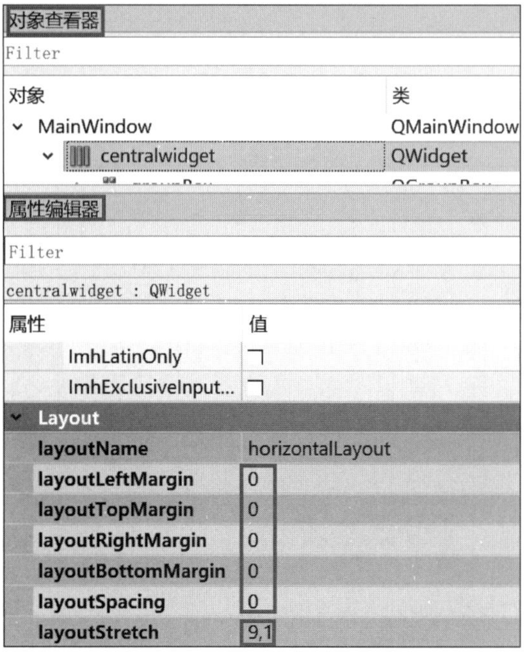

图 10-26　设置 centralwidget 边距和比例 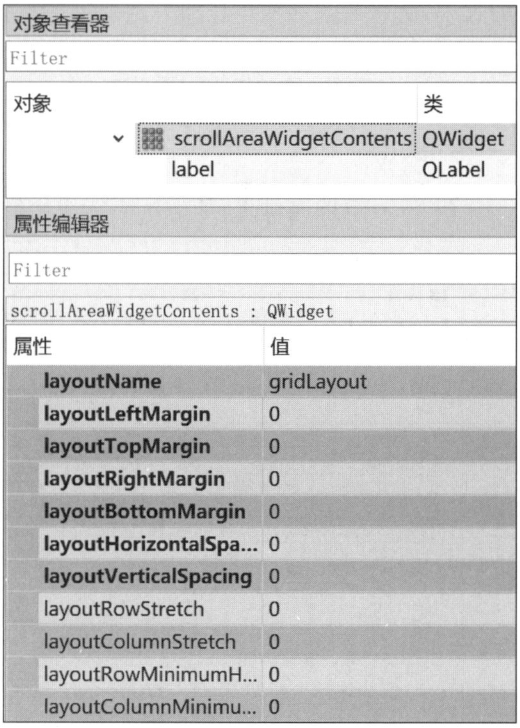　　　图 10-27　设置 scrollAreawidgetContents 边距

另存到 10.9 节目录下面，文件名为 untitled. ui 并编译为 untitled. py，新建 Python 文件并保存到 10.9 节目录下面，文件名为 10.10. py。

4. 编写代码

1）初始化代码

初始化代码如下：

```python
#//第 10 章/10.10.py
from PyQt5.Qt import *
from PyQt5 import QtWidgets, QtCore
from untitled import Ui_MainWindow
import openpyxl
class MainWindow(QMainWindow, Ui_MainWindow):
    def __init__(self, parent = None):
        super(MainWindow, self).__init__(parent)
        self.setupUi(self)
        screen = QDesktopWidget().screenGeometry()          #获取屏幕尺寸
        self.move(0, 0)                                      #将窗体移动到(0,0)
        self.resize(screen.width(), screen.height() - 105)   #改变窗体尺寸
        self.fname, _ = QFileDialog.getOpenFileName(self, '选择图像文件', \
                        './','Image files ( * .jpg * .jpeg)')  #选择图像文件
        self.width0 = QPixmap(self.fname).width()            #获取图像宽、高
        self.height0 = QPixmap(self.fname).height()
        self.label.resize(self.width0, self.height0)         #设置标签的宽、高
```

```
        self.scrollAreaWidgetContents.setGeometry(QtCore.QRect(0, 0,
            self.width0, self.height0))              #设置子窗体的宽、高
        self.width1 = self.label.width()            #标签的宽度和高度
        self.height1 = self.label.height()
        self.label.setScaledContents(True)          #图像自适应标签大小
        self.label.setPixmap(QPixmap(self.fname))   #加载图像
        self.i = 1                                  #初始化坐标计数器
        self.listzb = []                            #初始化坐标列表
        print('''                                   #使用说明
        1.打开图像文件.
        2.双击要采集的坐标点.
        3.单击要保存的坐标类型.
        ''')
```

因为标签 label 放在滚动区域的子窗体 scrollAreaWidgetContents 内，所以要同时设置二者的大小才能正确显示图像。【放大】和【缩小】按钮中的设置同理。

2）放大按钮功能

放大按钮功能，代码如下：

```
#//第 10 章/10.10.py
@pyqtSlot()
def on_pushButton_clicked(self):                    #放大按钮功能
                                                    #将标签放大到 1.2 倍
    self.label.resize(self.label.width() * 1.2, self.label.height() * 1.2)
                                                    #子窗体放大 1.2 倍
    self.scrollAreaWidgetContents.setGeometry(QtCore.QRect(0,0,
                            self.label.width(),self.label.height()))
    self.width1 = self.label.width()               #将宽度和高度写入变量
    self.height1 = self.label.height()
```

3）缩小按钮功能

缩小按钮功能，代码如下：

```
#//第 10 章/10.10.py
@pyqtSlot()
def on_pushButton_2_clicked(self):                  #缩小按钮功能
                                                    #将标签缩小 0.8 倍
    self.label.resize(self.label.width() * 0.8, self.label.height() * 0.8)
                                                    #子窗体缩小 0.8 倍
    self.scrollAreaWidgetContents.setGeometry(QtCore.QRect(
                            0,0,self.label.width(),self.label.height()))
    self.width1 = self.label.width()               #将宽度和高度写入变量
    self.height1 = self.label.height()
```

4）选择图像按钮功能

选择图像按钮的功能，代码如下：

```
#//第 10 章/10.10.py
@pyqtSlot()                                         #打开文件对话框
def on_pushButton_3_clicked(self):
```

```
self.fname, _ = QFileDialog.getOpenFileName(self, '选择图像文件','./',
                                     'Image files ( * .jpg * .jpeg)')
self.width0 = self.label.width()                        #图像宽、高
self.height0 = self.label.height()
self.width1 = self.label.width()                        #标签的宽、高
self.height1 = self.label.height()
self.label.setScaledContents(True)                      #图像自适应标签
self.label.setPixmap(QPixmap(self.fname))               #加载图像
```

5）鼠标双击事件

鼠标双击事件的代码如下：

```
#//第 10 章/10.10.py
                                                  #鼠标双击事件
def mouseDoubleClickEvent(self, event):
    if len(self.listzb) == 0:                     #坐标列表元素数为 0
        self.i = 1                                #将列表计数器初始化为 1
    bili = self.width0/self.width1                #计算图像缩放比例
                                                  #计算像素的坐标
    x = int((event.x() + self.scrollArea.horizontalScrollBar().value()) * bili)
    y = int((event.y() + self.scrollArea.verticalScrollBar().value()) * bili)
    exec ("self.lineEdit_{0}.setText(str({1}) + ',' + str({2}))".format(self.i,x,y))
                                                  #将坐标写入文本框
    self.listzb.append((x,y))                     #将坐标写入列表
    self.i = self.i + 1                           #将坐标点计数器加 1
```

因为已经将控件边距设置为 0，所以图像的位置坐标是 (0,0)，event. x 与 event. y 既是控件 self. label 中的坐标，也是图像的像素的坐标；如果滚动条移动，则应再加上滚动条的值；乘以缩放的比例 bili，最后便可得到像素的坐标，公式如下：

像素的坐标 = (相对坐标 + 滚动条的值) * 缩放比例

exec() 函数用于执行字符串内的命令，例如 exec("print(1＋1)") 的结果为 2。

6）将考号坐标写入 Excel 文件

如果是条形码考号，则程序只需采集条形码区域的左上角和右下角的坐标；如果是涂黑考号，则程序需要采集第 1 位考号 0 的左上角和右下角坐标、第 1 位考号 1 的左上角坐标、第 2 位考号 0 的左上角坐标，代码如下：

```
#//第 10 章/10.10py
@pyqtSlot()
def on_radioButton_clicked(self):                       #将考号坐标存入 Excel 文件
    self.cj = openpyxl.load_workbook('10zk.xlsx')        #打开 Excel 文件及工作表
    self.cs = self.cj['cs']
    for i in range(4):                                   #清空存储区域
        self.cs.cell(row = 12 + i, column = 2).value = ''
        self.cs.cell(row = 12 + i, column = 3).value = ''
    for i in range(len(self.listzb)):                    #将坐标写入文件
        if 12 + i < 16:
            self.cs.cell(row = 12 + i, column = 2).value = self.listzb[i][0]
            self.cs.cell(row = 12 + i, column = 3).value = self.listzb[i][1]
```

```
self.qingli()              #调用清空函数
self.cj.save('10zk.xlsx')  #保存并关闭文件
self.cj.close()
```

其他坐标点的采集程序与之相似，不再重复。

7）清除函数

因为每次存储数据后都需要清除列表 self.listzb 和单行文本框，所以需要一个清除函数，代码如下：

```
#//第 10 章/10.10.py
#清空列表和单行文本框函数
@pyqtSlot()
def qingli(self):
    for i in range(self.i):
        exec("self.lineEdit_{0}.setText('')".format(i + 1))
    self.listzb.clear()
```

5. 测试代码

运行程序，双击采集坐标点，选择坐标类别，打开 Excel 文件，结果如图 10-28 所示。

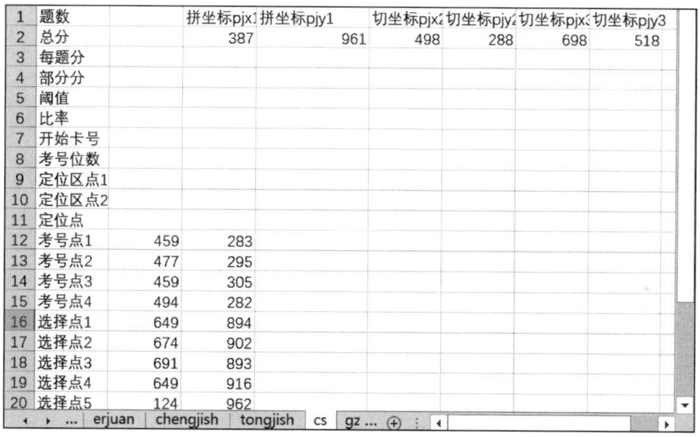

	题数	拼坐标pjx1	拼坐标pjy1	切坐标pjx2	切坐标pjy2	切坐标pjx3	切坐标pjy3
1	题数						
2	总分	387	961	498	288	698	518
3	每题分						
4	部分分						
5	阈值						
6	比率						
7	开始卡号						
8	考号位数						
9	定位区点1						
10	定位区点2						
11	定位点						
12	考号点1	459	283				
13	考号点2	477	295				
14	考号点3	459	305				
15	考号点4	494	282				
16	选择点1	649	894				
17	选择点2	674	902				
18	选择点3	691	893				
19	选择点4	649	916				
20	选择点5	124	962				

erjuan chengjish tongjish cs gz ...

图 10-28　测试结果

程序能够正确地将图像上的像素坐标采集到 Excel 文件中。

10.10　生成配音 MP3

1. 需求

为了提高制作视频的质量和速度，需要调用百度 AI 生成视频的配音，效果如图 10-29 所示。

输入文字，单击【播放】按钮生成并播放 MP3 文件，可以暂停播放，可以继续播放，可以停止播放，还可以设置语音、语速、音调、音量，并且在输入文字过程中显示输入字符的个数。

2. 思路

百度 AI 把文字转换为语音，pygame 库控制声频文件的播放。

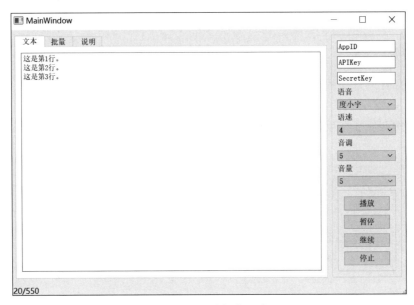

图 10-29　生成视频配音

3. 创建 UI

运行 Qt Designer,选择 MainWindow→【创建】,去除菜单栏,从控件工具箱拖入窗体 1 个 ▦ Tab Widge,将第 1 个选项卡的 currentTabtext(显示文本)属性值修改为"文本",并拖进去 1 个 🆎 Text Edit(多行文本框)。

在选项卡右边拖入 1 个 ▣ Group Box,右击窗体空白处,选择【布局】→水平布局;在【对象查看器】中选中刚创建的水平布局器,在【属性编辑器】中将 layoutStretch 属性值设置为 9,2,即 ▦ Tab Widge 与 ▣ Group Box 的比例为 9:2。

将 3 个 🔤 Line Edit 拖入 Group Box 中,text 的属性值分别为 AppID、APIKey、SecretKey。

将 4 个 Label 拖入 ▣ Group Box 内,text 的属性值分别为"语音""语速""音调""音量";将 4 个 🔽 Combo Box 拖入 ▣ Group Box 内,双击第 1 个 comboBox,如图 10-30 所示。

单击 ➕ 添加项目"度小美""度小宇",将 currentIndex 属性值设置为 1(将当前索引值设置为 1,即"度小宇")。百度 AI 提供了多种角色配色,这是为了简化问题,只添加了两个。

双击第 2 个 comboBox_2,如图 10-31 所示。

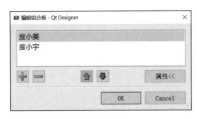

图 10-30　编辑下拉菜单 comboBox

图 10-31　编辑下拉菜单 comboBox_2

单击 ➕ 添加项目"1"~"15",将 currentIndex 属性值设置为4(将当前索引值设置为4)。百度 AI 把速度分为15级,5级为中速,讲解类的配音语速要稍稍慢一点。

音调下拉菜单 comboBox_3 的设置与语速下拉菜单 comboBox_2 完全相同,为音量下拉菜单 comboBox_4 添加项目"1"~"9",将 currentIndex 属性值设置为5,方法相同,不再重复。

在 comboBox_4 下面拖入1个 🖼 Group Box_2,在 Group Box_2 内再拖入4个 🆗 Push Button,将 text 的属性值分别修改为"播放""暂停""继续""停止"。右击 🖼 Group Box_2,选择【布局】→【垂直布局】。将文件名保存为 untitled.ui,然后存放到项目目录 10.10 节,编译为 untitled.py。新建 Python 文件并保存到 10.10 节的目录下面,文件名为 10.11.py。

4. 编写代码

1)播放按钮

播放按钮的代码如下:

```python
#//第10章/10.11.py
@pyqtSlot()
def on_pushButton_clicked(self):                        #播放按钮
    self.AppID = self.lineEdit.text()                   #读取 AppID
    self.AppKey = self.lineEdit_2.text()                #读取 AppKey
    self.SecretKey = self.lineEdit_3.text()             #读取 SecretKey
    if self.AppID == 'AppID' or self.AppKey == 'APIKey' or self.SecretKey == 'SecretKey':
                                                        #默认百度 Key
        self.AppID = 'AppID'
        self.AppKey = 'AppKey'
        self.SecretKey = 'SecretKey'
    if self.AppID == 'AppID' or self.AppKey == 'APIKey' or self.SecretKey == 'SecretKey':
                                                        #当二者均为空时提示
        print('百度 Key 不能为空.')
        self.textEdit.setHtml('< font size = "10" color = "red">百度 Key 不能为空.</font>')
    self.yuyin = int(self.comboBox.currentIndex())      #获取语音角色
    self.yushu = int(self.comboBox_2.currentIndex())    #获取语速
    self.yindiao = int(self.comboBox_3.currentIndex())  #获取音调
    self.yinling = int(self.comboBox_4.currentIndex())  #获取音量
    self.textstr = self.textEdit.toPlainText().replace(' ','')
    client = AipSpeech(self.AppID, self.AppKey, self.SecretKey)
    self.result = client.synthesis(self.textstr, 'zh', 1, {
        'per': self.yuyin,                              #角色
        'spd': self.yushu,                              #语速
        'vol': self.yinling,                            #音量
        'AUE': 3 })                                     #格式
    if not isinstance(self.result, dict):              #返回
        with open('cs1.mp3', 'wb') as f:
            f.write(self.result)
    else:
        print(dict)
    mixer.init()                                        #初始化
    mixer.music.load('cs1.mp3')                         #加载文件
    mixer.music.play()                                  #播放
```

'AUE'用来设置下载的文件格式,当参数为3时文件格式为 MP3,当参数为4时文件格

式为 pcm-16k,当参数为 5 时文件格式为 pcm-8k,当参数为 6 时文件格式为 WAV。

　　如果请求成功,则返回二进制语音,如果请求失败,则返回字典。if not isinstance(self. result,dict)用来判断 self. result 的类型是否为 dict,如果是 dict(字典类型),则 isinstance (self. result,dict) 的值为 True。

　　2) 其他按钮

　　其他按钮,代码如下:

```python
# //第 10 章/10.11.py
@pyqtSlot()
def on_pushButton_2_clicked(self):               # 暂停按钮
    mixer.music.pause()

@pyqtSlot()
def on_pushButton_3_clicked(self):               # 继续按钮
    mixer.music.unpause()

@pyqtSlot()
def on_pushButton_4_clicked(self):               # 继续按钮
    mixer.music.stop()

@pyqtSlot()
def on_textEdit_textChanged(self):               # 文本内容改变时
    self.textstr = self.textEdit.toPlainText()   # 状态栏显示字数
    self.statusBar.showMessage(str(len(self.textstr)) + '/512', 0)
```

　　self. statusBar. showMessage(str(len(self. textstr))+'/512',0)命令用于在状态栏显示多行文本框内的字符个数,百度 AI 将字符个数限制为约 512 个字符。参数 str(len(self. textstr))+'/512'为显示的信息,显示信息必须是字符串类型,所以需要用 str()函数把数字转换为字符串。参数 0 为显示信息的时间,单位是毫秒,正值表示信息显示指定时间后消失,0 表示无限时间。

　　Mixer 的常用方法见表 10-2,引入方法为 from pygame import mixer。

表 10-2　Mixer 的常用方法

方　　法	示　　例	说　　明
init()	mixer. init()	初始化
load()	mixer. music. load('cs1. mp3')	加载音乐
unload()	mixer. music. unload()	卸载当前加载的音乐以释放资源
play()	mixer. music. play() mixer. music. play(start=1.0)	播放音乐 从 1s 开始播放
pause()	mixer. music. pause()	暂停播放
unpause()	mixer. music. unpause()	恢复播放
stop()	mixer. music. stop()	停止播放
get_volume()	mixer. music. get_volume()	将获取音量(0.0~1.0)
set_volume()	mixer. music. set_volume(0.1)	将音量设置为 0.1
get_pos()	mixer. music. get_pos()	获取播放时间(毫秒)
set_pos(1)	mixer. music. set_pos(1)	将播放位置设置为 1s

5．测试

　　输入文本，设置好语音、语速、音调、音量，单击【播放】按钮，开始播放生成的语音文件，同时保存为 cs1.mp3 文件。也可以暂停、继续播放声频文件。

　　多音字可以通过标注自定义发音，例如重(chong2)报集团。中英文混合时优先中文发音，例如" I bought 3 books"中的 3 读作 three；" 3 books are bought"中的 3 读作 three；"我们买了 3 books"中的 3 读作"三"。

第四篇　OpenCV图像处理

第 11 章

OpenCV 的安装和简单使用

OpenCV 主要用于图像处理和计算机视觉,本章重点介绍 OpenCV 图像处理部分的相关知识。

11.1　图像的基础知识

1. 图像的分类

图像文件按计算机的存储方式分为矢量格式和位图格式,按图像本身的颜色分为黑白图像、灰度图像和彩色图像。

(1) 矢量格式(矢量格式)是用一系列的绘图指令、参数及数学公式来表示一张图。常见的处理矢量图形的软件有 AutoCAD 等。矢量图缩放到任意大小和任意分辨率后都很清晰。

(2) 位图格式是直接描述像素属性的图像文件格式。计算机屏幕上的图像是由屏幕上的发光点(像素)构成的,对每个点用二进制数据来描述其颜色与亮度等属性。计算机存储位图就是存储图像各像素的位置和颜色等数据。常见的绘制位图的软件有 Windows 的画图板、Photoshop 等。常见的位图扩展名为 bmp、jpg、tif、gif 等。

位图是由多个像素构成的,位图放大到一定程序后就会出现马赛克,如图 11-1(b)所示。

(a) 放大前　　　　　　　　　　(b) 放大后

图 11-1　位图放大

(3) 黑白图只包含黑白两种信息,所以也称为二值图,如图 11-2(a)所示。

(4) 灰度图除包含黑色和白色外,还包含灰色调,如图 11-2(b)所示。

(a) 二值图　　　　　　　(b) 灰度图

图 11-2　二值图与灰度图

（5）彩色图中的每像素是用多个位来表示的，常用的是 24 位彩色图像，它是由 3 个 8 位的 RGB 通道组成的。

2．图像文件的属性

图像文件的属性有分辨率、位深、大小等。

1）分辨率

当一张图像的分辨率为 1279×1706 时，表示宽度占 1279 像素，高度占 1706 像素，如图 11-3 所示。

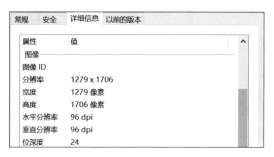

图 11-3　图像的分辨率

水平分辨率和垂直分辨率是指图像输出时每英寸输出的点数，例如，96dpi 表示每英寸输出的点数为 96 个。

图 11-4　手机进制转换工具

2）位深

位深是描述图像中每像素的数据所占的位数。例如，二值图的位深只有 1 位，黑色用 0 表示，白色用 1 表示，可表示的颜色共 $2^1=2$ 种；灰度图的位深是 8 位，二进制 8 位数最大就是 1111 1111，其对应的十进制数是 255，手机进制转换工具如图 11-4 所示。

所以灰度图中每像素可以由 $0\sim255$ 共 $2^8=256$ 个灰度值表示；一般的彩色照片的位深是 24 位，每像素由 3 个二进制 8 位存储红、绿、蓝的颜色值，可以表示 $2^{24}=16\,777\,216$ 种颜色，也称为真彩色。

3）大小

由前面知识可知图像文件的大小＝像素宽度×像素高度×像素位数÷8（字节），以第 11 章 image 文件夹中的 barbara.bmp 文件为例，它的属性如图 11-5 所示。

图 11-5   图像大小

图像大小＝720×576×24÷8＝1 244 160 字节，它比真实的大小1 244 214 字节小，因为图像还要包括一些图像的属性信息。其他格式图像如 jpg 格式，实际大小比公式算出来的小，为什么呢？答案在本节最后"图像文件的常见格式"内。

3. 图像的色彩模式

图像的色彩模式有 RGB 模式、CMYK 模式、HSB 模式及 HLS 模式等。在不同的场境可使用不同的模式。

1) RGB 模式

RGB 模式是显示器所采用的模式，即由红(Red)、绿(Green)、蓝(Blue)三基色按不同的比例混合生成各种颜色。如 R、G、B 都取 255，则光点为白色；如 R、G、B 都取 0，则光点为黑色，如图 11-6 所示。

2) CMYK 模式

CMYK 模式是打印机采用的颜色模式，CMYK 是 Cyan(青)、Magenta(品红)、Yellow(黄)、Black(黑)的缩写。一般来讲，任何一种颜料(或墨水)的颜色都可以由 3 种基本颜色(青、品红、黄)的颜料按一定的比例混合而成，如图 11-7 所示。

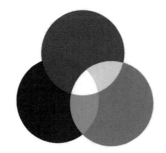

图 11-6   RGB 模式

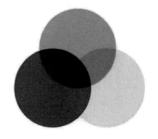

图 11-7   CMYK 模式

3) HSB 模式与 HLS 模式

HSB 模式是一种体现人的直觉的、画家使用的配色模式。H 表示色调(Hue)，它是各种色彩相互区分的特性；S 表示饱和度（Saturation），它表示色彩的强度或纯洁度；B 表示亮度（Brightness），它表示色彩相对的明暗程度。利用 HSB 模式，使用者只要选择色调、亮度和饱和度，就可以调配出所需要的颜色，如图 11-8(a)所示。HLS 模式中的 H、L 与 S 分别表示色度（Hue）、明度（Lightness）与饱和度（Saturation），它与 HSB 模式类似，如图 11-8(b)所示。

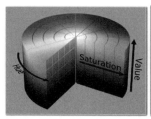 

(a) HSB模式　　　　　　　　(b) HLS模式

图 11-8　HSB 与 HLS 模式

4. 图像的色彩通道

色彩通道用于保存相应的颜色信息，例如，在印刷过程中，彩色图像一般是经过四个印版来印刷的，四个印版分别印刷青色（Cyan）、品红（Magenta）、黄色（Yellow）及黑色（Black）。一个通道相当于印刷中的一个印版，每个通道保存一种颜色的数据。

计算机屏幕上显示的色彩通常是由红（Red）、绿（Green）、蓝（Blue）3 种基本颜色混合而成的。保存每种颜色的信息及对其进行调整处理所提供的方式或途径就是相应颜色的色彩通道。例如，RGB 图像，计算机中保存的是此幅图像中的 3 种颜色的数据，对应的就有红、绿、蓝 3 种颜色的通道。

5. 位图的常见格式

位图的常见格式的扩展名有 bmp、jpg、png、gif 等。

1）BMP 格式

BMP 格式是将图像的点阵图以无损形式保存的，其优点是不会降低图像的质量，缺点是文件比较大。

2）JPG/JPEG 格式

JPG/JPEG 格式使用有损压缩来减小图像的大小，因此用户将看到随着文件的减小，图像的质量也降低了。

3）PNG 格式

PNG 格式使用无损压缩来减小图像的大小，除了 RGB 通道，还可以保留透明度通道，最高支持 $4 \times 8 = 32$ 位，文件略大。

4）GIF 格式

GIF 格式是一种无损压缩的 8 位 256 色的图像文件，因为只有 256 种颜色，所以文件小，不能用于存储真彩的图像文件。

5）TIFF 格式

TIFF 格式存储着多种信息，如图像所在的经纬度等信息，所以文件较大。

不同的图像格式存储的算法不同，不同格式的图像可以通过程序相互转换，但是不能通过修改扩展名来改变图像格式，格式转换详见 11.7 节、14.2 节、14.3 节。

11.2　NumPy 库简介

OpenCV 处理图像的优点是速度快,原因是它用矩阵的方式进行运算,此方式可快速改变所有像素而不需要遍历。NumPy 库可以支持大量的维度数组和矩阵运算(NumPy 数组也称为矩阵),OpenCV 读取的图像是 NumPy 数组的形式,因此,OpenCV 经常用 NumPy 工具进行图像处理。安装命令如下:

```
pip install numpy
```

1. 产生一维数组

NumPy 可以把列表转换为一维数组,示例代码如下:

```
#//第 11 章/11.1.py
import numpy as np
print(np.array([1,2,3,4]))                        #将列表转换为一维数组
print(np.array([1,2,3,4],dtype = np.float32))     #转换并指定数据类型
print(np.zeros(5))                                #全 0,一维数组 5 个 0
print(np.ones(5,dtype = np.int32))                #全 1,一维数组 5 个 1
print(np.random.rand(5))                          #随机 5 个数一维数组
print(np.full(3,7))                               #3 个定值 7 一维数组
print(np.arange(5))                               #0~4 的一维数组
print(np.arange(2,10,2))                          #2 4 6 8 一维数组
```

运行结果如下:

```
[1 2 3 4]
[1. 2. 3. 4.]
[0. 0. 0. 0. 0.]
[1 1 1 1 1]
[0.31674516 0.69952029 0.04791081 0.08051027 0.61953355]
[7 7 7]
[0 1 2 3 4]
[2 4 6 8]
```

2. 产生多维数组

多维数组的产生与一维数组的产生类似,只是增加了行数,示例代码如下:

```
#//第 11 章/11.2.py
import numpy as np
s1 = np.array([[1,2,3,4],[5,6,7,8]])              #转 2 行 4 列二维数组
s2 = np.zeros((2,3))                              #全 0 的 2 行 3 列数组
s3 = np.full((2,3),4)                             #全 4 的 2 行 3 列数组
print(s1)
print()
print(s2)
print()
print(s3)
```

运行结果如下:

```
[[1 2 3 4]
 [5 6 7 8]]

[[0. 0. 0.]
 [0. 0. 0.]]

[[4 4 4]
 [4 4 4]]
```

3. 数组的属性
数组的属性包括大小、行列数、维数等,示例代码如下:

```
#//第11章/11.3.py
import numpy as np
s1 = np.array([[1,2,3,4],[5,6,7,8]])
print(s1.shape)              #获取行列数
print(s1.ndim)               #维数、轴数
print(s1.size)               #获取个数
```

运行结果如下:

```
(2, 4)
2
8
```

4. 数组的索引与切片
一维数组的索引和切片与字符串的索引和切片相同,示例代码如下:

```
#//第11章/11.4.py
import numpy as np
#一维数组的切片
a = np.array([1,2,3,4,5,6])
print(a[1:5:2])
#二维数组切片
a = np.array([[1,2,3],[4,5,6]])
#打印第1行(逗号前为行范围,逗号后为列范围)
print(a[0:1,:])
#行切片[0:1],即第1行,列切片[::2],即从0到尾,步幅为2
print(a[0:1,::2])
#三维数组切片,要切片哪个二维数组.这通常作为索引中的第1个值出现
a = np.array([[[1,2],[3,4],[5,6]],
[[7,8],[9,10],[11,12]],
[[13,14],[15,16],[17,18]]])
#第0个二维数组的0行0列
print(a[0,0,0])
#第1个到最后,0至2行,0至2列
print(a[1:,0:2,0:2])
```

运行结果如下:

```
[2 4]
[[1 2 3]]
```

```
[[1 3]]
1
[[[ 7 8]
  [ 9 10]]

[[13 14]
  [15 16]]]
```

5. 数组的计算

np 数组可以直接对所有的元素进行计算,代码如下:

```
#//第 11 章/11.5.py
import numpy as np
a = np.array([1,2,3])
b = np.array([4,5,6])
print(a - 5)                    #所有元素都减5
print(a ** 2)                   #所有元素都取平方
print(a * b)                    #两个数组相乘
```

运行结果如下:

```
[-4 -3 -2]
[1 4 9]
[ 4 10 18]
```

6. 数组形状(行列)的改变

np 在不改变数值的情况下,可以改变数组的形状(维度、行、列),代码如下:

```
#//第 11 章/11.6.py
import numpy as np
a = np.array([1, 2, 3, 4, 5, 6, 7, 8])          #生成一维数组
print('a')
print(a)
b = a.reshape((2,4))                             #转换为 2 行 4 列
print('b')
print(b)
c = a.reshape((-1,2))                            #转换为 x 行 2 列数组
print('c')
print(c)
d = a.reshape((2, -1))                           #转换为 2 行 x 列数组
print('d')
print(d)
e = a.reshape((2,2,2))                           #转换为 0、1、2 共 3 个维度的 2 行 2 列数组
print('e')
print(e)
f = a.reshape((-1,1,2))                          #转换为 x 维度的 1 行 2 列数组
print('f')
print(f)
```

运行结果如下:

```
a
[1 2 3 4 5 6 7 8]
```

```
b
[[1 2 3 4]
 [5 6 7 8]]
c
[[1 2]
 [3 4]
 [5 6]
 [7 8]]
d
[[1 2 3 4]
 [5 6 7 8]]
e
[[[1 2]
  [3 4]]

 [[5 6]
  [7 8]]]
f
[[[1 2]]

 [[3 4]]

 [[5 6]]

 [[7 8]]]
```

对于维度、行数、列数来讲，如果哪个不确定就用－1代替，表示根据数据自动计算。

7. 本书用到的 np 例子

本书中尽量少用 np 数组，下面是本书用到的 6 种方法，代码如下：

```python
#//第 11 章/11.7.py
import numpy as np
n1 = np.array([1.1,2,3.5,4.0])
print(n1)
#1.取整数
n1 = np.int0(n1)
print(n1)
#2.产生 3 行 3 列全是 1 的 8 位数组
k = np.ones((3,3),np.uint8)
print(k)
#3.产生 3 行 3 列 3 通道全是 0 的 24 位数组,即 RGB 模式 3 * 3 白色的图像
img = np.zeros((3,3,3),np.uint8)
print(img)
#4.将 2 行 2 列二维数组(32 位)转换为 3 个点的坐标
pts = np.array([[200,50],[300,200],[200,350]],np.int32)
print(pts)
#5.转换为 2 行 3 列浮点数 32 位数组
M = np.float32([[1, 0, 100], [0, 1, 100]])
print(M)
pts = np.array([[200,50],[300,200],[200,350],[100,200]],np.int32)
#6.转换为不确定维度 1 行 2 列数组
pts = pts.reshape((-1,1,2))
print(pts)
```

运行结果如下：

```
[1.1 2. 3.5 4. ]
[1 2 3 4]
[[1 1 1]
 [1 1 1]
 [1 1 1]]
[[[0 0 0]
  [0 0 0]
  [0 0 0]]

 [[0 0 0]
  [0 0 0]
  [0 0 0]]

 [[0 0 0]
  [0 0 0]
  [0 0 0]]]
[[200 50]
 [300 200]
 [200 350]]
[[ 1. 0. 100. ]
 [ 0. 1. 100. ]]

[[[1 2]]
 [[3 4]]
 [[5 6]]
 [[7 8]]]
```

11.3 OpenCV 的安装

打开 cmd 命令行窗口，安装命令如下：

```
pip install opencv - python
```

测试是否成功，命令如下：

```
import cv2
```

如果没有报错，则表示安装成功。

11.4 OpenCV 打开、显示与保存

OpenCV 打开、显示与保存，代码如下：

```
# //第 11 章/11.8.py
import cv2
i = cv2.imread("lena1.bmp", - 1)          # 读取图像
cv2.imshow("image", i)                     # 显示图像
cv2.waitKey()                              # 等待按键
```

```
cv2.destroyAllWindows()                    #注销所有窗口
cv2.imwrite("lesson1.png",i)               #保存图像
```

i＝cv2.imread("lena1.bmp",－1)命令的参数 i 表示返回打开后的图像；参数"lena1.
bmp"表示打开图像文件的路径；参数－1 表示按图像原有的格式打开,不改变图像的格式,
如果原来是灰度图,打开后的格式就是灰度图。如果灰度图以默认值 1 打开,则返回的对象
i 是 BGR 格式、3 通道、24 位图像模式。

cv2.imshow("image",i)用于显示图像,参数"image"用于显示图像窗口的"标题";参
数 i 是显示的"图像";OpenCV 不支持中文的窗口标题。

waitKey()的默认参数是 0,表示无限等待,直到按任意键后,才执行后面的代码,也可
以指定多少毫秒以后关闭,返回值为按键的值。

destroyAllWindows()用于关闭所有的 show()窗口,destroyWindow()可以关闭指定
"标题"的窗口。

imwrite("lesson1.png",i)用于保存图像,参数"lesson1.png"是保存的路径,参数 i 是
图像。

以上是默认的打开方式,不能调整窗口的大小。调整窗口的大小,示例代码如下：

```
#//第 11 章/11.9.py
import cv2
i = cv2.imread("img1.jpg")
cv2.namedWindow("enhanced",0)              #0 可改变窗口大小位置
cv2.resizeWindow("enhanced",(2160, 1440)) #调整窗口大小
cv2.imshow("enhanced",i)                   #显示窗口
cv2.moveWindow("enhanced",0,0)             #移动窗口
#cv2.resizeWindow("Demo", 3220, 2000)
cv2.waitKey()
```

11.5　查看图像属性

图像的属性包含图像的宽度、高度、大小、通道数等信息,示例代码如下：

```
#//第 11 章/11.10.py
import cv2
a = cv2.imread("lena8.bmp",－1)
b = cv2.imread("lenac.png",－1)
print(a.shape)                   #宽、高、通道数
print(b.shape)                   #宽、高、通道数
print(a.size)                    #图像大小
print(b.size)
print(a.dtype)                   #每像素数据的位数
print(b.dtype)
```

运行结果如下：

```
(256, 256)
(512, 512, 3)
```

```
65536
786432
uint8
uint8
```

11.6 像素的访问与修改

1. 灰度图像素的访问与修改

示例代码如下：

```
# //第11章/11.11.py
import cv2
i = cv2.imread("lena8.bmp", - 1)
print(i[0,1])                    #读取0行1列的值
i[0,1] = 255                     #将0行1列值修改为255
print(i[0,1])
```

运行结果如下：

```
0
255
```

i[0,1]的第1个参数0是指第0行数，第2个参数1是指第1列。

i[0,1]=255表示把第0行第1列的像素值修改为255。

2. 彩色图像素的访问与修改

彩色图像素的访问与修改的代码如下：

```
# //第11章/11.12.py
import cv2
i = cv2.imread("lena24.jpg", - 1)
print(i[10,10,0])
i[10,10,0] = 0                   #1个通道1像素
print(i[10,10,0])

print(i[10,10])
i[10,10] = 0                     #3个通道1像素
print(i[10,10])

cv2.imshow("original",i)
i[10:20,20:30] = [0]             #3通道多像素
cv2.imshow("result",i)
cv2.waitKey(0)
cv2.destroyAllWindows()
```

运行结果如下：

```
111
0
[ 0 133 228]
[0 0 0]
```

i[10,10,0]的第 1 个参数 10 表示行数,即第 10 行;第 2 个参数 10 表示列数,即第 10 列;第 3 个参数 0 是通道数,0 通道即 B 通道,OpenCV 的通道顺序是 BGR,即蓝绿红,与显示器的 RGB 顺序不同。

由此可知,彩色图像素的访问和修改,若不指定通道,则访问或修改的是 3 个通道的值;若指定通道,则访问或修改的是指定通道的值。

11.7 图像类型的转换

图像的格式转换函数为 cvtColor(),语法格式如下:

```
dst = cv2.cvtColor(src,code)
```

其中,dst 表示输出的图像,src 是原始图像,code 是转化码,常用的转换码见表 11-1。

表 11-1　常用的转换码

转　换　码	描　　述	示　　例
cv2.COLOR_BGR2GRAY	BGR 转灰度	cv2.cvtColor(img,cv2.COLOR_BGR2GRAY)
cv2.COLOR_GRAY2BGR	灰度转 BGR	cv2.cvtColor(img,cv2.COLOR_GRAY2BGR)
cv2.COLOR_RGB2BGR	RGB 转 BGR	cv2.cvtColor(a,cv2.COLOR_RGB2BGR)
cv2.COLOR_BGR2RGB	BGR 转 RGB	cv2.cvtColor(a,cv2.COLOR_BGR2RGB)
cv2.COLOR_BGR2HSV	BGR 转 HSV	cv2.cvtColor(a,cv2.COLOR_ BGR2HSV)
cv2.COLOR_HSV2BGR	HSV 转 BGR	cv2.cvtColor(a,cv2.COLOR_ HSV2BGR)
cv2.COLOR_BGR2HLS	BGR 转 HLS	cv2.cvtColor(a,cv2.COLOR_ BGR2HLS)
cv2.COLOR_HLS2BGR	HLS 转 BGR	cv2.cvtColor(a,cv2.COLOR_ HLS2BGR)

示例代码如下:

```
#//第 11 章/11.13.py
import cv2
a = cv2.imread("lena24.bmp")
b = cv2.cvtColor(a,cv2.COLOR_BGR2GRAY)          # BGR 转灰度
cv2.imshow("lenaColor",a)                        # 显示原图
cv2.imshow("lenaGray",b)                         # 显示灰度图
cv2.imwrite("lena8.bmp",b)                       # 保存灰度图
cv2.waitKey()
cv2.destroyAllWindows()
```

第 12 章

绘图与几何变换

绘图是在图像上绘制线、圆、矩形等图形。

12.1 绘图

常用的绘图方法见表 12-1。

表 12-1 常用的绘图方法

方 法	描 述	示 例
line()	画直线	cv2.line(img,(0,0),(n,n),(255,0,0),3)
circle()	画圆	cv2.circle(img,(100,100),50,(0,0,255),−1)
ellipse()	画椭圆	cv2.ellipse(img,(100,100),(100,50),0,0,90,(0,0,255),−1)
rectangle()	画矩形	cv2.rectangle(img,(20,20),(n−250,n−150),(0,0,255),5)
polylines()	画多边形	cv2.polylines(img,[pts],True,(0,0,255),3)
putText()	写字	cv2.putText(img,'te1xt',(30,300),cv2.FONT_HERSHEY_SIMPLEX,2,(0,0,255),1)

这些函数的共同之处是,第 1 个参数为绘图对象,最后两个参数为颜色 BGR 的元组和画笔的粗细(正数为粗细,−1 为填充)。

示例代码如下:

```
#//第 12 章/12.1.py
import numpy as np
import cv2
img = cv2.imread('bs.bmp')
#1 直线:起点坐标(x,y),终点坐标(x,y),颜色,粗细
img = cv2.line(img,(200,50),(200,350),(255,0,0),2)
#2 圆:圆心坐标,半径,颜色,填充(粗细)
img = cv2.circle(img,(200,200),50,(0,255,0),−1)
#3 矩形:左上角坐标,宽度,高度,颜色,填充(粗细)
img = cv2.rectangle(img,(15,15),(360,360),(0,0,0),2)
#4 写字:文本,坐标,字体,字号,颜色,填充(粗细)
cv2.putText(img,'hello',(165,390),cv2.FONT_HERSHEY_SIMPLEX,1,(0,0,255),2)   #5 多边形
#生成顶点,32 位
pts = np.array([[200,50],[300,200],[200,350],[100,200]],np.int32)
#转换为不确定维度 1 行 2 列数组(坐标),−1 表示维度不确定
pts = pts.reshape((−1,1,2))
#多边形:顶点坐标数组,封闭,颜色,填充(粗细)
```

```
cv2.polylines(img,[pts],True,(0,0,255),3)
winname = '1223'
cv2.namedWindow(winname)
cv2.imshow(winname,img)
cv2.waitKey(0)
cv2.destroyAllWindows()
```

运行结果如图 12-1 所示。

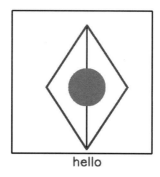

hello

图 12-1 绘图功能

12.2 鼠标交互

鼠标交互是对鼠标的信号做出相应的响应,响应函数的格式如下:

```
def OnMouseAction(event,x,y,flags,param):
```

event 表示触发事件,x 和 y 表示光标在窗口中的坐标,flags 表示鼠标的拖曳、键盘及鼠标的联合事件,param 为响应的事件函数,OnMouseAction 为响应的函数名,可以自定义。

参数 event 的值见表 12-2。

表 12-2 参数 event 的值

值	含　义
cv2. EVENT_LBUTTONDBLCLK	双击左键
cv2. EVENT_LBUTTONDOWN	按下左键
cv2. EVENT_LBUTTONDUP	抬起左键
cv2. EVENT_MBUTTONDBLCLK	双击中间键
cv2. EVENT_MBUTTONDOWN	按下中间键
cv2. EVENT_MBUTTONDUP	抬起中间键
cv2. EVENT_RBUTTONDBLCLK	双击右键
cv2. EVENT_RBUTTONDOWN	按下右键
cv2. EVENT_RBUTTONDUP	抬起右键
cv2. EVENT_MOUSEMOVE	鼠标移动
cv2. EVENT_MOUSEWHEEL	滑轮滑动(正负代表向前或向后)
cv2. EVENT_ MOUSEHWHEEL	滑轮滑动(正负代表向左或向右)

参数 flags 的值见表 12-3。

表 12-3 参数 flags 的值

值	含 义
cv2.EVENT_FLAG_ALTKEY	按下 Alt 键
cv2.EVENT_FLAG_CTRLKEY	按下 Ctrl 键
cv2.EVENT_FLAG_SHIFTKEY	按下 Shift 键
cv2.EVENT_FLAG_LBUTTON	左键拖曳
cv2.EVENT_FLAG_RBUTTON	右键拖曳
cv2.EVENT_FLAG_MBUTTON	中键拖曳

定义响应函数后,通过 cv2.setMouseCallback(窗口标题,响应函数)绑定窗口。
示例代码如下:

```
#//第 12 章/12.2.py
import cv2
img = cv2.imread('bs.bmp')
def demo(event, x, y, flags, param):          #定义鼠标事件
    if event == cv2.EVENT_LBUTTONDOWN:         #按下左键时
        print('按下了鼠标左键')
        print(x, y)                            #打印坐标
    elif event == cv2.EVENT_RBUTTONDOWN:       #按下右键时
        print('按下了鼠标右键')
    elif event == cv2.EVENT_MOUSEMOVE:         #移动鼠标时
        print('移动了鼠标')
    elif event == cv2.EVENT_LBUTTONDBLCLK:     #双击左键时
        print('双击了鼠标左键')
    elif flags == cv2.EVENT_FLAG_LBUTTON:      #左键拖动时
        print('左键拖动鼠标')
cv2.namedWindow('jh')                          #定义窗口
cv2.setMouseCallback('jh', demo)               #绑定窗口和函数
cv2.imshow('jh', img)
cv2.waitKey(0)
cv2.destroyAllWindows()
```

运行结果如图 12-2 所示。

窗口名字和响应函数一定要在 imshow()函数前面定义。

又例如,显示双击位置的坐标,代码如下:

```
#//第 12 章/12.3.py
import cv2
img = cv2.imread('bs.bmp')
def draw_circle(event,x,y,flags,param):              #定义鼠标响应函数
    if event == cv2.EVENT_LBUTTONDBLCLK:             #左键双击时
        cv2.circle(img,(x,y),3,(255,0,0), -1)        #画实心圆点写坐标
        cv2.putText(img,'({},{})'.format(x,y),(x,y + 15),\
                    cv2.FONT_HERSHEY_SIMPLEX,0.5,(0,0,255),1)

cv2.namedWindow('image')
cv2.setMouseCallback('image',draw_circle)            #绑定响应函数与窗口
while(1):
```

```
    cv2.imshow('image',img)
    if cv2.waitKey(20) & 0xFF == 27:                    #按下Esc键时退出
        break
cv2.destroyAllWindows()
```

运行结果如图12-3所示。

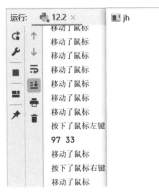

图12-2 鼠标事件

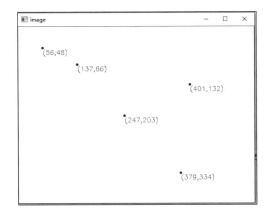

图12-3 显示双击位置的坐标

12.3 图像的几何变换

几何变换分为缩放、翻转、仿射、透视、重映射等。

1. 缩放

cv2.resize()函数用于缩放图像,示例代码如下:

```
#//第12章/12.4.py
import cv2
a = cv2.imread("lena24x.jpg")
b = cv2.resize(a,(200,100))                    #列数、行数
c = cv2.resize(a,None,fx = 1.2,fy = 0.5)       #列1.2倍、行0.5倍
cv2.imshow("yt",a)
cv2.imshow("zd",b)
cv2.imshow("bl",c)
cv2.waitKey()
cv2.destroyAllWindows()
```

运行结果如图12-4所示。

(a) 原图   (b) 比例缩放   (c) 像素缩放

图12-4 图像缩放

2. 翻转

cv2. flip()函数用于翻转图像,示例代码如下:

```
#//第12章/12.5.py
import cv2
a = cv2.imread("lena24x.jpg")
cv2.imshow("yt",a)                  #显示原图
cv2.imshow("x", cv2.flip(a,0))      #绕x轴翻转
cv2.imshow("y",cv2.flip(a,1))       #绕y轴翻转
cv2.imshow("xy",cv2.flip(a,-1))     #绕x轴和y轴翻转
cv2.waitKey()
cv2.destroyAllWindows()
```

运行结果如图 12-5 所示。

　(a)原图　　　　　(b)绕 x 轴翻转　　　　(c)绕 y 轴翻转　　　　(d)绕 x 轴和 y 轴翻转

图 12-5　图像翻转

cv2. flip(a,0)函数的参数 a 为原图,参数 1 表示绕 x 轴翻转,参数 1 表示绕 y 轴翻转,参数−1 表示同时绕 x 轴和 y 轴翻转。

3. 平移

平移图像,先构造一个平移的矩阵 M,再用 cv2. warpAffine(img,M,(height,width)) 函数平移图像,参数 img 是原图、M 是平移矩阵、(height,width)是平移后的高度和宽度,示例代码如下:

```
#//第12章/12.6.py
import cv2
import numpy as np
a = cv2.imread('image/lenacolor.png')
height,width = a.shape[:2]
x = -50                             #水平向左平移50像素
y = -50                             #竖直向上平移50像素
M = np.float32([[1, 0, x], [0, 1, y]])   #构建平移矩阵
b = cv2.warpAffine(a,M,(height,width))   #平移
cv2.imshow("original",a)
cv2.imshow("move",b)
cv2.waitKey()
cv2.destroyAllWindows()
```

运行结果如图 12-6 所示。

坐标 x、y 与 PyQt5 窗体中的坐标相同,左上角为(0,0),向右为+x 方向,向下为+y

方向,正值沿正方向移动,负值沿负方向移动。

4. 旋转

旋转图像,示例代码如下:

```
#//第 12 章/12.7.py
import cv2
a = cv2.imread("lena24x.jpg")
height,width = a.shape[:2]
#构造旋转矩阵(旋转中心坐标,旋转角度,缩放比例)
M = cv2.getRotationMatrix2D((height/2,width/2),45,1.6)
#旋转
b = cv2.warpAffine(a,M,(height,width))
cv2.imshow("yt",a)
cv2.imshow("xz",b)
cv2.waitKey()
cv2.destroyAllWindows()
```

运行结果如图 12-7 所示。

(a) 原图 　　(b) 平移后的图像 　　　　　　(a) 原图 　　(b) 旋转后的图像

图 12-6　图像平移 　　　　　　　　　　　图 12-7　图像旋转

旋转图像,先构造一个旋转的矩阵 M,再用 cv2.warpAffine(img,M,(height,width)) 函数旋转图像,参数 img 是原图、M 是旋转矩阵、(height,width) 是旋转后的高度和宽度。构造旋转矩阵时,逆时针方向为正方向,顺时针方向为负方向。

5. 将矩形变换成平行四边形

将矩形变换为平行四边形,需要用原图左上角、右上角、左下角 3 个点的坐标和目标图左上角、右上角、左下角 3 个点的坐标构造变换矩阵,然后用 cv2.warpAffine(img,M,(height,width)) 函数进行变换,示例代码如下:

```
#//第 12 章/12.8.py
import cv2
import numpy as np

img = cv2.imread('drawing.png')
rows,cols,ch = img.shape
#设置原图左上角、右上角、左下角 3 个坐标
pts1 = np.float32([[50,50],[200,50],[50,200]])
#设置新图左上角、右上角、左下角 3 个坐标
pts2 = np.float32([[50,50],[200,50],[100,250]])
#设置变换矩阵
M = cv2.getAffineTransform(pts1,pts2)
```

```
#变换为平行四边形
dst = cv2.warpAffine(img,M,(cols,rows))
cv2.imshow("yt",img)
cv2.imshow("pxsbx",dst)
cv2.waitKey()
cv2.destroyAllWindows()
```

运行结果如图 12-8 所示。

6. 将平行四边形变换成任意四边形

将平行四边形变换成任意四边形,需要用原图左上角、右上角、左下角、右下角这 4 个点的坐标和目标图左上角、右上角、左下角、右下角这 4 个点的坐标构造变换矩阵,然后用 cv2. warpAffine(img,M,(height,width))函数进行变换,示例代码如下:

```
#//第12章/12.9.py
import cv2
import numpy as np
img = cv2.imread('sudoku.png')
rows,cols,ch = img.shape
#原图左上角、右上角、左下角、右下角4个点的坐标
p1 = np.float32([[28,34],[182,29],[15,190],[194,193]])
#新图左上角、右上角、左下角、右下角4个点的坐标
p2 = np.float32([[0,0],[210,0],[0,211],[210,211]])
#设置变换矩阵
M = cv2.getPerspectiveTransform(p1,p2)
#变换
dst = cv2.warpPerspective(img,M,(cols,rows))
cv2.imshow("yt",img)
cv2.imshow("bh",dst)
cv2.waitKey()
cv2.destroyAllWindows()
```

运行结果如图 12-9 所示。

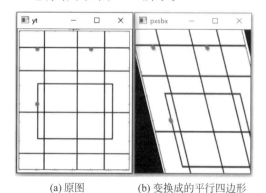

(a) 原图　　(b) 变换成的平行四边形

图 12-8　矩形变换成平行四边形

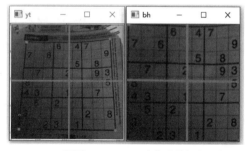

(a) 原图　　(b) 变换成的任意四边形

图 12-9　平行四边形变换任意四边形

第 13 章

图像轮廓的获取

OpenCV 的主要用途之一就是图像处理,处理之后获取图像的轮廓,然后进行识别。一般的步骤是先把图像处理为灰度图,再转换为二值图,然后去除噪点、检测边缘、查找轮廓、对轮廓进行处理等。

13.1 轮廓的获取

1. 灰度图

用 cvtColor()函数把图像转换为灰度图,示例代码如下:

```
#//第 13 章/13.1.py
import cv2
img = cv2.imread('lena24x.jpg')
hd = cv2.cvtColor(img,cv2.COLOR_BGR2GRAY)                    #转换为灰度图
cv2.imshow("yt",img)
cv2.imshow("hd",hd)
cv2.waitKey()
cv2.destroyAllWindows()
```

运行结果如图 13-1 所示。

(a) 原图   (b) 灰度图

图 13-1   转换为灰度图

2. 二值图

当将灰度图转换为二值图时需要对灰度图的每像素进行分割,OpenCV 称为阈值分割,用 threshold()函数实现,该函数的语法格式如下:

```
retval,dst = cv2.threshold(src,thresh,maxval,type)
```

其中,retval 代表返回的阈值;dst 是阈值分割后的二值图;src 是原图(灰度图);thresh 是阈值;type 是分割类型,最常用的类型有两种,分别是 cv2. THRESH_BINARY(二值化分割,大于或等于阈值 thresh 的值都变为最大值,小于阈值 thresh 的值都变为 0)和 THRESH_BINARY_INV(反二值化分割,大于或等于阈值 thresh 的值都变为 0,小于阈值 thresh 的值都变为最大值),maxval 为以上两种类型的最大值。

示例代码如下:

```
#//第 13 章/13.2.py
import cv2
a = cv2.imread("image\\lena512.bmp",0)           #打开灰度图
r,b = cv2.threshold(a,127,255,cv2.THRESH_BINARY)   #二值化
r2,b2 = cv2.threshold(a,127,255,cv2.THRESH_BINARY_INV) #反二值化
cv2.imshow("a",a)
cv2.imshow("b",b)
cv2.imshow("b2",b2)
print(r)
cv2.waitKey()
cv2.destroyAllWindows()
```

运行结果如图 13-2 所示。

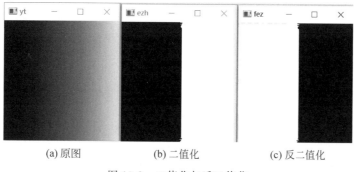

(a) 原图　　　　　(b) 二值化　　　　　(c) 反二值化

图 13-2　二值化与反二值化

阈值分割的图像类型必须是 8 位单通道图像(灰度图)。二值化与反二值化的目的均为将需要处理的对象变成白色,因为计算机认为白色是有意义的。

3. 去噪点

去掉图像上无意义的噪点,最常用的是开运算和闭运算。开运算和闭运算的图像必须是二值图。

开运算可以去掉白色图像外部的白色噪点,如果白色部分之间有细小的白色连接,则会去掉这些细小的连接,示例代码如下:

```
#//第 13 章/13.3.py
import cv2
import numpy as np
a = cv2.imread("kai.bmp")              #打开二值图
k = np.ones((3,3),np.uint8)            #设置核大小
b = cv2.morphologyEx(a,cv2.MORPH_OPEN,k)   #开运算
k2 = np.ones((5,5),np.uint8)           #设置核大小
c = cv2.morphologyEx(a,cv2.MORPH_OPEN,k2)  #开运算
```

```
cv2.imshow("yt",a)
cv2.imshow("3",b)
cv2.imshow("5",c)
cv2.waitKey()
cv2.destroyAllWindows()
```

运行结果如图 13-3 所示。

(a)原图　　　　　　(b) 核为(3,3)　　　　　　(c) 核为(5,5)

图 13-3　开运算

b＝cv2. morphologyEx(a,cv2. MORPH_OPEN,k)命令的参数 b 为返回的图像,参数 a 为原图,参数 cv2. MORPH_OPEN 表示开运算,参数 k 表示核的大小,改变核 k 的大小会影响去噪的效果,k 越大效果越明显,一般设置为奇数,如(3,3)、(5,5)等。

闭运算可以去掉白色图像内部的白色噪点,如果白色部分之间有细小的白色连接,则会加粗这些细小的连接,把白色区域连接起来,示例代码如下:

```
#//第 13 章/13.4.py
import cv2
import numpy as np
o = cv2.imread('bi.bmp')                          #打开二值图
k = np.ones((3,3),np.uint8)                        #设置核
a = cv2.morphologyEx(o,cv2.MORPH_CLOSE,k)          #闭运算
k2 = np.ones((9,9),np.uint8)                        #设置核
b = cv2.morphologyEx(o,cv2.MORPH_CLOSE,k2)         #闭运算
cv2.imshow("yt",o)
cv2.imshow("3",a)
cv2.imshow("9",b)
cv2.waitKey()
cv2.destroyAllWindows()
```

运行结果如图 13-4 所示。

(a)原图　　　　　　(b) 核为(3,3)　　　　　　(c) 核为(9,9)

图 13-4　闭运算

与开运算用法相同,核 k 的大小会影响去噪的效果。

4. 边缘检测

Canny()函数可把图像中的边缘全部找出来,示例代码如下:

```
#//第13章/13.5.py
import cv2
o = cv2.imread("lean8x.jpg", -1)
a = cv2.Canny(o,100,220)                    #查找边缘,返回图a
b = cv2.Canny(o,50,90)                      #查找边缘,返回图b
cv2.imshow("yt",o)
cv2.imshow("100",a)
cv2.imshow("50",b)
cv2.waitKey()
cv2.destroyAllWindows()
```

运行结果如图 13-5 所示。

(a) 原图　　　　　　(b) 阈值a　　　　　　(c) 阈值b

图 13-5　边缘检测

a＝cv2.Canny(o,100,200)命令的参数 a 是返回的边缘图像,参数 o 是原图,参数 100 和 220 是查找边缘的阈值,两个阈值越小,则获得的边缘信息越多。

5. 图像的轮廓

findContours()函数用于查找轮廓,drawContours()函数用于绘制轮廓。边缘是不连续的,将边缘连成整体便是轮廓。

示例代码如下:

```
#//第13章/13.6.py
import cv2
a = cv2.imread('lk.bmp')                          #以 BGR 格式打开
b = cv2.imread('lk.bmp', -1)                      #以二值图格式打开
contours, hierarchy = cv2.findContours(b,cv2.RETR_EXTERNAL,\
                        cv2.CHAIN_APPROX_SIMPLE)   #查找轮廓
c = a.copy()                                      #复制原图
s = cv2.drawContours(c,contours,1,(0,0,255),2)    #绘制轮廓
cv2.imshow("yt",a)                                #显示原图
cv2.imshow("lk",s)                                #显示绘制图
cv2.waitKey()                                     #等待任意键
cv2.destroyAllWindows()                           #注销所有窗口
```

运行结果如图 13-6 所示。

代码说明如下:

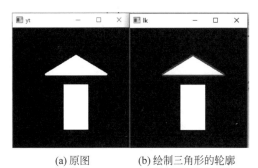

(a) 原图　　　(b) 绘制三角形的轮廓

图 13-6　绘制轮廓

查找轮廓的对象必须是二值图。绘制轮廓的对象必须是 BGR 图,因为在二值图和灰度图上无法绘制彩色图形。

contours,hierarchy＝cv2.findContours(b, cv2.RETR_EXTERNAL,cv2.CHAIN_APPROX_SIMPLE)命令的返回值分别是轮廓信息 contours 和轮廓的层次信息 hierarchy,通常只用轮廓信息,它的类型是列表,列表的每个元素是一个轮廓的点的数组。len(contours)用于获取轮廓个数。len(contours[0])用于获取第 1 个轮廓点的个数。

findContours()的第 1 个参数 b 表示查找轮廓的二值图,第 2 个参数 cv2.RETR_EXTERNAL 表示只查找外层轮廓,第 3 个参数 cv2.CHAIN_APPROX_SIMPLE 表示对轮廓的点进行压缩,例如水平线、竖直线、对角线,并且只用起点和终点坐标表示。

s＝cv2.drawContours(c,contours,1,(0,0,255),2)命令的第 1 个参数 c 是绘图对象,一般绘制在原图的映射图上,不影响原图;第 2 个参数 contours 表示轮廓信息;第 3 个参数表示当为负数时绘制所有轮廓,当为非负数时绘制索引值轮廓;第 4 个参数(0,0,255)表示颜色;第 5 个参数 2 表示绘制轮廓的粗细。

6. 轮廓的面积和周长

countourArea()函数用于计算轮廓的面积,arcLength()函数用于计算轮廓的周长,示例代码如下:

```
#//第 13 章/13.7.py
import cv2
o = cv2.imread('lk.bmp ', -1)                        #打开二值图
contours, hierarchy = cv2.findContours(o,cv2.RETR_EXTERNAL,\
                     cv2.CHAIN_APPROX_SIMPLE)         #查找轮廓
print(cv2.contourArea(contours[0]))                  #计算面积
print(cv2.arcLength(contours[0],True))               #计算周长
```

运行结果如下:

```
5088.0
298.0
```

代码说明如下:

arcLength()函数的第 1 个参数 contours[0]表示轮廓,第 2 个参数如果是 True,则表示闭合的轮廓。

轮廓的面积是指轮廓包含的面积,不是轮廓边界占有的面积。

13.2　轮廓的拟合

有时并不需要真实的轮廓,只需接近轮廓的近似多边形,这就是轮廓的拟合。常用的轮廓拟合函数见表 13-1。

表 13-1 轮廓的拟合函数

函　　数	描　　述
x,y,w,h＝cv2.boundingRect(array)	返回轮廓的最小矩形包围的左上角坐标 x、y、宽、高
(x,y),radius＝cv2.minEnclosingCircle(points)	返回轮廓的最小包围圆的圆心坐标及半径
approxCurve＝cv2.approxPolyDP(curve,epsilon, closed)	返回轮廓逼近多边形的点集
rect＝cv2.minAreaRect(contours[0])	返回轮廓的最小外接矩形的点集

1. 外接矩形

示例代码如下：

```
#//第13章/13.8.py
import cv2
a = cv2.imread('lk1.bmp', - 1)                              #打开二值图
b = a.copy()                                                #复制原图
contours, hierarchy = cv2.findContours(a,cv2.RETR_EXTERNAL,\
                        cv2.CHAIN_APPROX_SIMPLE)            #查找轮廓
x,y,w,h = cv2.boundingRect(contours[0])                     #返回外接矩形信息
b = cv2.rectangle(b,(x,y),(x + w,y + h),(255,255,255),2)    #绘制外接矩形
cv2.imshow('yt',a)                                          #显示原图
cv2.imshow('jx',b)                                          #显示外接矩形图
cv2.waitKey(0)                                              #等待按键
cv2.destroyAllWindows()                                     #注销所有窗口
```

运行结果如图 13-7 所示。

contours,hierarchy＝cv2.findContours(a, cv2. RETR _ EXTERNAL，cv2. CHAIN _ APPROX_ SIMPLE）查找轮廓命令的参数 contours 表示返回的轮廓，参数 hierarchy 表示返回的轮廓关系，参数 a 表示原来的二值图，参数 cv2.RETR_EXTERNAL 表示只查找外层轮廓，参数 cv2.CHAIN_APPROX_SIMPLE 表示轮廓压缩。

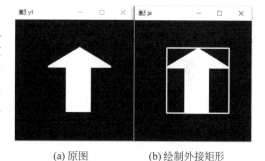

(a)原图　　　　(b)绘制外接矩形

图 13-7　外接矩形

x,y,w,h＝cv2.boundingRect(contours[0]）用于返回外接矩形的左上角坐标 x 和 y 及外接矩形的宽度 w 和高度 h，参数 contours[0]表示第 1 个轮廓。

2. 最小拟合外接圆

示例代码如下：

```
#//第13章/13.9.py
import cv2
a = cv2.imread('lk1.bmp')                                   #以 GBR 模式打开
b = cv2.imread('lk1.bmp', - 1)                              #打开二值图
                                                            #查找轮廓
contours, hierarchy = cv2.findContours(b,\
```

```
                cv2.RETR_EXTERNAL,cv2.CHAIN_APPROX_SIMPLE)
(x,y),radius = cv2.minEnclosingCircle(contours[0])        #返回最小圆形信息
c = a.copy()                                              #将BGR图复制为c
c = cv2.circle(c,(int(x),int(y)),int(radius),(0,0,255),2) #画外接圆
cv2.imshow('yt',a)                                        #显示原图
cv2.imshow('yx',c)                                        #显示外接圆图
cv2.waitKey(0)
cv2.destroyAllWindows()
```

运行结果如图13-8所示。

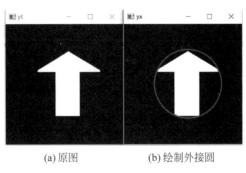

(a)原图　　　　　　　(b)绘制外接圆

图13-8　外接圆

(x,y),radius＝cv2.minEnclosingCircle(contours[0])命令的参数(x,y)表示返回轮廓的最小包围圆的圆心坐标,参数radius表示返回最小包围圆的半径,参数contours[0]表示第1个轮廓。

3. 最小外接多边形

示例代码如下：

```
#//第13章/13.10.py
import cv2
a = cv2.imread('lkdbx.bmp',-1)                            #打开二值图
b = cv2.imread('lkdbx.bmp')                               #以BGR模式打开
d = b.copy()                                              #再复制一份
contours, hierarchy = cv2.findContours(a,cv2.RETR_EXTERNAL\
                         ,cv2.CHAIN_APPROX_SIMPLE)        #查找轮廓
epsilon = 0.1 * cv2.arcLength(contours[0],True)           #精度为周长的0.1
approx = cv2.approxPolyDP(contours[0],epsilon,True)       #获取外接多边形
c = cv2.drawContours(b,[approx],0,(0,0,255),2)            #绘制外接多边形
epsilon1 = 0.01 * cv2.arcLength(contours[0],True)         #精度为周长的0.01
approx1 = cv2.approxPolyDP(contours[0],epsilon1,True)     #获取外接多边形
d = cv2.drawContours(d,[approx1],0,(0,0,255),2)           #绘制外接多边形
cv2.imshow('yt',a)                                        #显示原图a
cv2.imshow('0.1',c)                                       #显示外接多边形c
cv2.imshow('0.01',d)                                      #显示外接多边形d
cv2.waitKey(0)
cv2.destroyAllWindows()
```

运行结果如图13-9所示。

代码说明：

approxPolyDP(contours[0],epsilon1,True)函数用于拟合多边形,有3个参数,第1个

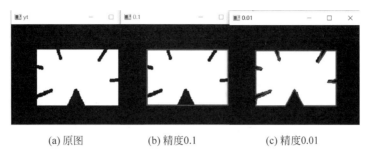

(a) 原图　　　　(b) 精度0.1　　　　(c) 精度0.01

图 13-9　外接多边形

参数 contours[0] 表示第 1 个轮廓；第 2 个参数 epsilon 表示精度，一般采用周长的 0.02 倍；数值越小精度越高；第 3 个参数 True 表示闭合多边形，否则是不闭合多边形。

4．外接最小矩形

示例代码如下：

```
#//第13章/13.11.py
import cv2
import numpy as np
b = cv2.imread('lk2.bmp',-1)                      #打开二值图
a = b.copy()                                       #复制一份用来绘图
contours, hierarchy = cv2.findContours(b,\
     cv2.RETR_EXTERNAL,cv2.CHAIN_APPROX_NONE)       #查找轮廓
rect = cv2.minAreaRect(contours[0])                #外接矩形信息
box = cv2.boxPoints(rect)                          #获取矩形的4个顶点
box = np.int0(box)                                 #取整数
a = cv2.drawContours(a,[box],0,(255,255,255),2)    #绘制最小外接矩形
cv2.imshow('yt',b)                                 #显示原图b
cv2.imshow('jx',a)                                 #显示最小外接矩形a
cv2.waitKey(0)
cv2.destroyAllWindows()
```

运行代码，结果如图 13-10 所示。

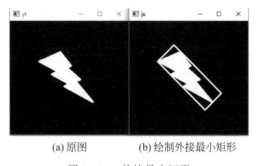

(a) 原图　　　　(b) 绘制外接最小矩形

图 13-10　外接最小矩形

rect＝cv2.minAreaRect(contours[0])命令的参数 rect 表示获取最小外接矩形矩阵中心点坐标、宽和高、旋转角度等信息，参数 contours[0] 表示第 1 个轮廓。

第14章

视频处理与图像转换

本章介绍 OpenCV 对视频的处理,以及 OpenCV、PyQt5、PIL 中图像格式的转换。

14.1 视频处理

视频是由一系列的图像构成的,这一系列的图像被称为帧,每秒播放的帧数就是帧速率,通过对帧的处理就达到了对视频处理的目的。

OpenCV 提供了 cv2.VideoCapture 类和 cv2.VideoWriter 类进行视频操作。

1. 摄像头视频的捕获

摄像头视频的捕获,示例代码如下:

```
♯//第14章/14.1.py
import cv2
sp = cv2.VideoCapture(0)                        ♯打开第1个摄像头
while (sp.isOpened()):                          ♯如果成功打开
    r, im = sp.read()                           ♯读取帧
    cv2.imshow('sxt', im)                       ♯显示帧
    k = cv2.waitKey(1)                          ♯暂停1ms
    if k == 27:                                 ♯如果按键值为 Esc 键
        print(sp.get(3), sp.get(4), sp.get(5))  ♯宽度、高度、帧速率
        break                                   ♯退出循环
sp.release()                                    ♯释放摄像头
```

代码说明:

VideoCapture()函数用来初始化一个摄像头,参数 0 是摄像头的索引号。

isOpened()函数用来检查初始化是否成功,如果成功,则返回值为 True,否则返回值为 False。如果不成功,则可以用 open(index)再次打开摄像头,格式为

```
sp = cv2.VideoCapture.open(index)
```

r,im=sp.read()用来读取帧,第 1 个返回值 r 为布尔值,当成功时值为 True,否则为 False;第 2 个返回值 im 是返回的帧,如果不成功,则返回空。

print(sp.get(3),sp.get(4),sp.get(5))表示获取帧的宽度、高度、帧速率。

release()用于释放摄像头。

2. 获取视频文件

视频文件与摄像头视频的操作基本相同,代码如下:

```
# //第 14 章/14.2.py
import cv2
sp = cv2.VideoCapture('1.mp4')                    # 播放视频
while (sp.isOpened()):                            # 如果成功打开
    ret,frame = sp.read()                         # 读取帧
    cv2.imshow('sxt',frame)                       # 显示帧
    k = cv2.waitKey(24)                           # 暂停 24ms
    if k == 27:                                   # 如果按键值为 Esc 键
        print(sp.get(3),sp.get(4),sp.get(5))      # 获取帧的信息
        break
sp.release()
```

与获取摄像头视频相比,改动了两处,一处是将摄像头的索引号改为视频文件名,另一处是将每帧的时间间隔 waitKey()改为 24ms,这个值越大,播放速度越慢,反之越快。

3. 保存视频

视频的保存可用 VideoWriter 类实现,示例代码如下:

```
# //第 14 章/14.3.py
import cv2
sp = cv2.VideoCapture(0)                              # 打开第 1 个摄像头
gs = cv2.VideoWriter_fourcc('I','4','2','0')          # 设置视频编码
out = cv2.VideoWriter('1.avi',gs,24,(640,480))        # 视频设置
while (sp.isOpened()):
    torf,img = sp.read()
    if torf == True:
        out.write(img)                                # 写视频
        cv2.imshow('frame',img)
        if cv2.waitKey(1) == 27:
            break
    else:
        break
sp.release()
out.release()
```

代码说明如下:

VideoWriter_fourcc()用于设置编码格式,'I','4','2','0'为没有压缩的格式,文件扩展名为.avi; 'F','L','V','I'为 Flash 格式,文件的扩展名为 flv。

VideoWriter()的参数'1.avi'表示保存视频的文件名,gs 表示编码格式,24 表示帧速率,(640,480)表示视频的宽度和高度。

14.2　PIL、OpenCV 格式的图像转换为 QPixmap 格式

由于不同的图像处理软件读取图像的算法不同,所以不能相互引用,最简单的解决方法是用一个软件处理完图像后,将图像保存在计算机上,再用另一个软件读取。此方法简单,但存取时间较长,要节约时间就得让它们相互转换。

本节以 PyQt5 图形界面中标签显示图像为例,介绍如何将 PIL、OpenCV 格式的图像转换为 QPixmap 格式,以及在 PyQt5 中显示的方法。步骤如下:

启动 Designer,选择 MainWindow→【创建】,从控件工具箱拖入窗体 1 个 Label→从控件工具箱拖入窗体 2 个 OK Push Button,如图 14-1 所示。

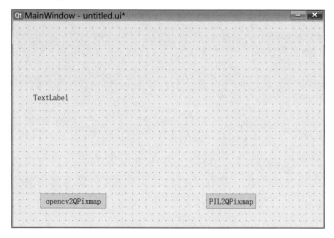

图 14-1   创建 UI

保存到 14.4 节的目录下,文件名为 untitled.ui,并编译为 untitled.py,用模板新建 14.4.py,保存到同一目录下。

示例代码如下:

```python
#//第 14 章/14.4.py
import cv2
from PIL import Image
from PyQt5.Qt import *
from PyQt5 import QtWidgets
from untitled import Ui_MainWindow

class MainWindow(QMainWindow, Ui_MainWindow):
    def __init__(self, parent = None):
        super(MainWindow, self).__init__(parent)
        self.setupUi(self)

    @pyqtSlot()
    def on_pushButton_clicked(self):
        cvimg = cv2.imread("1.jpg")                              #用 OpenCV 打开图像
        rgbimg = cv2.cvtColor(cvimg, cv2.COLOR_BGR2RGB)          #转换为 RGB
        QtImg = QImage(rgbimg.data, rgbimg.shape[1], rgbimg.shape[0], \
            rgbimg.shape[1] * 3, QImage.Format_RGB888)           #转换为 QImage 格式
        self.label.setPixmap(QPixmap.fromImage(QtImg))           #加载图像
        self.label.setScaledContents(True)                       #图像自适应标签
    @pyqtSlot()
    def on_pushButton_2_clicked(self):
        image = Image.open('1.jpg')                              #用 PIL 打开图像
        QtImg = QImage(image.toBytes("raw", "RGB"), image.size[0], \
                image.size[1], QImage.Format_RGB888)             #转换为 QImage
        self.label.setPixmap(QPixmap.fromImage(QtImg))           #加载图像
        self.label.setScaledContents(True)                       #图像自适应标签
if __name__ == "__main__":
    import sys
    app = QtWidgets.QApplication(sys.argv)
```

```
ui = MainWindow()
ui.show()
sys.exit(app.exec_())
```

运行程序,依次单击两个按钮,进行相应的格式转换,如果转换成功,则会显示在标签上。

14.3　OpenCV 与 PIL 格式的相互转换

示例代码如下:

```
#//第14章/14.5.py
import cv2
from PIL import Image
import numpy
#1.将 PIL 格式转换成 OpenCV 格式
image = Image.open("lena24.jpg")
# image.show()
img = cv2.cvtColor(numpy.asarray(image), cv2.COLOR_RGB2BGR)
cv2.imshow("cv", img)
cv2.waitKey()
#2.将 OpenCV 格式转换成 PIL 格式
img = cv2.imread("lena24.jpg")
#cv2.imshow("cv", img)
image = Image.fromarray(cv2.cvtColor(img, cv2.COLOR_BGR2RGB))
image.show()
cv2.waitKey()
```

运行程序,如果能够正确显示转换后的图像,则说明转换成功。

14.4　PyQt5 标签显示摄像头视频

PyQt5 标签显示摄像头视频的步骤如下:

启动 Designer,选择 MainWindow→【创建】,从控件工具箱拖入窗体 1 个 🔷 Label→从控件工具箱拖入窗体 2 个 🆗 Push Button,如图 14-2 所示。

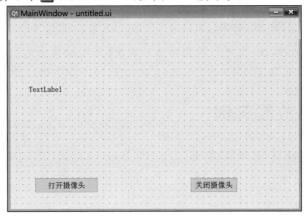

图 14-2　创建 UI

保存到 14.6 节的目录下,文件名为 untitled.ui,并编译为 untitled.py。用模板新建 14.6.py,保存在同一目录下。

示例代码如下:

```
#//第 14 章/14.6.py
import cv2
from PyQt5.Qt import *
from PyQt5 import QtWidgets
from untitled import Ui_MainWindow

class MainWindow(QMainWindow, Ui_MainWindow):
    def __init__(self, parent = None):
        super(MainWindow, self).__init__(parent)
        self.setupUi(self)

    @pyqtSlot()
    def on_pushButton_clicked(self):                          #打开摄像头按钮
        self.sp = cv2.VideoCapture(0)                         #打开第 1 个摄像头
        print(1)
        while (self.sp.isOpened()):                           #如果成功打开
            r, im = self.sp.read()                            #读取帧
            rgbimg = cv2.cvtColor(im, cv2.COLOR_BGR2RGB)      #转换为 RGB 格式
                                                              #转换为 QImage 格式
            QtImg = QImage(rgbimg.data, rgbimg.shape[1], rgbimg.shape[0], \
                           rgbimg.shape[1] * 3, QImage.Format_RGB888)
            self.label.setPixmap(QPixmap.fromImage(QtImg))    #加载到标签中
            self.label.setScaledContents(True)                #图像自适应
            cv2.waitKey(200)                                  #等待 0.2s

    @pyqtSlot()
    def on_pushButton_2_clicked(self):                        #关闭摄像头按钮
        self.sp.release()
        self.label.setPixmap(QPixmap(""))

if __name__ == "__main__":
    import sys
    app = QtWidgets.QApplication(sys.argv)
    ui = MainWindow()
    ui.show()
    sys.exit(app.exec_())
```

单击【打开摄像头】按钮,便可打开摄像头;单击【关闭摄像头】按钮,便可关闭摄像头。如果要打开其他摄像头,则需要在 cv2.VideoCapture(0)函数中指定摄像头的索引号。

14.5 视频播放器实例

需要一个视频播放器,有播放、暂停、上一个、下一个、截图功能,主要用于截图,不播放声音。

1. 新建 UI

启动 Designer,选择 MainWindow→【创建】,从控件工具箱拖入窗体 1 个 🕭 Label→从

控件工具箱拖入窗体 6 个 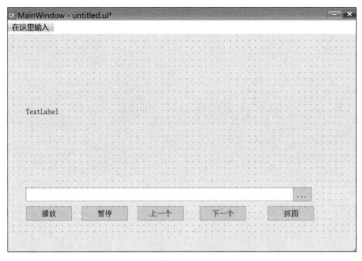 Push Button 并从左到右排列,修改 text 属性,如图 14-3 所示→拖入 1 个 [ABI] Line Edit,保存到 14.7 节的目录下,文件名为 untitled. ui,并编译为 untitled. py。

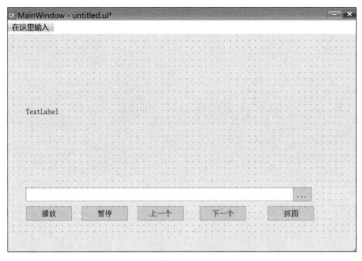

图 14-3 设计 UI

2. 主程序及打开视频目录功能

右击文件夹 14.7,选择 Open Folder as PyCharm as Community Edition Project,用 PyCharm 打开项目,右击项目,选择新建 Python 程序,文件名为 14.7. py,初始化函数的代码如下:

```
#//第 14 章/14.7.py
def __init__(self, parent = None):
    super(MainWindow, self).__init__(parent)
    self.setupUi(self)
    self.namelist = []                    #视频文件列表
    self.start_frame = 0                  #视频播放开始帧
    self.jsq = 0                          #视频文件列表读数器
```

打开文件夹的代码如下:

```
#//第 14 章/14.7.py
@pyqtSlot()
def on_pushButton_6_clicked(self):                       #打开文件夹按钮
    fname = QFileDialog.getExistingDirectory(self,\
            '选择视频文件夹', './')                       #打开文件夹对话框
    imagePath = Path(fname)                              #将字符串转换为路径
    self.lineEdit.setText(fname)                         #将路径显示在输入框
        for fielname in [x for x in imagePath.iterdir()]:#遍历文件形成列表
        fname0 = filename.name                           #取出一个的名字
        if not ((fname0.endswith('.mp4')) or(fname0.endswith('.avi'))):
        continue                                         #如果不是 mp4 或 avi 格式,则跳过
    self.namelist.append(str(filename))                  #加入视频文件列表
    #print(self.namelist)
```

3.【播放】按钮功能

【播放】按钮的功能，代码如下：

```
#//第14章/14.7.py
@pyqtSlot()
def on_pushButton_clicked(self):                          # 播放按钮
    self.sp = cv2.VideoCapture(self.namelist[self.jsq])   # 打开视频文件
    # 如果开始播放帧不为 0,则改变开始播放位置 self.start_frame
    if self.start_frame!= 0 :
        self.sp.set(cv2.CAP_PROP_POS_FRAMES, self.start_frame)
    while (self.sp.isOpened()):                           # 如果成功打开
        self.ret,self.frame = self.sp.read()             # 读取帧
        cv2.waitKey(25)                                   # 停 25ms
        self.frame = cv2.resize(self.frame,(int(self.label.width()),\
                    int(self.label.height()))))          # 改变帧大小
                                                          # 转换为 RGB
        self.frameshipin = cv2.cvtColor(self.frame, cv2.COLOR_BGR2RGB)
        RGBimg = QImage(self.frameshipin.data,self.frameshipin.shape[1],
                    self.frameshipin.shape[0],self.frameshipin.shape[1]*3,
                    QImage.Format_RGB888)                 # 转换为 QImage 图像
        self.label.setPixmap(QPixmap.fromImage(RGBimg))  # 显示在 label 中
```

self.sp.set(cv2.CAP_PROP_POS_FRAMES，self.start_frame)用于设置开始播放的位置。

if self.start_frame!＝0 用来判断要不要设置开始播放的位置,如果选择【暂停】按钮,程序则会记录暂停位置,再单击【播放】按钮,便可从暂停位置开始播放。

4.【暂停】按钮功能

【暂停】按钮,代码如下：

```
#//第14章/14.7.py
@pyqtSlot()
def on_pushButton_2_clicked(self):                       # 暂停按钮
    self.sec = self.sp.get(0)                            # 获取播放毫秒数
    self.fra = self.sp.get(1)                            # 获取播放帧数
                                                          # 获取总帧数
    self.fras = int(self.sp.get(cv2.CAP_PROP_FRAME_COUNT))
    self.start_frame = min(self.fra, self.count)         # 开始帧
                                                          # 视频开始帧的位置
    self.sp.set(cv2.CAP_PROP_POS_FRAMES, self.start_frame)
    self.sp.release()                                    # 停止播放,释放资源
```

self.sp.release()用于停止播放、释放资源。

self.fra＝self.sp.get(1) 用于获取当前播放视频的帧数。

self.sp.set(cv2.CAP_PROP_POS_FRAMES,self.start_frame)用于设置视频开始播放的帧位置。

5.【上一个】与【下一个】按钮功能

【上一个】与【下一个】按钮,代码如下：

```
#//第14章/14.7.py
@pyqtSlot()
```

```
def on_pushButton_3_clicked(self):              #【上一个】按钮
    self.jsq = self.jsq - 1                     # 文件列表计数器 - 1
    if self.jsq < 0:                            # 计数器为负时赋值为 0
        self.jsq = 0
    self.on_pushButton_clicked()                # 播放视频

@pyqtSlot()
def on_pushButton_4_clicked(self):              # 下一个按钮
    self.jsq = self.jsq + 1                     # 文件列表计数器 + 1
    if self.jsq > len(self.namelist):           # 计数器大于视频数
        self.jsq = 0                            # 将计数器赋值为 0
    self.on_pushButton_clicked()                # 播放视频
```

6.【抓图】按钮功能

【抓图】按钮,代码如下:

```
# //第 14 章/14.7.py
@pyqtSlot()
def on_pushButton_5_clicked(self):              # 抓图按钮
    mz,zs = self.lineEdit.text().split()        # 获取抓图信息
    ss = 'ffmpeg - i {} - r {} - ss 00:00:00 - vframes {} image- % 3d.jpg'.\
                    format(self.namelist[self.jsq],eval(mz),int(zs))
    os.system(ss)                               # 开始截图
    print('抓图完成!')
```

运行程序,选择视频目录,输入 15.5,单击【抓图】按钮,结果如图 14-4 所示,成功抓取图像。

mz,zs = self.lineEdit.text().split()用于获取文本框输入的参数。文本框内第 1 个参数是每秒抓取多少帧,例如,2 表示每秒抓取 2 帧,0.1 表示 10s 抓取 1 帧;第 2 个参数是共抓取多少帧;两个参数用空格隔开。

os.system(ss)用来运行 Windows 程序 ffmpeg. exe,以便进行截图,所以要把第 5 章的 ffmpeg.exe 程序复制到文件夹内。

图 14-4 抓图结果

14.6 替换图像背景色

1. 替换灰度图像的背景

4.9.py 程序生成的是黑底图像,为了显示清晰,需要把黑色背景转换成白色。
先把图像转换为灰度图,再遍历每像素,以便进行替换。
代码如下:

```
# //第 14 章/14.8.py
import cv2
img = cv2.imread('1.png')                       # 打开图像
hd = cv2.cvtColor(img,cv2.COLOR_BGR2GRAY)       # 转换为灰度图
```

```
print(hd.shape)
for row in range(hd.shape[0]):
    for lie in range(hd.shape[1]):
        if hd[row,lie] == 0:                    ♯如像素值为0,则为黑色
            print(row,lie,hd[row,lie])
            hd[row,lie] = 255                   ♯设置为255,即白色
cv2.imwrite("3.png",hd)                         ♯保存图像
```

运行结果如图 4-1 所示。

14.8. py 先把彩色图像转换为灰度图,hd[row,lie]=255 命令把黑色的背景转换成白色,也可以转换成其他颜色的背景。

2. 替换彩色图像的背景色(1)

在 14.8. py 的基础上,稍做修改,直接替换彩色图像的背景,代码如下:

```
♯//第14章/14.9.py
import cv2
import numpy as np
hd = cv2.imread('1.png')
print(hd.shape)
for row in range(hd.shape[0]):
    for lie in range(hd.shape[1]):
        if list(hd[row,lie]) == [0,0,0]:        ♯如 BGR 是 0,则为黑色
            print(row,lie,hd[row,lie])
            hd[row,lie] = 255                   ♯赋值为255,即白色
cv2.imwrite("4.png",hd)
```

运行结果,如图 14-5 所示。

3. 替换彩色图像的背景色(2)

14.8. py 把图像中的所有黑色都进行了替换,如果只替换五角星外部的黑色,保留五角星内部的黑色,例如一幅人像,总不能把脸上的颜色也换掉,则该如何实现呢?代码如下:

```
♯//第14章/14.10.py
import cv2
import numpy as np
hd = cv2.imread('1.png')                        ♯打开原图
mask = cv2.imread('2.png')                      ♯打开遮罩图
print(hd.shape)
for row in range(hd.shape[0]):
    for lie in range(hd.shape[1]):              ♯如原图为0,则为黑色
        if list(hd[row,lie]) == [0,0,0] and list(mask[row,lie]) == [255,255,255]:
                                                ♯且遮罩区域为白色
            print(row,lie,hd[row,lie])
            hd[row,lie] = 255                   ♯赋值为255,即白色
cv2.imwrite("D:\\arumenpython\\4\\jie\\5.png",hd)
```

运行结果如图 14-6 所示。

与 14.10. py 相对比,替换背景色的条件多了个 list(mask[row,lie])==[255,255,255],即对 mask 为白色的区域进行替换,mask 为黑色的区域不替换,所以 mask 称为遮罩图。

图 14-5　替换彩图背景（1）　　　　　　　图 14-6　替换彩图背景（2）

4. 替换彩色图像的背景色（3）

在上面的例子 14.8. py、14.9. py、14.10. py 文件中，图像背景是单一颜色，实际拍照的背景色不可能是单一颜色，这样 RGB 格式就不容易实现了。通常做法是先把图像转换为 HSV 格式，再替换颜色，代码如下：

```python
♯//第 14 章/14.11. py
import cv2
import numpy as np
hd = cv2. imread('1. jpeg')
hsv = cv2. cvtColor(hd, cv2. COLOR_BGR2HSV)        ♯转换为 HSV 格式
zxz = np. array([90,70,70])                        ♯蓝色最小值
zdz = np. array([110,255,255])                     ♯蓝色最大值
mask = cv2. inRange(hsv, zxz, zdz)                 ♯形成遮罩
erode = cv2. erode(mask, None, iterations = 3)     ♯腐蚀
dilate = cv2. dilate(erode, None, iterations = 3)  ♯膨胀
♯cv2. imshow('dilate', dilate)
♯cv2. waitKey()
for row in range(hd. shape[0]):
    for lie in range(hd. shape[1]):
        if dilate[row, lie] == 255:                ♯如果是白色
            print(row, lie, hd[row, lie])
            hd[row, lie] = 255                     ♯赋值为 255,即白色
            ♯hd[row, lie] = (255,0,0)              ♯赋值为蓝色
            ♯hd[row, lie] = (0,255,0)              ♯赋值为绿色
            ♯hd[row, lie] = (0,0,255)              ♯赋值为红色
cv2. imshow('a', hd)
cv2. waitKey()
cv2. imwrite("7. png", hd)
```

运行结果如图 14-7 所示。

与 14.10. py 相对比，14.11. py 用 cv2. inRange(hsv, lower_blue, upper_blue)命令生成 mask。inRange()的第 1 个参数 hsv 指的是 HSV 格式的原图；第 2 个参数 lower_ blue 指的是图像中低于这个 lower_ blue 的值，像素值会被修改为 0；第 3 个参数 upper_blue 指的是图像中高于 upper_blue 的值，像素值会被修改为 0，而在 lower_red～upper_red 的像素值会被修改为 255。这样就可以把指定颜色范围的像素值修改为白色，而将其他颜色修改为黑色。常用的 HSV 颜色范围如下：

np. array([90,70,70])～np. array([110,255,255])是蓝色的 HSV 值的分布范围。

(a) 更换背景色前　　　　　　　　(b) 更换背景色后

图 14-7　更换背景色

np. array([0,140,140]) ～np. array([200,255,255]) 是红色的 HSV 值的分布范围。

np. array([50100,100]) ～np. array([70,255,255]) 是绿色的 HSV 值的分布范围。

np. array([0,0,254]) ～np. array([255,255,255]) 是白色的 HSV 值的分布范围。

np. array([0,0,0]) ～np. array([0,0,50]) 是黑色的 HSV 值的分布范围。

hd[row,lie]＝(255,0,0)命令"＝"的左边是彩色图像,右边是需要替换上去的 BGR
颜色。

5. 替换彩色图像的背景图

前面 4 个案例是把背景色替换成了纯色,也可以把背景色替换成其他图像,代码如下:

```python
#//第 14 章/14.12.py
import cv2
import numpy as np
hd = cv2.imread('1.jpeg')                          #打开原图
bj = cv2.imread('2.jpeg')                          #打开背景图
hsv = cv2.cvtColor(hd, cv2.COLOR_BGR2HSV)          #转换为 HSV 格式
lower_blue = np.array([90,70,70])                  #蓝色最小值
upper_blue = np.array([110,255,255])               #蓝色最大值
mask = cv2.inRange(hsv, lower_blue, upper_blue)    #生成遮罩
erode = cv2.erode(mask, None, iterations = 3)      #腐蚀
dilate = cv2.dilate(erode, None, iterations = 3)   #膨胀
#cv2.imshow('dilate', dilate)
#cv2.waitKey()


for row in range(hd.shape[0]):
    for lie in range(hd.shape[1]):
        if dilate[row,lie] == 0:                   #如果是白色

            print(row,lie,hd[row,lie])
            bj[row, lie] = hd[row,lie]             #将原图赋值给背景

cv2.imshow('a',bj)
cv2.waitKey()
cv2.imwrite("8.png",bj)
```

运行结果如图 14-8 所示。

第 1 步,用 inRange()函数获取 mask 区域图;第 2 步,读出原图中 mask 遮罩区域的颜
色;第 3 步,把第 2 步中获取的颜色赋值给背景图。

还可以对人像进行缩放或移动位置等操作。对于视频换背景之类的操作,原理相似。

(a) 原图　　　　　　　　　(b) 背景图　　　　　　　　　(c) 合成后

图 14-8　更换图像背景

第 15 章

辅助阅卷系统

高中老师将大量的时间花在了试卷批阅与成绩分析上,本章介绍笔者工作中为解决以上问题而开发的辅助阅卷系统,通过对本章的学习达到 PyQt5、OpenCV、Python 等三块知识综合应用的目的。

5min

15.1　需求分析

辅助阅卷系统具有以下功能:

(1) 试卷图像处理。

(2) 试卷参数设置。

(3) 调整试卷参数。

(4) 识别各种考号。

(5) 自动批改Ⅰ卷。

(6) 批改Ⅱ卷功能。

(7) 将Ⅱ卷小题分打印到电子试卷上。

(8) 分析Ⅰ卷和Ⅱ卷成绩。

(9) 生成单个学生错题统计。

(10) 采集错题库。

(11) 生成学生错题本。

(12) 自动将错题集和试卷发送到学生邮箱。

(13) 使用帮助。

15.2　项目文件夹结构及业务流程

1. 程序界面

将辅助阅卷系统常用的功能全部放在主界面上,如图 15-1 所示。

2. 项目文件夹的组织结构

文件夹的组织结构如图 15-2 所示。

图中每项说明如下:

(1) bak 是存放批阅后的Ⅰ卷的文件夹。

(2) img 是历次考试试题库的文件夹。

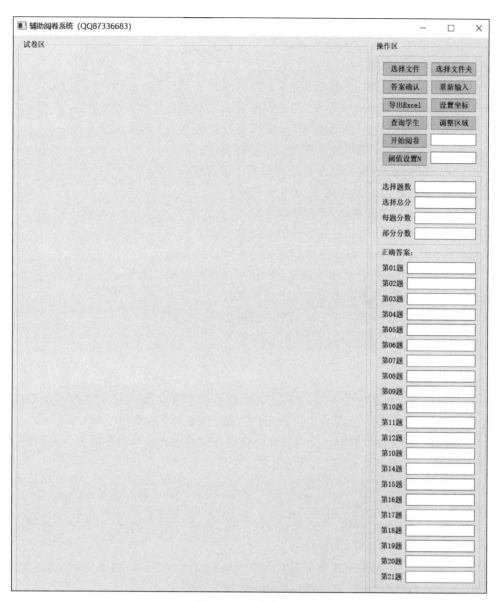

图 15-1 程序主界面

图 15-2 文件夹组织结构

（3）ls 是放置未批阅试卷的文件夹。

（4）pic 是批阅Ⅰ卷的工作文件夹。

（5）xls 是存放历次考试成绩的文件夹。

（6）autopic.py 是采集试题库的程序。

（7）ctmain2.py 是分析并形成学生 Word 错题的程序。

（8）ctmain2email3.py 是形成 Word 错题集并发送到学生邮箱的程序。

（9）cuotishijuan.py 是单独生成错题试卷的程序。

（10）fenttopic.py 是将小题分打印到试卷上的程序。

（11）fsemctj.py 是单独发送 E-mail 的程序。

（12）main.py 是主程序，即程序启动入口，打包时要求入口为 main.py。

（13）pic2tiaoxingma.py 是条形码识别程序。

（14）untitled.py 是 Designer 设计的界面编译后的文件。

（15）setting.json 是记录和加载程序默认启动项的 JSON 文件。

（16）ct.xlsx 是记录历次考试信息的模板文件。

（17）moban.xlsx 是记录 Excel 成绩的模板文件。

（18）untitled.ui 是 Designer 设计的界面文件。

3．业务流程

业务流程如下：

（1）用户根据 Excel 模板文件 moban.xlsx 修改学生信息、填写试卷参数。启动程序后单击【选择文件】按钮，此时会弹出窗口让用户选择记录成绩的 Excel 文件。

（2）单击【选择文件夹】按钮，此时会弹出窗口让用户选择试卷所在的文件夹，并自动完成试卷的拼接、图像的格式转换、试卷的备份工作等。

（3）单击【调整区域】按钮，可以预览考号、选项区域是否正确，还可以在开始阅卷单行文本框内输入参数进行调整。

（4）单击【开始阅卷】按钮，开始自动批改Ⅰ卷，将每一份试卷的学生选项和成绩记录到 Excel 文件，并在试卷上标出错题、得分。

（5）试卷阅完后，在开始阅卷单行文本框内输入学生姓名，单击【查询学生】按钮，学生的试卷会出现在【试卷区】，可以查看答题和批改情况。

（6）单击【导出 Excel】按钮，统计分析学生成绩并自动打开分析结果。

以上 6 项是常用的功能，其他功能如下：

（7）可以在 Excel 文件内设置选择题答案，也可以单击【重新输入】按钮设置或修改答案，设置完成后单击【答案确认】按钮完成设置。

（8）阅卷完成后，如果提示还有个别卡没有识别成功，则可在开始阅卷单行文本框内输入数字 2，单击【开始阅卷】按钮，此时可以显示未识别试卷的二值图、考号和试题区域的识别情况。

（9）在阈值设置单行文本框内输入阈值，单击【阈值设置】按钮更改阈值。

（10）单击【设置坐标】按钮，可以设置考号、条形码、选项区域等坐标。

（11）在阈值设置文本框输入不同的指令，单击【阈值设置】按钮，可以分别打开批改Ⅱ卷程序、采集试题库程序、自动形成每位学生 Word 错题集并发送到学生邮箱内等功能。

15.3　项目开发环境

项目开发及运行的环境如下。

(1) 操作系统：Windows 10。

(2) Python 版本：python＝3.6.5。

(3) PyQt5 版本：PyQt5＝5.15.4。

(4) OpenCV：opencv-python＝4.5.3.56。

(5) 开发工具：PyCharm＝2022.2

15.4　图形界面设计

图形界面设计步骤如下：

(1) 运行 Designer，选择 MainWindow→【创建】，右击【菜单栏】后会弹出如图 15-3 所示的菜单，选择【移除菜单栏】。

(2) 右击窗体空白处，选择【移除状态栏】，如图 15-4 所示。

6min

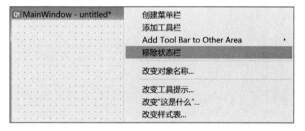

图 15-3　移除菜单栏　　　　　　　图 15-4　移除状态栏

(3) 在【对象查看器】中选择 MainWindow，在【属性编辑器】的筛选器内输入 title，快速找到 windowTitle，然后修改为"辅助阅卷系统"，如图 15-5 所示。

图 15-5　修改 title

(4) 从【控件工具箱】拖入窗体 2 个 Group Box，左右排列→双击第 1 个控件组

groupBox 的显示文本,将 text 属性修改为"试卷区"→双击第 2 个控件组 groupBox_2 的显示文本,将 text 属性修改为"操作区",如图 15-6 所示。

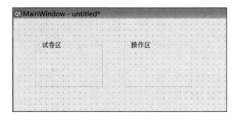

图 15-6　添加两个控件组

（5）右击窗体空白处,选择【布局】→【水平布局】；或者在【对象查看器】中右击 MainWindow,选择【布局】→【水平布局】；或者单击窗体空白处→按组合键 Ctrl＋1,这 3 种方法都可以实现 MainWindow 的水平布局。其余 3 种布局的设置方法与此类似。

（6）在【对象查看器】中选择 centralwidget,在【属性编辑器】的筛选器内输入 str,快速找到 layoutStretch 并将比例修改为 11,2,如图 15-7 所示。

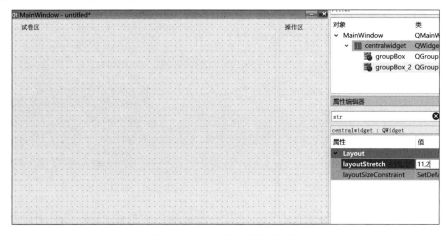

图 15-7　两个控件组的比例

图 15-8　修改 groupBox_2 控件的比例

（7）在试卷区 groupBox 中拖入 1 个 Label,在【对象查看器】中右击 groupBox,选择【布局】→【垂直布局】,双击标签文本后按 Delete 键删除,选择标签,将【属性编辑器】的 objectName 属性修改为 label_shijuan。

（8）在操作区 groupBox_2 中拖入 3 个 Group Box,从上至下排列,即 groupBox_3、groupBox_4、groupBox_5。双击 groupBox_3、groupBox_4 控件组的显示文本,按 Delete 键,将 groupBox_5 控件组的 text 属性修改为"正确答案：",在【对象查看器】中右击 groupBox_2,选择【布局】→【垂直布局】,在【属性编辑器】的筛选器内输入 str,快速找到 layoutStretch 并将比例修改为 2,1,4,如图 15-8 所示。

分别右击 groupBox_3、groupBox_4、groupBox_5,选择【布局】→【布局中布局】。

（9）按照图 15-1 样式，拖入 groupBox_3 内 10 个 ▣ Push Button，2 个 ▣ Line Edit。将 pushButton 的 objectName 属性修改为 pushButton_xuanzewenjian，将 text 属性修改为"选择文件"，其余 9 个 ▣ Push Button 和 2 个 ▣ Line Edit 的 objectName 属性值、text 属性值按表 15-1 进行修改。

（10）向 groupBox_4 内拖入 4 个 ▱ Label，4 个 ▣ Line Edit，它们的 objectName 属性值、text 属性值按表 15-1 进行修改。

（11）向 groupBox_5 内拖入 21 个 ▱ Label，21 个 ▣ Line Edit，它们的 objectName 属性值、text 属性值按表 15-1 进行修改。

控件的控件名（objectName）和 text 属性（text）见表 15-1。

表 15-1　控件的控件名及 text 属性

按钮 text 属性	按钮 objectName 属性	文本输入框 text 属性	文本输入框 objectName 属性
选择文件	pushButton_xuanzewenjian	groupbox_3 内第 1 个	lineEdit_chaxunxuesheng
选择文件夹	pushButton_xuanzeshijuan	groupbox_3 内第 2 个	lineEdit_yuzhi
答案确认	pushButton_daanqueren	选择题数目	lineEdit_tishu
重新输入	pushButton_chongxinshuru	选择总分	lineEdit_zongfenshu
导出 Excel	pushButton_daochuexcel	每题分数	lineEdit_meitifenshu
设置坐标	pushButton_shezhizuobiao	部分分数	lineEdit_bufendefen
查询学生	pushButton_chaxunxuesheng	第 01 题	lineEdit_001
调整区域	pushButton_tiaozhengquyu	第 02 题	lineEdit_002
开始阅卷	pushButton_kaishi	...	...
阈值设置	pushButton_yuzhi	第 21 题	lineEdit_021

最后保存到项目中，并编译为 untitled.py 文件。

15.5　主程序的创建

本节实现主程序 15.1.py 的创建，以及实现【选择文件】按钮、【阈值设置】按钮的功能。

1．主程序的创建
用 Python 模板新建 Python 文件，文件名为 15.1.py，然后保存到项目中。

2．logging 库的介绍和简单使用
简单的项目调试用 print()命令就可以了，但是当有上千行代码时，太多 print()函数一个一个地关闭、打开会非常麻烦。

logging 库的 logging.Debug()函数和 print()函数一样，可以打印出调试内容，并且可以一键禁用或开启所有的 logging.Debug()函数。

导入库，命令如下：

```
import logging
```

把以下两行代码加入初始化函数中：

```
logging.disable(logging.CRITICAL)
logging.basicConfig(level = logging.Debug)
```

调试时可把 logging. disable(logging. CRITICAL)注释掉,不需要调试信息时去掉它的注释即可,在需要调试的地方添加 logging. Debug()函数,调试文本应放入括号内。

3. 阈值设置按钮

在初始化函数内将阈值设置为 210,对于自动扫描仪扫描的灰度试卷,这个值最合适,代码如下:

```
self. yuzhi = 210
```

阈值设置按钮,代码如下:

```
# //第 15 章/15.1. py
@pyqtSlot()
def on_pushButton_yuzhi_clicked(self):                    # 设置阈值按钮
    yuzhistr = self. lineEdit_yuzhi. text(). split()
    logging. Debug('输入阈值文本框内容为{}'. format(yuzhistr))
    if len(yuzhistr) == 1:
        self. yuzhi = int(self. lineEdit_yuzhi. text())
        print("已设置为{}白多调小,白少调大.". format(yuzhistr))
```

如果试卷通过反二值化处理后白色区域太多,则可适当调小阈值,反之调大阈值。

4. 选择文件按钮

在初始化函数内将默认打开文件名设置为空,代码如下:

```
self. openexcelname = ''
```

选择文件按钮,代码如下:

```
# //第 15 章/15.1. py
@pyqtSlot()                              # 选择文件按钮
def on_pushButton_xuanzewenjian_clicked(self):
    self. openexcelname = QFileDialog. getOpenFileName(self, '选择 Excel 文件', "./",\
                        "Excel ( * .xlsx)")[0]. split('/')[ -1]
    if self. openexcelname == '':          # 没有选择文件时
        self. openexcelname = str(Path. cwd() /'moban. xlsx')
        print(self. openexcelname)
logging. Debug('Excel 文件为{}'. format(self. openexcelname))
```

打开文件选择对话框,还需要路径库,导入命令如下:

```
from pathlib import Path
```

本节 15.1. py 的全部代码如下:

```
# //第 15 章/15.1. py
from pathlib import Path
from PyQt5. Qt import *
from PyQt5 import QtWidgets
from untitled import Ui_MainWindow
import logging

class MainWindow(QMainWindow, Ui_MainWindow):
```

```
    def __init__(self, parent = None):
        super(MainWindow, self).__init__(parent)
        self.setupUi(self)
        #logging.disable(logging.CRITICAL)
        logging.basicConfig(level = logging.Debug)
        self.yuzhi = 210                                    #阈值默认为210
        self.openexcelname = 'moban.xlsx'                   #默认的Excel文件

    @pyqtSlot()
    def on_pushButton_yuzhi_clicked(self):                  #设置阈值按钮
        yuzhistr = self.lineEdit_yuzhi.text().split()       #获取阈值
        logging.Debug('输入阈值文本框内容为{}'.format(yuzhistr))
        if len(yuzhistr) == 1:
            self.yuzhi = int(self.lineEdit_yuzhi.text())
            print("已设置为{}白多调小,白少调大.".format(yuzhistr))

    @pyqtSlot()
    def on_pushButton_xuanzewenjian_clicked(self):          #文件选择按钮
        self.openexcelname = QFileDialog.getOpenFileName(self, \
            '选择Excel文件', "./", "Excel (*.xlsx)")[0].split('/')[-1]
        if self.openexcelname == '':
            self.openexcelname = str(Path.cwd().joinpath('moban.xlsx'))
            print(self.openexcelname)
        logging.Debug('Excel文件为{}'.format(self.openexcelname))

if __name__ == "__main__":
    import sys
    app = QtWidgets.QApplication(sys.argv)
    ui = MainWindow()
    ui.show()
    sys.exit(app.exec_())
```

运行后,单击【文件选择】按钮,选择文件 moban.xlsx,在阈值单行文本框输入 210,单击【阈值设置】按钮,运行结果如下:

```
Debug:root:Excel文件为moban.xlsx
已设置为['210']白多调小,白少调大.
Debug:root:输入阈值文本框内容为['210']
```

一切正常,下节继续。

15.6 选择文件夹按钮的功能

1. Excel 模板

项目目录下新建一个名为 moban.xlsx 的 Excel 文件,此文件有 3 个工作表,表 yijuan 用于保存Ⅰ卷成绩,第 1 行为题号,第 2 行为正确答案,第 1 列为考号,第 2 列为姓名,第 3 列为Ⅰ卷每位学生获得的总分,如图 15-9 所示。

第 2 个表 tongjish 用于保存统计信息,第 1 行空着,用于分析成绩时生成标题,这两张表的题号和答案可以在 Excel 文件内输入,也可以在程序主界面输入,格式如图 15-10 所示。

图 15-9　模板 Excel 的工作表

图 15-10　tongjish 表格式

第 3 个表 cs 用于设置试卷参数，如图 15-11 所示。

	A	B	C	D	E	F	G	H	I	J	K
1	题数	3		拼坐标pjx1	拼坐标pjy1	切坐标pjx2	切坐标pjy2	切坐标pjx3	切坐标pjy3		
2	总分	99	1640		846	871	610	1612	1576		
3	每题分	33	1.不拼切: pjx1设为空，2.只拼设为任意值，3.切时6个值全设才行！！！								
4	部分分	18									
5	阈值	210									
6	比率	5									
7	开始卡号	1									
8	考号位数	9									
9											
10											
11											
12	考号点1	501	558	第1位0左上角	1.无考号时四行空白 2.条形码，只要两点，其余2点空白 3.涂黑考号要四行全设						
13	考号点2	818	660	第1位0右下角							
14	考号点3			第1位1左上角	每列太高靠下，调小本行y一个象素						
15	考号点4			第2位0左上角	每列太宽靠右，调小本行x一个象素						
16	选择点1	122	823	1题A左上角							
17	选择点2	147	832	1题A右下角							
18	选择点3	165	822	1题B左上角							
19	选择点4	125	847	2题A左上角							
20	选择点5	125	871	3题A左上角							

图 15-11　cs 表格式

图中各项说明如下。

（1）题数：Ⅰ卷选择题数量。

（2）总分：选择题总分。

（3）每题分：1道选择题的分值。

（4）部分分：多选题少选得分。

（5）阈值：反二值化阈值，将自动扫描仪扫描的灰度图设置为210，将彩色图设置为180即可。

（6）比率：涂黑面积超过多少才识别为涂黑。

（7）开始卡号：开始阅卷的题号，默认为从第1题开始批改。

（8）考号位数：考生考号的位数，一般是9位数，少数联考的考号是10位数。

（9）拼接试卷设置：如果不需要拼接试卷，则可将C2～H2单元格设置为空；如果只是将两面试卷直接拼起来，则可将C2单元格设置为任意值，将D2～H2设置为空；当需要把第2页的试卷剪切一部分粘贴到第1页上时，C2～D2填入粘贴点的坐标，E2～H2填入剪切部分的左上角的坐标和右下角的坐标。

（10）考号坐标的设置：如果是涂黑考号，则应从上到下依次填入第1位考号0的左上角坐标、右下角坐标、第1位考号1的左上角坐标、第2位考号0的左上角坐标；如果是条形码考号，则应从上到下依次填入条形码左上角坐标、右下角坐标；如果没有涂黑也没有条形码，则需要试卷按考号收取，C12～C15空白不填。

（11）选择题坐标设置：从上到下，依次填入第1题选项A的左上角坐标、右下角坐标，选项B的左上角坐标，第2题选项A的左上角坐标，以及其余题选项A的左上角坐标。

以上设置可以在Excel内设置，也可以在主界面用鼠标单击设置。

2. 重新输入、答案确认按钮功能

因为这两个按钮要对Excel文件进行操作，所以先要导入相应的库，代码如下：

```
import openpyxl
```

当开始阅卷文本框内的参数为"1"时，单击【重新输入】按钮会清除原有答案且答案输入框可用。当参数不为"1"时，所有答案文本框不清除，但是可以输入答案。关键代码如下：

```
# //第15章/15.1.py
@pyqtSlot()
def on_pushButton_chongxinshuru_clicked(self):          # 重新输入按钮
    if self.lineEdit_chaxunxuesheng.text() == '1':      # 输入1时
        self.lineEdit_001.clear()                        # 清除所有答案
        self.lineEdit_002.clear()
    …
        self.lineEdit_021.clear()

    self.lineEdit_001.setReadOnly(False)                 # 文本框可用
    self.lineEdit_002.setReadOnly(False)
    …
    self.lineEdit_020.setReadOnly(False)
    self.lineEdit_021.setReadOnly(False)
    self.lineEdit_tishu.setReadOnly(False)
    self.lineEdit_zongfenshu.setReadOnly(False)
```

```
self.lineEdit_meitifenshu.setReadOnly(False)
self.lineEdit_bufendefen.setReadOnly(False)
```

【答案确认】按钮要实现清空答案列表 self.answer、删除 Excel 文件两张表中的答案、答案存入 Excel、答案加入列表 self.answer、答案和参数输入框为只读状态等功能。

答案列表 self.answer 的初始化代码如下：

```
self.answer = [''] * 21
```

【答案确认】按钮的代码如下：

```
#//第15章/15.1.py
@pyqtSlot()
def on_pushButton_daanqueren_clicked(self):                    #答案确认按钮
    self.answer.clear()                                        #清除答案列表
    self.chengjiexcel = openpyxl.load_workbook(self.openexcelname)
    self.sh6 = self.chengjiexcel['tongjish']                   #打开tongjish表
    self.sh4 = self.chengjiexcel['yijuan']                     #打开yijuan表
    self.sh4.delete_cols(3, 20)                                #清除表中答案
    self.sh6.delete_cols(1, 20)                                #清除表中答案
    self.sh1 = self.chengjiexcel['cs']                         #打开参数表cs
    self.tishu = int(self.lineEdit_tishu.text())               #试卷参数赋值变量
    self.meitifenshu = int(self.lineEdit_meitifenshu.text())   #每题分数
    self.bufendefen = int(self.lineEdit_bufendefen.text())     #部分得分
    self.yuzhi = int(self.lineEdit_yuzhi.text())               #阈值
                                                               #将试卷参数存入Excel
    self.sh1.cell(row=1, column=2).value = self.lineEdit_tishu.text()
    …
    self.answer.append(self.lineEdit_001.text())               #答案self.answer
    …
    self.answer.append(self.lineEdit_021.text())
    …
    self.lineEdit_bufendefen.setReadOnly(True)                 #答案文本框为只读
    self.answer = self.answer[: self.tishu]                    #切片题目数量
                                                               #将答案存入Excel
    self.sh4.cell(row=2, column=4).value = self.lineEdit_001.text()
    …
    self.sh6.cell(row=3, column=21).value = self.lineEdit_021.text()
```

3. 生成区域列表

生成考号识别区域的关键代码如下：

```
#//第15章/15.1.py
#答案列表、考号、选项区域生成
def quyulistsc(self):
    #打开Excel文件及工作表
    self.chengjiexcel = openpyxl.load_workbook(self.openexcelname)
    self.shyijuan = self.chengjiexcel['yijuan']
    #将Excel答案读到程序主界面
    self.lineEdit_001.setText(self.shyijuan.cell(row=2, column=4).value)
    …
    self.lineEdit_021.setText(self.shyijuan.cell(row=2, column=24).value)
```

```
#打开表 cs
self.sh1 = self.chengjiexcel['cs']
#将 Excel 内试卷参数读到变量
self.tishu = int(self.sh1.cell(row = 1, column = 2).value)
…
#将 Excel 内参数读到程序主界面
self.lineEdit_tishu.setText(str(self.sh1.cell(row = 1,column = 2).value))
…
#默认试卷拼接开关值为 0,不拼接试卷
self.pinjiekaiguan = 0
#如果 Excel 有拼接参数,并且拼接开关值为 1,则拼接试卷
if self.sh1.cell(row = 2, column = 3).value != None:
    self.pinjiekaiguan = 1
    #读取试卷拼接参数
    self.pj1x = int(self.sh1.cell(row = 2, column = 3).value)
    self.pj1y = int(self.sh1.cell(row = 2, column = 4).value)
    self.pj2x = int(self.sh1.cell(row = 2, column = 5).value)
    self.pj2y = int(self.sh1.cell(row = 2, column = 6).value)
    self.pj3x = int(self.sh1.cell(row = 2, column = 7).value)
    self.pj3y = int(self.sh1.cell(row = 2, column = 8).value)
#如果考号区域有参数,则生成考号识别区域 self.quyulist1
if self.sh1.cell(row = 12, column = 3).value != None:
    #读取考号长度和考号
    self.khgs = int(self.sh1.cell(row = 8, column = 2).value)
    #读取考号前两个点的坐标
    khx1 = int(self.sh1.cell(row = 12, column = 2).value)
    khy1 = int(self.sh1.cell(row = 12, column = 3).value)
    khx2 = int(self.sh1.cell(row = 13, column = 2).value)
    khy2 = int(self.sh1.cell(row = 13, column = 3).value)
    #如果考号第 3 个和第 4 个点坐标存在,则读取坐标
    if self.sh1.cell(row = 14, column = 3).value != None:
        khy3 = int(self.sh1.cell(row = 14, column = 3).value)
        khx4 = int(self.sh1.cell(row = 15, column = 2).value)
        khkuandu2 = khx4 - khx1          #计算考号列宽度
        khgaodu2 = khy3 - khy1           #计算考号行高度
    self.quyulist1.clear()              #清空原有列表
    #循环生成考号区域列表,供识别学生考号用
    for khi in range(self.khgs):
        for khj in range(10):
            self.quyulist1.append(khx1 + khkuandu2 * khi)
            self.quyulist1.append(khy1 + khgaodu2 * khj)
            self.quyulist1.append(khx2 + khkuandu2 * khi)
            self.quyulist1.append(khy2 + khgaodu2 * khj)
    #将条形码坐标加入考号列表 self.quyulist1
    …
```

生成选择题选项区域列表的关键代码如下:

```
#//第 15 章/15.1.py
#自动生成选项区域 self.quyulist
listxxdian = []
#读取数据,加到选项采集点列表
for i in range(self.sh1.max_row - 12):
```

```
         if self.sh1.cell(row = 16 + i, column = 2).value != None:
             listxxdian.append((int(self.sh1.cell(row = 16 + i, column = 2).value)\
                               ,int(self.sh1.cell(row = 16 + i, column = 3).value)))
     if abs(listxxdian[2][0] - listxxdian[0][0]) > 10:      #如果选项横向排列
         #计算涂黑方块宽度
         xxkuandu1 = listxxdian[1][0] - listxxdian[0][0]
         #计算 AB 选项间距
         xxkuandu2 = listxxdian[2][0] - listxxdian[0][0]
         #计算黑块高度
         xxgaodu1 = listxxdian[1][1] - listxxdian[0][1]
         #删除第 2 个和第 3 个点坐标(A 的右下角、B 的左上角)
         del listxxdian[1:3]
         self.quyulist.clear()                              #清空选项区域列表
             for xxi in listxxdian:                         #生成选项区或列表
                 for xxj in range(4):
                     self.quyulist.append(xxi[0] + xxkuandu2 * xxj)
                     self.quyulist.append( xxi[1])
                     self.quyulist.append((xxi[0] + xxkuandu1) + \
                                            xxkuandu2 * xxj )
                     self.quyulist.append( xxi[1] + xxgaodu1)
     self.answer.append(self.lineEdit_001.text())           #加入答案列表
     …
     self.answer.append(self.lineEdit_021.text())
```

4. 选择文件夹按钮的功能

文件和文件夹操作,首先要导入相应的库及指定当前工作目录,代码如下:

```
#//第 15 章/15.1.py
import glob
import os
import shutil
from PIL import Image
from pathlib import Path
imagePath = Path.cwd()
```

【选择文件夹】按钮需要完成以下几个任务:

(1) 获取试卷所在的文件夹。

(2) 把 pic、bak 目录内原有的试卷清除掉。

(3) 把试卷复制到工作目录 pic 中。

(4) 对非 jpg 试卷格式进行转换。

(5) 对试卷文件名中的汉字进行替换。

(6) 对灰度图进行转换。

(7) 对每位考生的两页试卷进行拼接。

【选择文件夹】按钮的关键代码如下:

```
#//第 15 章/15.1.py
@pyqtSlot()
def on_pushButton_xuanzeshijuan_clicked(self):             #选择文件夹按钮
    self.wenjianjia = QFileDialog.getExistingDirectory(self,\
```

```
                        '选择学生试卷文件夹', './')        #选择试卷所在文件夹
        if self.wenjianjia == '':                      #如果没有选择文件夹
            self.wenjianjia = str(Path.cwd()/'ls')     #将 ls 设置为试卷文件夹
        for img in glob.glob("bak/ * .jpg"):           #删除 bak 目录下的试卷
            os.remove(img)
        for img in glob.glob("pic/ * .jpg"):           #删除 pic 目录下的试卷
            os.remove(img)
                                                       #将试卷复制到 pic 目录
        for filename in [x for x in Path.cwd()/self.wenjianjia.iterdir()]:
            if 'jpg' not in str(filename) :            #如果不是 jpg 格式
                fname0 = filename.name
                listname1 = fname0.split(".")
                filename2 = listname1[0]
                my_file = imagePath/'pic'/(filename2 + '.jpg')
                dollIm = Image.open(str(filename))     #转换为 jpg 格式
        if self.pinjiekaiguan == 1:                    #左右拼接试卷
            listdir = imagePath.joinpath('bak')
            piclsit = []
            for fname in [x for x in listdir.iterdir()]:
                piclsit.append(fname)                  #形成文件名列表
            for i in range(0, len(piclsit), 2):
                im1 = open(str(piclsit[i]),'rb')       #以二进制打开第 1 页
                im2 = open(str(piclsit[i+1]), 'rb')    #以二进制打开第 2 页
                Im1 = Image.open(im1)
                Im2 = Image.open(im2)
                if Im0.size[0] > Im0.size[1]:          #如果宽>高剪切部分
                                                       #生成空白图像
                    result = Image.new(Im1.mode, (Im1.size[0], Im1.size[1]))
                    result.paste(Im1, (0, 0))          #粘贴第 1 页试卷
                    result.paste(Im2.crop((self.pj2x, self.pj2y, self.pj3x,\
                    self.pj3y)), (self.pj1x, self.pj1y))  #粘贴第 2 页的一部分
                else:                                  #直接拼接
                    result = Image.new(Im1.mode, (Im1.size[0] * 2, \
                                m1.size[1]))
                    result.paste(Im1, (0, 0))          #粘贴第 1 页试卷
                    result.paste(Im2, (Im1.size[0], 0))  #粘贴第 2 页试卷
                result.save(imagePath/'pic'/('{:02}.jpg'\
                            .format(int(i/2) + 1)))    #保存试卷
```

需要注意的是，拼接试卷时循环用到了 3 个临时图像文件 im0、im1、im2，PIL 的 image 只有打开命令，而没有关闭命令，所以改用 open()命令打开成二进制文件，再用 PIL 的 image 打开，然后用 close()命令关闭打开的图像，这样才能循环操作临时图像。

5. 功能测试

运行 15.1.py，单击【选择文件】按钮，选中 moban. xlsx 文件，单击【打开】按钮，答案和参数正确显示在主程序界面上，如图 15-12 所示。

单击【选择文件夹】按钮，选中 ls 文件夹，单击【选择文件夹】按钮，运行结果如图 15-13 所示。

在 ls 目录下提前准备好了两位学生的理综试题，每份试卷有两页，需要把第 2 页的物理题剪切到第 1 页的指定位置，pic 目录是已处理好的试卷（文件名只包含数字和英文、灰度转换为彩色 24 位、两张拼在一起）。

图 15-12　打开文件按钮功能测试

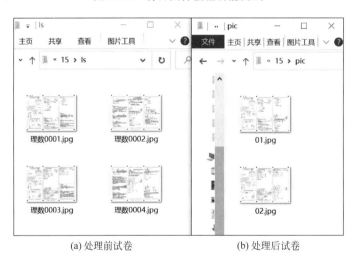

(a) 处理前试卷　　　　　　　　(b) 处理后试卷

图 15-13　选择文件夹按钮功能测试

15.7 【开始阅卷】按钮功能

【开始阅卷】按钮的功能清单如下：

（1）遍历试卷文件名，形成列表。

（2）反二值化处理试卷。

（3）考号识别。

（4）选择题识别。

（5）将成绩存入 Excel 文件。

（6）在试卷上打印成绩和错误选项。

（7）打印均分、有效试卷份数等总体阅卷情况。

对试卷处理需要记录试卷的索引指针、有效试卷计数、选项可能有空白的文件名汇总、总分数共 4 个变量，分别放在初始化函数内和【开始阅卷】按钮内，代码如下：

```
#//第15章/15.1.py
self.filelist = []                       #将试卷列表清空
self.filenumjsq = 0                      #试卷文件列表指针
self.youxiaonum = 0                      #批阅完成试卷计数
self.kongxuanxiang = ''                  #选项中有空白文件名
self.zongfenbj = 0                       #有效试卷总分
```

1. 生成试卷文件列表、遍历试卷

生成 pic 文件夹下的文件列表，代码如下：

```
#//第15章/15.1.py
def bianlipic(self):                     #生成文件列表
    self.filelist.clear()                #清除文件列表
    for fname in [x for x in (Path.cwd() / 'pic').iterdir()]:
        self.filelist.append(fname)      #将文件加入列表
        if len(self.filelist) != 0:
            print('试卷列表读取成功!')
            return self.filelist         #返回列表
        else:
            print('pic 内无试卷!')
```

2. 反二值化处理试卷

反二值化处理试卷，首先导入处理图像的库，代码如下：

```
import cv2
import numpy as np
```

反二值化处理试卷，代码如下：

```
#//第15章/15.1.py
def picchuli(self, path):                         #将图转换为二值图
    huidu = cv2.imread(str(path), 0)              #读取灰度图
    logging.Debug("试卷读入转换为灰度正常")
    t, erzhihua = cv2.threshold(huidu, int(self.yuzhi), 255, \
                    cv2.THRESH_BINARY_INV)        #反向二值化
    logging.Debug("试卷反二值化处理正常")
    k = np.ones((8, 8), np.uint8)                 #开运算
    kaiyunsuan = cv2.morphologyEx(erzhihua, cv2.MORPH_OPEN, k)
    logging.Debug("试卷开运算处理正常")
    peng = np.ones((3, 3), np.uint8)
    kaiyunsuan = cv2.dilate(kaiyunsuan, peng)     #膨胀
    self.kaiyunsuan = kaiyunsuan
    return self.kaiyunsuan
```

在【开始阅卷】按钮加入的测试命令如下：

```
self.picchuli(self.filelist[self.filenumjsq])
cv2.imshow('k',self.kaiyunsuan)
```

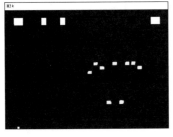

图 15-14　测试反二值化功能

单击【选择文件】按钮，选择 moban.xlsx 文件；单击【选择文件夹】按钮，选择 ls 文件夹；单击【开始阅卷】按钮，运行结果如图 15-14 所示。

试卷遍历和反二值化处理试卷成功。

3. 条形码考号与涂黑考号识别

学生考号主要有两种形式，即条形码考号和涂黑考号。

首先导入条形码识别库，命令如下：

```
import pyzbar.pyzbar as pyzbar
```

初始化 3 个变量，用来记录考号、考号的每位数、涂黑面积占比，分别放在初始化函数内与考号识别代码内，代码如下：

```
self.mianjibaifenbi = 5                    # 涂黑面积占百分比例
self.kauanohaoch = []                      # 识别考号
self.kaohao = []                           # 识别考号的单个字符
```

1）条形码考号识别

识别命令只有一行，代码如下：

```
self.kauanohaoch = pyzbar.decode(gray_image)[0].data.decode("UTF - 8")
```

2）涂黑考号识别

整体思路，如果考号区域列表的长度为 0，则表明没有考号。如果考号区域列表的长度为 4，则说明是条形码考号。如果考号区域列表的长度大于 4，则说明是涂黑考号，计算每位考号 10 个数字的涂黑面积，将涂黑面积最大的数字作为涂黑数字加入考号列表中。

涂黑考号识别，代码如下：

```
# //第 15 章/15.1.py
def kaohaoshibie(self):                        # 考号识别
    self.kauanohaoch = []                      # 识别成功的考号列表
    self.kaohao = []                           # 考号的单个字符列表
    if len(self.quyulist1) > 4:                # 区域列表长度大于 4
        kk = 0
        for ii in range(self.khgs):            # 循环识别多位考号
            jjlist = []
            jjbiliulist = []
            for jj in range(0, 40, 4):         # 识别考号的 10 个数字
                x1 = int(self.quyulist1[jj + kk])
                x2 = int(self.quyulist1[jj + kk + 2])
                y1 = int(self.quyulist1[jj + kk + 1])
```

```
                        y2 = int(self.quyulist1[jj + kk + 3])
                        hk1 = self.kaiyunsuan[y1:y2, x1:x2]
                        baisemianji = cv2.countNonZero(hk1)          #计算白色面积
                                                                     #计算总面积
                        quanbumianji = (self.quyulist1[2] - self.quyulist1[0])\
                            * (self.quyulist1[3] - self.quyulist1[1])
                                                                     #计算涂黑区域占比
                        ratio = baisemianji * 100 / quanbumianji
                        if ratio > self.mianjibaifenbi:              #如果大于指定比率
                            jjlist.append(jj)                        #加入索引列表
                            jjbiliulist.append(ratio)                #加入比率列表
                    jj = jjlist[jjbiliulist.index(max(jjbiliulist))] #索引值
                    if jj == 0:
                        self.kaohao.append('0')                      #加入 self.kaohao
                    elif jj == 4:
                        self.kaohao.append('1')
                    elif jj == 8:
                        self.kaohao.append('2')
                    elif jj == 12:
                        self.kaohao.append('3')
                    elif jj == 16:
                        self.kaohao.append('4')
                    elif jj == 20:
                        self.kaohao.append('5')
                    elif jj == 24:
                        self.kaohao.append('6')
                    elif jj == 28:
                        self.kaohao.append('7')
                    elif jj == 32:
                        self.kaohao.append('8')
                    elif jj == 36:
                        self.kaohao.append('9')
                    kk = kk + 40
            self.kauanohaoch = ''.join(self.kaohao)                  #将列表变为字符串
        elif len(self.quyulist1) == 4:                               #提取条形码位置坐标
            min_x = min(int(self.quyulist1[0]), int(self.quyulist1[2]))
            min_y = min(int(self.quyulist1[1]), int(self.quyulist1[3]))
            width = abs(int(self.quyulist1[0]) - int(self.quyulist1[2]))
            height = abs(int(self.quyulist1[1]) - int(self.quyulist1[3]))
                                                                     #设置条形码所在区域
            cut_img = self.img[min_y:min_y + height, min_x:min_x + width]
                                                                     #识别考号
            self.kauanohaoch = pyzbar.decode(cut_img)[0].data.decode("UTF-8")
```

4. 选择题识别

选择题识别与涂黑考号识别的方法相同,计算涂黑面积,将超过设置比率 self.mianjibaifenbi 的选项加入学生作答的字典中。

将字典转换为列表,需要一个库,导入代码如下:

```
from itertools import chain
```

初始化 2 个记录学生作答的字典和 1 个学生的选项列表,分别放在初始化和选择题识

别函数内,代码如下:

```
#//第 15 章/15.1.py
#字典键名
self.key = [1, 2, 3, 4, 5, 6, 7, 8, 9, 10, 11, 12, 13, 14, 15, 16, 17,
            18, 19, 20,21]
self.charuxuan = dict([(k, []) for k in self.key])          #选项字典在判卷中用
self.gengxinruxuan = dict([(k, []) for k in self.key])      #选项字典在判卷后用
self.xuan = []                                              #学生选项列表
```

识别选择题的关键代码如下:

```
#//第 15 章/15.1.py
def shitipanbie(self):                                      #选择题选项识别
    kk = 0                                                  #识别区域起始位置
    for ii in range(self.tishu):                            #ii 为题号索引
        for jj in range(0, 16, 4):                          #jj 为选项 ABCD 索引
            x1 = int(self.quyulist[jj + kk])                #每个选项区域的坐标
            x2 = int(self.quyulist[jj + kk + 2])
            y1 = int(self.quyulist[jj + kk + 1])
            y2 = int(self.quyulist[jj + kk + 3])
            hk = self.kaiyunsuan[y1:y2, x1:x2]               #涂黑区域
            baisemianji = cv2.countNonZero(hk)               #计算涂黑面积
            quanbumianji = (self.quyulist[2] - self.quyulist[0]) * \
                (self.quyulist[3] - self.quyulist[1])        #方块总面积
            ratio = baisemianji * 100 / quanbumianji         #涂黑面积百分比
            if ratio > self.mianjibaifenbi:                  #如果超过设置,则加入字典
                if jj == 0:
                    logging.Debug(f'第 {ii + 1} 题选:A {ratio}')
                    self.charuxuan[ii + 1].append('A')
                elif jj == 4:
                    self.charuxuan[ii + 1].append('B')
                    logging.Debug(f'第 {ii + 1} 题选:B{ratio} ')
                elif jj == 8:
                    self.charuxuan[ii + 1].append('C')
                    logging.Debug(f'第 {ii + 1} 题选:C {ratio}')
                elif jj == 12:
                    self.charuxuan[ii + 1].append('D')
                    logging.Debug(f'第 {ii + 1} 题选:D{ratio} ')
        self.gengxinruxuan[ii + 1].append(''.join(self.charuxuan[ii + 1]))
        kk = kk + 16
```

运行程序,设定 Excel 文件、ls 文件夹、答案和区域后,单击【开始阅卷】按钮,运行结果如图 15-15 所示。

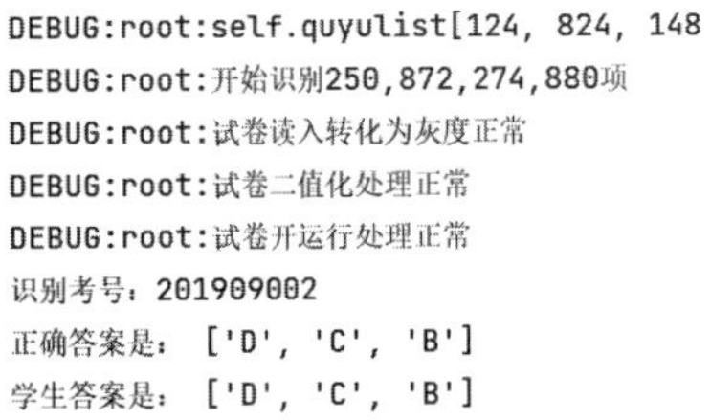

```
DEBUG:root:self.quyulist[124, 824, 148
DEBUG:root:开始识别250,872,274,880项
DEBUG:root:试卷读入转化为灰度正常
DEBUG:root:试卷二值化处理正常
DEBUG:root:试卷开运行处理正常
识别考号: 201909002
正确答案是: ['D', 'C', 'B']
学生答案是: ['D', 'C', 'B']
```

图 15-15 测试选择题识别功能

5. 统计试卷得分并打印到试卷上

统计每份试卷全对个数、半对个数、空白选项个数并将总分打印到试卷上,首先初始化几个变量,如答对题目的数量 self.right、半对题目的数量 self.bandui、空白选项的数量 self.kong,然后放在初始化函数和统计函数内,代码如下:

```
self.right = 0                          #答对题目数量
self.bandui = 0                         #半对题目数量
self.kong = 0                           #空白题目数量
```

统计函数的关键代码如下：

```python
#//第15章/15.1.py
def tongjitdayin(self):
    self.right = 0                                      #答对题目数量
    self.bandui = 0                                     #半对题目数量
    self.kong = 0                                       #空白题目数量
    for i in range(len(self.answer)):                   #遍历学生答案
        dd = set(self.answer[i].upper())                #取出标准答案
        xx = set(self.xuan[i].upper())                  #取出学生答案
        if xx == dd and self.answer[i] != '':           #正确数目加1
            self.right = self.right + 1

                                                        #半对试卷打上扣分数
        elif (xx.issubset(dd) == True) and (dd.difference(xx) != set()) \
        and (self.answer[i] != '') and (self.xuan[i] != ''):
            self.bandui = self.bandui + 1
            if self.img.shape[0] < self.img.shape[0]:   #竖卡分数打在题号下
                ...                                     #横卡分数打在选项后
```

6. 将成绩写入 Excel

实现将成绩写入 Excel 按钮的功能,思路如下：

(1) 打开 Excel 文件及表 yijuan。

(2) 遍历 Excel 考号与试卷考号对比,如果相等,则进入写成绩模式。

(3) 选择题识别。

(4) 成绩计算,将错题标记打印到试卷上。

(5) 将学生选项写入 Excel 文件。

(6) 将批改成功的试卷移动到 bak 目录下。

将成绩写入 Excel 文件,关键代码如下：

```python
#//第15章/15.1.py
def xiechengji(self):                                       #将成绩写入 Excel 文件
    self.chengjiexcel = openpyxl.load_workbook(self.openexcelname)
    self.sh3 = self.chengjiexcel['yijuan']
    if len(self.quyulist1) > 0:                             #如果有考号
        for i in range(3, self.sh3.max_row + 1):            #取出考号
            self.xuehao = self.sh3.cell(row = i, column = 1).value

                                                            #如果考号相同
            if (str(self.xuehao)) == str(self.kauanohaoch):
                self.shitipanbie()                          #选择题识别
                self.tongjitdayin()                         #错题打印标记
                self.name = self.sh3.cell(row = i, column = 2).value  #读取姓名
                fenshu = self.sh3.cell(row = i, column = 3).value      #Ⅰ卷成绩
                self.zongfenbj = self.zongfenbj + self.right * \
                self.meitifenshu + self.bandui * self.bufendefen #试卷总分
                if fenshu == None:                          #空白Ⅰ卷分时写入
                    for xx2 in range(len(self.answer)):     #将学生选项写入 Excel 文件
```

```
                        self.sh3.cell(row = i, column = 4 + xx2, value = \
                            self.xuan[xx2])
                        self.youxiaonum = self.youxiaonum + 1
                                    ♯写入Ⅰ卷总分
                        self.sh3.cell(row = i, column = 3).value = self.right * \
                        self.meitifenshu + self.bandui * self.bufendefen
                        print('姓名:', self.name, '分数:', self.right * \
                        self.meitifenshu + self.bandui * self.bufendefen)
                else:
                    print('没有写入成绩,分数已存在!')
```

7.【开始阅卷】按钮

【开始阅卷】按钮,代码如下:

```
♯//第15章/15.1.py
@pyqtSlot()
def on_pushButton_kaishi_clicked(self):              ♯开始阅卷按钮
    self.filelist = []                               ♯将试卷列表清空
    self.filenumjsq = 0                              ♯试卷文件列表指针
    self.youxiaonum = 0                              ♯批阅完成试卷计数
    self.kongxuanxian = ''                           ♯有空白试卷文件名
    self.zongfenbj = 0                               ♯有效试卷总分
    self.bianlipic()                                 ♯形成文件名列表
    for i in range(len(self.filelist)):
        self.picchuli(self.filelist[self.filenumjsq])   ♯试卷反二值化处理
        self.kaohaoshibie()                          ♯考号识别
        self.xiechengji()                            ♯将成绩写入 Excel 文件
        self.filenumjsq = self.filenumjsq + 1
        if self.filenumjsq >= len(self.filelist):    ♯总体阅卷情况
            print('*****已阅' + str(self.filenumjsq) + '份,录入' + \
            str(self.youxiaonum) + '份,均分:' + str(0) + '分')
            if len(self.kongxuanxian) > 0:
                print(self.kongxuanxian + '请调整区域,重改这些试卷.')
            break
```

运行程序,设定 Excel 文件、ls 文件夹、答案和区域后,单击【开始阅卷】按钮,运行结果如图 15-16 所示。

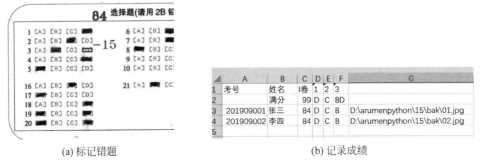

(a) 标记错题　　　　　　　　　　　(b) 记录成绩

图 15-16　测试【开始阅卷】功能

将成绩成功地写入 Excel 并在试卷上标出错误和分数,关闭 logging 功能,控制台运行结果如图 15-17 所示。

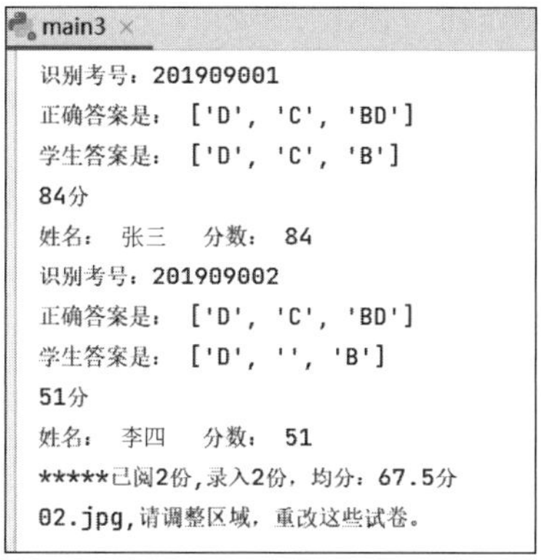

图 15-17 控制台运行结果

正确显示阅卷信息和均分,有空白选项的试卷也能正确提醒。

15.8 【调整区域】按钮功能

本节实现以下功能:

(1) 通过 JSON 自动加载最近一次打开的 Excel 文件。

(2) 通过 JSON 自动加载最近一次试卷的文件夹路径。

(3) 手动调节考号和选项区域列表。

1. JSON 读写函数

定义 JSON 读写函数,代码如下:

```python
#//第 15 章/15.1.py
import json
def xiejson(self,jian,zhi, * args, ** kwargs):                    #写入 JSON
    with open("setting.json", 'r',encoding = 'UTF - 8') as load_f:
        load_dict = json.load(load_f)                            #读取数据
        load_dict[jian] = zhi                                    #修改数据
        with open("setting.json", "w") as f:                     #保存数据
            json.dump(load_dict, f)


def morenset(self):                                              #读取 JSON 默认设置
    with open('setting.json', 'r', encoding = 'UTF - 8') as json_file:
        result = json.load(json_file)
                                                                 #读取 Excel 文件
        self.openexcelname = result['self.openexcelname']
        self.wenjianjia = result['self.wenjianjia']              #读取文件夹
```

在【打开文件】按钮下加入写 JSON 功能,代码如下:

```python
self.xiejson(jian = 'self.openexcelname', zhi = self.openexcelname)
```

在【打开文件夹】按钮下加入写 JSON 功能,代码如下:

```python
self.xiejson(jian = 'self.wenjianjia', zhi = self.wenjianjia)
```

运行程序,单击【打开文件】按钮,选择 moban.xlsx 文件,单击【打开文件夹】按钮,选择 ls 文件夹,打开 setting.json 查看运行结果,代码如下:

```
{"self.wenjianjia": "D:/arumenpython/15/ls", "self.openexcelname": "moban.xlsx"}
```

初始化函数,加入的命令如下:

```
try:
    self.morenset()                    #加载最近一次的设置
    self.quyulistsc()                  #加载试卷参数
except:                                #如果出错,则加载默认设置
    self.openexcelname = 'moban.xlsx'
    self.quyulistsc()
```

再次运行程序时,自动加载最近一次打开的 Excel 文件和目录。

2. 绘制区域

绘制区域是在电子试卷上,用红色的方框绘出考号和选项的每个涂黑框。主要思路是先读取试卷列表,再读取试卷,绘制区域后加载到标签上,具体的代码如下:

```
#//第15章/15.1.py
def quqyu_huatu(self):                             #查看考号选项区
    self.filelist.clear()                          #清空文件列表
    imagePath = Path(sys.argv[0]).parent           #获取 pic 路径对象
    imagePath2 = imagePath.joinpath('pic')
    for fname in [x for x in imagePath2.iterdir()]:
        self.filelist.append(fname)                #遍历形成文件列表
    if len(self.filelist) != 0:
        print('试卷列表读取成功!')
    else:
        print('pic 内无试卷!')
    try:                                           #读取 pic 内试卷
        img = cv2.imread(str(self.filelist[self.filenumjsq - 1]))
        for i in range(0, len(self.quyulist), 4):         #画出选项区域
            img = cv2.rectangle(img, (self.quyulist[i], self.quyulist\
                [i + 1]), (self.quyulist[i + 2], self.quyulist[i + 3]), \
                (0, 0, 255), 2)
        if len(self.quyulist1) > 0:                       #画出考号区域
            for i in range(0, len(self.quyulist1), 4):
                img = cv2.rectangle(img, (self.quyulist1[i], \
                    self.quyulist1[i + 1]),(self.quyulist1[i + 2], \
                    self.quyulist1[i + 3]), (0, 0, 255), 2)
        shrink = cv2.cvtColor(img, cv2.COLOR_BGR2RGB)     #转换图像格式
        QtImg = QImage(shrink.data,
                    shrink.shape[1],
                    shrink.shape[0],
                    shrink.shape[1] * 3,
                    QImage.Format_RGB888)                 #标签加载图像
        self.label_shijuan.setPixmap(QPixmap.fromImage(QtImg).scaled\
        (self.label_shijuan.width(), self.label_shijuan.height()))
    except:
        print('pic 下没有试卷!')
```

代码说明如下：

用 OpenCV 画图后，需要先把 OpenCV 的图像格式转换为 PyQt5 的图像格式，然后才能在 PyQt5 的标签中显示出来。

标签加载图像时，图像比例只能用 scaled() 设置比例，不能用自适应，因为布局是相对布局，而图像又比标签大，如果用自适应模式，当打开软件时，程序界面则会突然变大。

3. 【调整区域】按钮

【调整区域】的思路是读取开始阅卷单行文本框内的参数，如果有两个参数，则考号和选项的涂黑区域坐标都应加上参数值，如果有 3 个参数，则只需先把前两个参数加到选项的涂黑区域的坐标上，然后加载显示区域的函数 self.quqyu_huatu()，代码如下：

```
#//第15章/15.1.py
@pyqtSlot()
def on_pushButton_tiaozhengquyu_clicked(self):          #调整区域按钮
    listinpu = (self.lineEdit_chaxunxuesheng.text()).split()
    self.filenumjsq = 1
    if len(listinpu) == 2:                              #如果只有两个参数
        x, y = listinpu
        x = int(x)
        y = int(y)
        for i in range(len(self.quyulist)):            #选项坐标都加参数值
            if i % 2 == 0:
                self.quyulist[i] = self.quyulist[i] + x
            else:
                self.quyulist[i] = self.quyulist[i] + y
        for i in range(len(self.quyulist1)):           #考号坐标都加参数值
            if i % 2 == 0:
                self.quyulist1[i] = self.quyulist1[i] + x
            else:
                self.quyulist1[i] = self.quyulist1[i] + y
    elif len(listinpu) == 3:                           #如果有3个参数
        x, y, z = listinpu
        x = int(x)
        y = int(y)
        for i in range(len(self.quyulist)):            #选项坐标都加参数值
            if i % 2 == 0:
                self.quyulist[i] = self.quyulist[i] + x
            else:
                self.quyulist[i] = self.quyulist[i] + y
    else:
        pass
    self.quqyu_huatu()                                 #画出区域
```

测试代码流程：单击【调整区域】按钮，查看考号和选项的涂黑区域是否已在标签中绘出，如图 15-16 所示，在开始阅卷文本框内输入"10 10"，单击【调整区域】按钮，查看考号区域和选项区域的 x 坐标和 y 坐标是否都加了 10 像素。在开始阅卷文本框内输入"−10 10 1"，单击【调整区域】按钮，查看是否只有选项的涂黑区域 x 坐标都减 10 像素，y 坐标都加 10 像素，而考号区域不变，运行代码，结果如图 15-18 所示。

测试成功。

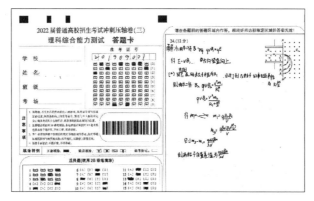

图 15-18　调整区域功能测试

4. 查看二值图

当个别学生涂卡不标准时,识别会出错,需要看一下二值图,代码如下:

```
#//第 15 章/15.1.py
if self.lineEdit_chaxunxuesheng.text() == '2':        #在文本框输入 2 时
    self.quqyu_huatu()                                 #画出区域
    cv2.namedWindow("2", 0)
    cv2.resizeWindow("2", 1000, 1000)
    cv2.imshow('2', self.kaiyunsuan)                   #查看二值图
    cv2.waitKey()
    cv2.destroyAllWindows()
```

放在【开始阅卷】尾部即可,运行代码,结果如图 15-19 所示。

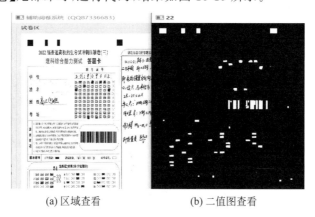

(a) 区域查看　　　　　　　(b) 二值图查看

图 15-19　查看二值图

阅卷时显示二值图和区域坐标设置情况。

15.9　【导出 Excel】按钮功能

【导出 Excel】按钮对成绩进行统计、分析并导出 Excel,关键代码如下:

```
#//第 15 章/15.1.py
@pyqtSlot()
```

```
def on_pushButton_daochuexcel_clicked(self):                    # 导出 Excel 成绩
    self.chengjiexcel = openpyxl.load_workbook\
                        (self.openexcelname, data_only = True)  # 打开 Excel 文件
    shijuanlaiyuan = self.lineEdit_chaxunxuesheng.text()
    self.sh1 = self.chengjiexcel['yijuan']
    self.sh2 = self.chengjiexcel['tongjish']
    for kk in range(self.tishu):                                # 选择题统计
        listright = set()
        strall = ''
        listall = set()
        daan = self.sh1.cell(row = 2, column = kk + 4).value
        for i in range(3, self.sh1.max_row + 1):
            if self.sh1.cell(row = i, column = kk + 4).value is not None:
                                                                # 总人数集合
                listall.add(self.sh1.cell(row = i, column = 2).value)
                if self.sh1.cell(row = i, column = kk + 4).value == daan:
                                                                # 答对者集合
                    listright.add(self.sh1.cell(row = i, column = 2).value)
                strall = strall + self.sh1.cell(row = i, column = kk + \
                         4).value                               # 选项加入选项字符串
                self.sh2.cell(row = 4, column = kk + 1).value = '正答率' + \
str(int((len(listright) / len(listall)) * 100)) + '%'
                self.sh2.cell(row = 5, column = kk + 1).value = '选A' + \
str(int((strall.count('A')) / len(listall) * 100)) + '%'
                self.sh2.cell(row = 6, column = kk + 1).value = '选B' + \
str(int((strall.count('B')) / len(listall) * 100)) + '%'
                self.sh2.cell(row = 7, column = kk + 1).value = '选C' + \
str(int((strall.count('C')) / len(listall) * 100)) + '%'
                self.sh2.cell(row = 8, column = kk + 1).value = '选D' + \
str(int((strall.count('D')) / len(listall) * 100)) + '%'
    for i in range(9):                                          # 输出前 9 名
        if len(ls) >= 9:
            qianshimingdan = qianshimingdan + '{}{} \
                    '.format(ls[i][0], ls[i][1])
            self.sh2.cell(row = 15, column = 2).value = qianshimingdan
```

运行程序,单击【导出 Excel】按钮,结果如图 15-20 所示。

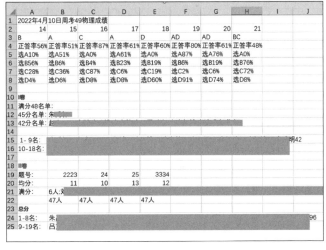

图 15-20　导出 Excel 功能测试

程序能够正常统计、输出 Excel 成绩。

15.10 【查询学生】按钮功能

有时需要查询单个试卷的答题情况,在开始阅卷文本框内输入学生姓名,单击【查询学生】按钮,标签上会显示出学生的试卷,具体的代码如下:

```python
#//第 15 章/15.1.py
@pyqtSlot()
def on_pushButton_chaxunxuesheng_clicked(self):          #查询学生按钮
    imgstr = self.lineEdit_chaxunxuesheng.text()         #获取学生姓名
    try:
        self.chengjiexcel = openpyxl.load_workbook(self.openexcelname)
        self.sh3 = self.chengjiexcel['yijuan']
    except:
        print('查询单个学生成绩时,Excel 文件损坏!')
    for i in range(3, self.sh3.max_row + 1):             #遍历学生姓名
                                                         #如果找到学生姓名
        if imgstr == self.sh3.cell(row = i, column = 2).value:
            print('找到{}'.format(imgstr))
            if self.sh3.cell(row = i, column = 3).value != None and \
            self.sh3.cell(row = i,column = self.sh3.max_column).value != \
            None:                                        #姓名和地址不为空
                imgstr = str(imagePath.joinpath('bak').joinpath (self.sh3.cell(row = i,
                column = self.sh3.max_column).value))
                if Path(imgstr).exists():                #如果试卷存在
                    result = QPixmap(imgstr).scaled (self.label_shijuan. \
                        width(),self.label_shijuan.height())
                    self.label_shijuan.setPixmap(result) #显示在 label 中
                else:
                    print('没有找到{}成绩!'.format(imgstr))
    self.chengjiexcel.close()                            #关闭 Excel 文件
```

运行程序,在开始阅卷单行文本框内输入学生姓名,例如"张三",单击【查询学生】按钮,结果如图 15-21 所示。

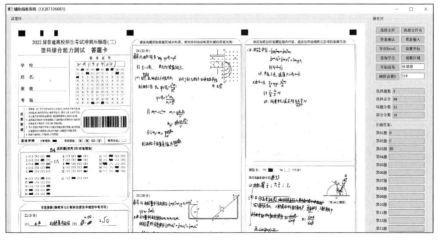

图 15-21　查询功能检测

能正确展示学生的试卷。

15.11　其他功能

1．坐标采集

通过 Excel 手动输入坐标很准确,但不方便,单击【采集坐标】按钮,就会调用 zb.exe,采集坐标的方法,详见 10.9 节。

2．批改Ⅱ卷

直接调用 10.4 节打包好的 ej.exe 文件,在 def on_pushButton_yuzhi_clicked(self) 阈值设置函数中加入的代码如下:

```
#打开Ⅱ卷批改程序
elif yuzhistr == 'ej':
    os.system('ej.exe')
```

运行程序,在阈值输入框输入 ej,单击【阈值设置】按钮,运行批改Ⅱ卷程序。

注意　与 10.4 节的批改Ⅱ卷要求相同,在表 quyufs 内设置好每道题的打分位置坐标,在表 er juan 的第 2 行设置每道题的满分值后,再运行本程序。

3．打印小题分

将 6.16.py 重新命名为 fentopic.py 后复制到项目目录,在 def on_pushButton_yuzhi_clicked(self) 阈值设置函数中加入的代码如下:

```
#试卷打印小题分
if yuzhistr == 'xt':
    import fentopic
    fentopic.fentopic()
    print('分数已全部打印到试卷上')
```

运行程序,在阈值输入框输入 xt,单击【阈值设置】按钮,运行打印小题分程序。

注意　与 6.16 节的要求相同,在表 quyufs 内设置好每道题分数打印的位置坐标,在表 er juan 内设置好Ⅱ卷成绩,再运行程序。

4．采集试题

将 6.29.py 重新命名为 autopic.py 后复制到项目目录,在 def on_pushButton_yuzhi_clicked(self) 阈值设置函数中加入的代码如下:

```
#采集错题 pic
elif yuzhistr == 'cj':
    import autopic
    autopic.main()
```

运行程序,在阈值输入框输入 cj,单击【阈值设置】按钮,运行采集试题程序。

注意 按照 6.29 节的要求,提前设置 ct.xlsx,再运行本程序。

---

5. 生成错题集

将 6.23.py 重新命名为 ctmain2.py 后复制到项目目录,在 def on_pushButton_yuzhi_clicked(self)阈值设置函数中加入的代码如下:

```
#导出 Word 错题集
elif yuzhistr == 'ct':
    import ctmain2
    ctmain2.scdoc()
    print('已生成 Word 错题集.')
```

运行程序,在阈值输入框输入 ct,单击【阈值设置】按钮运行生成 Word 错题集程序。

注意 要按照 6.23 节的要求,提前采集完成试题,再运行本程序。

---

6. 群发 E-mail 错题集

将 6.25.py 重新命名为 ctemail.py 后复制到项目目录,在 def on_pushButton_yuzhi_clicked(self)阈值设置函数中加入的代码如下:

```
#导出 Word 错题集并发邮件给学生
elif yuzhistr == 'yj':
    import ctemail
    ctemail.main()
    print('邮件已全部发送!')
```

运行程序,在阈值输入框输入 yj,单击【阈值设置】按钮,运行发送邮件程序。

注意 本程序完成错题导出到 Excel、Word 和发送 E-mail 邮件三部分,所以需要提前采集试题、按 6.25 节的格式设置好学生的邮箱再运行本程序。

---

7. 帮助

打开软件后,在试卷区域标签内显示软件的使用说明,代码如下:

```
#//第 15 章/15.1.py
helpstr = """
1.修改 moban.xlsx 内学生考号、姓名、试题号、试题答案,按 cs 表内要求设置试卷信息或用步骤 2 的方法用鼠标设置.
2.如果在第 1 步已设置过试卷信息,则可以跳过第 2 步.
    1)单击【选择 Excel】按钮选择 Excel.
    2)单击【重新输入】按钮,输入选择题数、选择总分、每题分数、部分分数及每题正确答案,输入完毕后按【确认答案】按钮.
    3)单击【选择文件夹】按钮,选择试卷所在文件夹.
    4)如果是条形码考号,单击【设置坐标】按钮,双击条形码左上角、右下角,单击考号坐标.
        如果是涂黑考号,依次双击第 1 位考号 0 的左上角、右下角、1 的左上角、第 2 位考号 0 的左上角坐标,单击考号坐标.
    5)依次双击第 1 题 A 的左上角、右下角、B 的左上角、第 2 题 A 的左上角坐标,以及其余题的 A 的左上角坐标,单击选项坐标.
```

　　　6)如果试卷不需要拼接,则可跳过此步骤,如果只是拼接,则可任意双击一点,单击【粘坐标】按钮.
　　　　　如果需要剪切一部分粘在试卷上,则可双击粘的位置,单击【粘坐标】按钮.
　　　　　双击剪切的左上角和右下角,单击【剪坐标】按钮.
3.单击【选择文件夹】按钮,选择试卷所在文件夹.
4.单击【调整区域】按钮预览考号、选项区域,如需调整,则应在开始阅卷单行文本框输入 x 和 y 坐标修正值,以空格分隔,单击【调整区域】按钮进行调整.
5.单击【开始阅卷】按钮,开始阅卷.
6.试卷阅完后,在开始阅卷单行文本框内输入学生姓名,单击【查询学生】按钮进行查看.
7.单击【导出 Excel】按钮统计分析学生成绩.
8.阅卷完成后,如果提示有卡没有识别,则应在开始阅卷单行文本框内输入数字 2,单击【开始阅卷】按钮,查看情况.
9.如果白色太多,则可在阈值文本输入框输入较小阈值,单击【阈值设置】按钮更改阈值,反之如果白色太少,则可调大阈值.
10.更多功能、操作演示可参看视频.
　　　　　"""
self.label_shijuan.setText(helpstr)

将代码放入初始化函数内,运行程序,可以看到标签上能够正确显示帮助信息.

为了让代码更容易理解,特意去掉了大量异常处理及简单的代码部分,读者在使用时可以添加各种异常处理,使软件更加人性化.15.2.py 是笔者日常使用过程中加上异常处理后的源码,供读者参考.

15.12　打包整合

1.确认版本

首先在 cmd 窗口输入 python 命令,查看 Python 的版本是否为 32 位的,因为 32 位 Python 打包出的 exe 软件可以运行在 32 位和 64 位 Windows 操作系统上,但 64 位 Python 打包出的 exe 软件只能运行在 64 位 Windows 操作系统上.

2.清空第三方库

PyInstaller 打包时把整个 Python 环境都打包进去了,为了减小打包后文件的大小,依次输入的命令如下:

```
pip freeze > 123.txt
pip uninstall - r 123.txt - y
```

第 1 条命令用于将所有的第三方库的名单导到 123.txt 文件,第 2 条命令用于卸载 123.txt 文件内的所有的第三方库,参数-y 的意思是卸载第三方库而不用确认.

3.安装必需的库

在本节目录内,requestment.txt 文件内存放的是所有需要的库的清单,运行如下命令进行安装:

```
pip install - r requestment.txt - i https://pypi.tuna.tsinghua.edu.cn/simple
```

因为安装的库比较多,所以用"-i"参数指定清华源,以便加快下载速度,其中 xlrd 库必须安装 1.2.0 版本,但 pip 安装时不成功.怎么办呢? 打开官网(https://pypi.org/

project/xlrd/1.2.0/♯files)下载 xlrd-1.2.0-py2.py3-none-any.whl 之后,进入下载目录,安装命令如下:

```
pip install xlrd-1.2.0-py2.py3-none-any.whl
```

4．打包主程序

进入第 15 章目录,把 15.2.py 重命名为 main.py,在命令行输入 cmd 后按 Enter 键,打包命令如下:

```
pyinstaller main.py
```

打包完成后,把\Python36-32\Lib\site-packages\路径下的 pyzbar 目录复制到打包生成的 main 目录内,如图 15-22(a)所示。

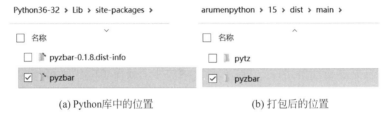

(a) Python库中的位置　　　　　(b) 打包后的位置

图 15-22　复制条形码识别库

然后将第 15 章目录下的 bak、img、pic、xls、ls 5 个目录和 setting.json、ct.xlsx、moban.xlsx 3 个文件复制到图 15-22(b)所示的 main 目录内。

5．打包批改Ⅱ卷程序

进入 10.4 节目录,把 10.42.py 重命名为 ej.py,在命令行输入 cmd 后按 Enter 键,打包命令如下:

```
pyinstaller ej.py
```

打包完成后,把 10.4\disk\ej\目录下的所有文件复制到图 15-22(b)所示的 main 目录内,此时会出现替换提示,如图 15-23 所示。

图 15-23　替换或跳过文件

选择【替换目标中的文件(R)】即可。测试时会提示没有找到 untitled 库,把 10.4 节目录下的 untitled.py 复制到图 15-22(b)所示的 main 文件夹内,经测试各项功能正常。

6. 打包坐标采集程序

进入 10.9 节目录,把 10.10. py 重命名为 zb. py,在命令行输入 cmd 后按 Enter 键,打包命令如下:

```
pyinstaller zb.py
```

打包完成后,把 10.9\disk\zb\目录下的所有文件复制到图 15-22(b)所示的 main 目录内,当出现替换或跳过文件的提示时,仍然选择【替换目标中的文件(R)】。

软件包 soft 目录下的 main 目录是打包后的文件夹,经测试各模块都能正常工作。

第五篇　树　莓　派

树　莓　派

从本章开始,介绍 Python 开发树莓派相关的知识。Raspberry Pi(中文名为"树莓派",简写为 RPi 或者 RasPi / RPI)是只有信用卡大小的微型计算机,其系统基于 Linux 开发而来。

16.1　硬件购买

初学者往往眼花缭乱,不知道买哪些硬件,这里给出本书涉及的主要元器件的清单,见表 16-1。

表 16-1　硬件清单

名　称	图	版　本	说　明
树莓派主板		4GB	必选
内存卡		32GB	可选,如果有,则可不买
读卡器			可选,如果有,则可不买
电源线		Type-C	可选,一般手机使用的 Type-C 数据线均可
视频线		HDMI	可选
散热片		带粘贴胶	必选
液晶触摸显示器		3.5 英寸 480×320 电阻屏	必选

续表

名　　称	图	版　　本	说　　明
摄像头模块			必选
杜邦线		母对母	必选

树莓派主板、SD卡、3.5 英寸显示器、视频 HDMI 线、散热片等硬件,建议在某宝树莓派旗舰店购买,同时留言让店主把系统和显示器驱动装好。其他可在电子元器件店按需购买。

电容屏是可以用手触控的,价格高。电阻屏必须用触控笔触控,价格低。建议读者至少买一个电阻屏。

HDMI 线有 3 种接口,标准的 HDMI、Micro、mini,而树莓派的是 Micro 接口。如果有,则不用买,或者当有标准的 HDMI 线时只买转接头也可以。

16.2　硬件组装与系统设置

1. 组装

如图 16-1 所示,贴好散热片,插好网线、鼠标、键盘、HDMI 线、电源线、SD 卡。

图 16-1　组装树莓派

注意　HDMI 可以连接电视或显示器,但不能直接连接笔记本电脑;WiFi 与网线二者中选用一种上网方式即可。

2. 烧录系统(SD 卡已有系统的可跳过此步)

进入树莓派官网,如图 16-2 所示。

选择 Download for Windows,双击下载好的系统镜像软件 🌐 imager_1.7.2.exe,进入如图 16-3 所示界面。

单击 Install 按钮,完成安装后单击 Finish 按钮,打开软件,如图 16-4 所示。

单击【选择操作系统】按钮,弹出的菜单如图 16-5 所示。

图 16-2　树莓派官网

图 16-3　欢迎界面

图 16-4　树莓派烧录器

选择第 1 个 Raspberry Pi OS(32-bit)，插入 SD 卡，再单击【选择 SD 卡】按钮，此时弹出的菜单如图 16-6 所示。

如果没有插入 SD 卡，则图 16-6 中的内容为空白。选中 SD 卡，单击【烧录】按钮会弹出警告信息，如图 16-7 所示。

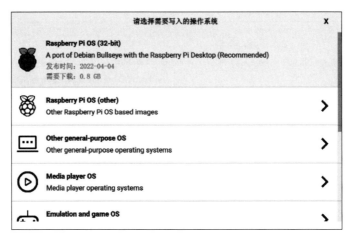

图 16-5　选择操作系统

图 16-6　选择 SD 卡

图 16-7　警告

单击【是】按钮,开始格式化、下载、烧录系统镜像,如果下载过程中断,则可重复以上步骤,直到出现完成提示,如图 16-8 所示。

图 16-8　烧录成功

单击【继续】按钮,拔出 SD 卡插入树莓派,关闭烧录软件。

3. 基本设置

打开电视,调到 HDMI 模式,插上树莓派电源,此时出现的欢迎界面如图 16-9 所示。单击 Next 按钮,进入语言设置界面,如图 16-10 所示。

图 16-9　欢迎界面

图 16-10　选择语言

将 Country 设置为 China，将 Language 设置为 Chinese，Timezone 选择任一地区均可，单击 Next 按钮，进入用户名、密码设置界面，如图 16-11 所示。

设置用户名和密码，例如，笔者的用户名和密码均为 zhj，单击 Next 按钮，如图 16-12 所示。

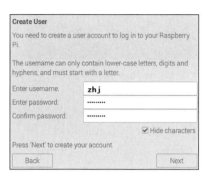

图 16-11　设置用户名和密码

图 16-12　提示信息

单击 OK 按钮，然后单击 Next 按钮，进入无线网络搜索界面，如图 16-13 所示。稍等片刻，系统会搜索出可用的无线网络列表，如图 16-14 所示。

图 16-13　网络搜索

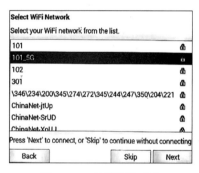

图 16-14　无线网络列表

选中无线网络，单击 Next 按钮，此时会出现输入密码窗口，如图 16-15 所示。输入密码后，单击 Next 按钮后会出现升级提示，如图 16-16 所示。

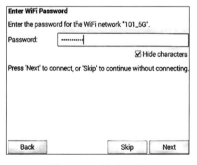

图 16-15　输入密码

图 16-16　升级提示

单击 Skip 按钮跳过系统升级，此时会出现重启提示，如图 16-17 所示。
单击 Restart 按钮重启树莓派，开机后的桌面如图 16-18 所示。

图 16-17　重启提示

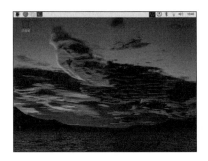

图 16-18　开机界面

图 16-19　IP 地址

将光标放在桌面右上角的 网络图标上，会弹出 IP 地址，如图 16-19 所示，记录 IP 地址以供远程访问使用。

依次选择 →【首选项】→Raspberry Pi Configuration（或单击 按钮，运行 sudo raspi-config 命令），打开系统设置，如图 16-20 所示。

出现的设置面板如图 16-21 所示。

图 16-20　打开系统设置

图 16-21　Interfaces 设置

选择 Interfaces 选项卡，设置树莓派上的一些软件接口开关。打开 SSH、VNC（默认为关闭的），允许远程访问树莓派。

16.3　远程访问树莓派

远程访问树莓派常用的有 VNC、PuTTY、WinSCP 这 3 种方式，VNC 方式用于共享树莓派的桌面；PuTTY 方式可通过命令操控树莓派，而 WinSCP 方式用于展示计算机与树莓派的目录,可以很方便地上传或下载文件和文件夹。

1. 通过 VNC 远程连接树莓派

进入 VNC 官网,下载 VNC 软件,单击 Download VNC Viewer 按钮下载软件,下载完成后,双击 vncviewer. exe 软件,单击 OK 按钮,单击 Next 按钮,此时出现的界面如图 16-22 所示。

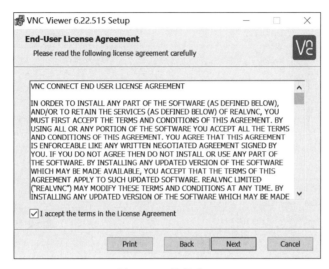

图 16-22　协议窗口

勾选 I accept the terms in the License Agreement,然后单击 Next 按钮,单击 Install 按钮,单击【是】按钮,单击 Finish 按钮,在计算机桌面的左下角,在 ⊞【开始】菜单中找到并打开 VNC,此时出现的界面如图 16-23 所示。

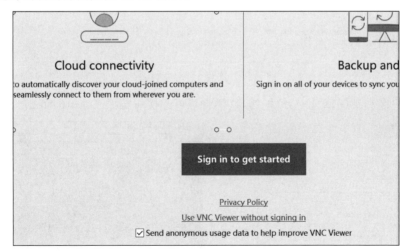

图 16-23　VNC 主界面

单击 Sign in to get started 按钮,此时出现的注册窗口如图 16-24 所示。

关闭注册窗口,进入登录界面,如图 16-25 所示。

输入树莓派的 IP 地址,例如笔者的 IP 为"192.168.10.13",然后按 Enter 键,此时会出现如图 16-26 所示的界面。

图 16-24　注册窗口

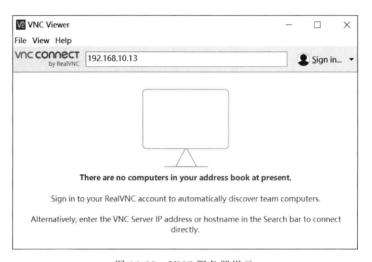

图 16-25　VNC 服务器提示

输入用户名和密码,单击 OK 按钮,这样就可以连接树莓派了,如图 16-27 所示。

图 16-26　用户名和密码输入窗口　　　　　图 16-27　VNC 成功连接树莓派

窗口的标题栏显示,已通过 VNC 连接到树莓派了。

2. 通过 PuTTY 远程连接树莓派

进入 PuTTY 官网,单击 Free Download for Windows,进入下载界面,单击 Free Download for PC,下载完成后,双击 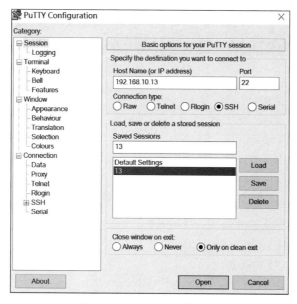 putty. exe 软件,此时出现的连接设置如图 16-28 所示。

图 16-28　PuTTy 连接设置

输入树莓派的 IP 地址,给连接起个名字,如"13",单击右侧的 Save 按钮,以后再访问树莓派时,只需先单击连接名"13",再单击 Open 按钮就可以了(或者双击连接名"13"进行连接)。

此时出现的提示如图 16-29 所示。

图 6-29　连接提醒

单击【是】按钮,此时出现的界面如图 16-30 所示。

输入设置的用户名,例如笔者的用户名是 zhj,然后按 Enter 键,输入密码(输入密码时没有任何提示,不要重复输入),例如笔者的密码也是 zhj,按 Enter 键,然后就可以用命令模式远程访问树莓派了,常用命令如下。

(1) 关机(手动关闭电源):sudo halt -h。

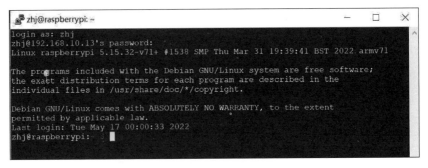

图 16-30 登录成功

（2）重启树莓派：sudo reboot。

（3）查看 IP：hostname -I。

（4）升级所有包：sudo apt-get update。

（5）安装库：sudo apt-get install <库名>。

（6）卸载库：sudo apt-get remove <库名>。

（7）升级系统：sudo rpi-update。

（8）运行 Python 程序：python <程序名>。

（9）安装 Python 库：pip install <库名>。

3．WinSCP 远程连接树莓派

树莓派可通过 WinSCP 上传或下载文件、文件夹。进入 WinSCP 官网，单击 DOWNLOAD NOW，单击 DOWNLOAD WINSCP，下载完成后，双击  WinSCP5.19.6.exe 软件进行安装，此时出现的安装警告窗口如图 16-31 所示。

单击【运行】按钮，此时会出现模式选择界面，如图 16-32 所示。

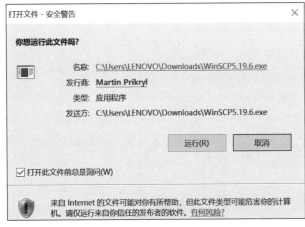

图 16-31 警告窗口

图 16-32 安装模式选择

单击【只为我安装】按钮，此时出现的协议提示如图 16-33 所示。

单击【接受】按钮，进入安装类型选择窗口，如图 16-34 所示。

单击【下一步】按钮，此时会出现如图 16-35 所示的窗口。

单击【下一步】按钮，此时会进入准备安装界面，如图 16-36 所示。

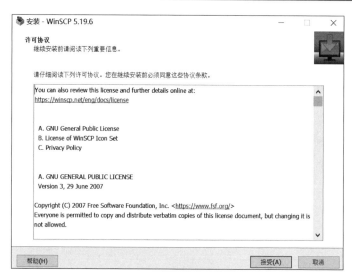

图 16-33　协议窗口

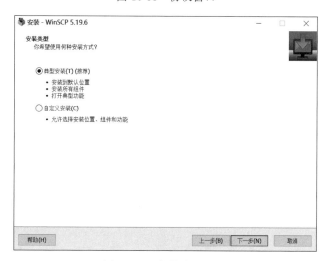

图 16-34　安装类型选择

图 16-35　界面选择

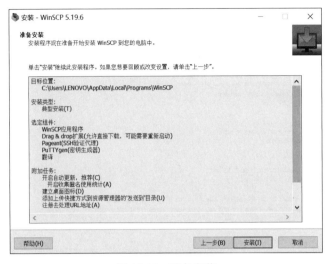

图 16-36　准备安装

单击【安装】按钮,导入 PuTTY 设置,如图 16-37 所示。

单击【是】按钮,此时会出现导入连接选择界面,如图 16-38 所示。

图 16-37　导入 PuTTY 设置

图 16-38　选择导入项

选择 PuTTY 中的连接名,例如"13",单击【确定】按钮,进入安装完成界面,如图 16-39 所示。

图 16-39　安装完成

单击【完成】按钮，此时会进入连接树莓派界面，如图 16-40 所示。

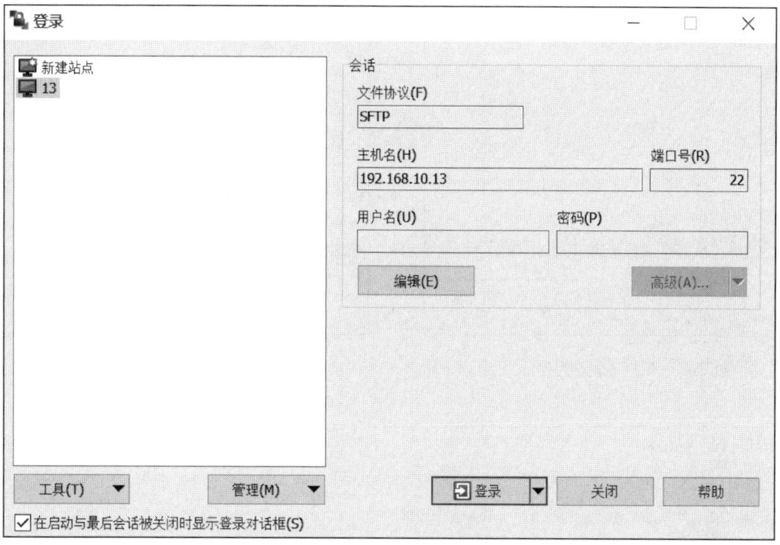

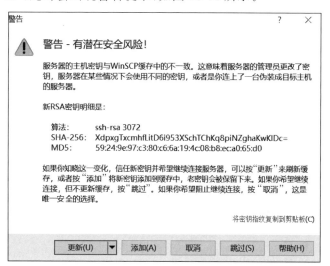

图 16-40　连接界面

双击连接名"13"，此时会出现警告提示，如图 16-41 所示。

图 16-41　连接警告

单击【更新】按钮，此时会提示输入用户名，如图 16-42 所示。

输入用户名，单击【确定】按钮，此时会提示输入密码，如图 16-43 所示。

输入密码，单击【确定】按钮，登录成功后如图 16-44 所示。

左侧是计算机目录，右侧是树莓派目录，可以更改目录，右击文件或文件夹可用来上传或下载。

把编写好的 Python 程序 hello.py 上传到树莓派用户名目录下，例如笔者的目录是 /home/zhj/，在终端运行的命令如下：

```
python hello.py
```

图 16-42　用户名输入

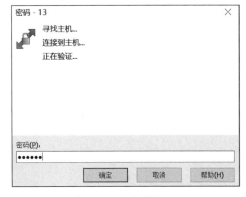

图 16-43　密码输入

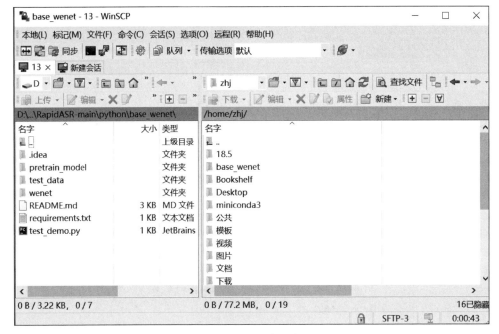

图 16-44　连接成功

按 Enter 键就可以运行 Python 程序了。

16.4　树莓派引脚

1. 引脚定义

进入树莓派 cmd 命令行窗口,运行 pinout 命令可以查看引脚功能,结果如下:

```
zhj@raspberrypi:~ $ pinout
    3V3 (1) (2) 5V
  GPIO2 (3) (4) 5V
  GPIO3 (5) (6) GND
  GPIO4 (7) (8) GPIO14
    GND (9) (10) GPIO15
```

```
GPIO17 (11) (12) GPIO18
GPIO27 (13) (14) GND
GPIO22 (15) (16) GPIO23
   3V3 (17) (18) GPIO24
GPIO10 (19) (20) GND
GPIO9 (21) (22) GPIO25
GPIO11 (23) (24) GPIO8
   GND (25) (26) GPIO7
GPIO0 (27) (28) GPIO1
GPIO5 (29) (30) GND
GPIO6 (31) (32) GPIO12
GPIO13 (33) (34) GND
GPIO19 (35) (36) GPIO16
GPIO26 (37) (38) GPIO20
   GND (39) (40) GPIO21
```

外层是较老的 GPIO0～GPIO27,是 BCM 编号系统,现在基本不用了;里层 1,2,…,40 是 BOARD 编号系统(Raspberry Pi 板上的引脚是从 1 到 40 进行编号的),主板上的对应位置如图 16-45 所示。

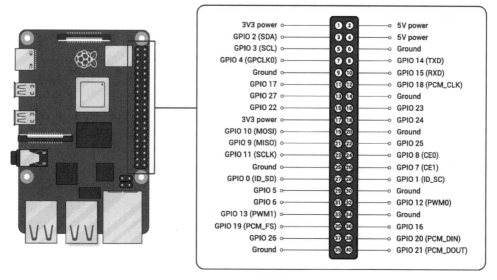

图 16-45　引脚定义

电路板上有两个 5V 的引脚 2、4,两个 3.3V 的引脚 1、17,以及 8 个 0V 接地引脚 6、9、14、20、25、30、34、39。其余引脚均为通用引脚,可以用程序设置为输入或输出引脚,指定为输出引脚的可以设置为高电平 (3.3V) 或低电平 (0V)输出。

除了简单的输入和输出引脚外,还有与各种替代功能一起使用的引脚,例如 PWM(脉宽调制),软件 PWM 可在所有引脚上使用,硬件 PWM 可在 32、33 引脚上使用。串行 TX 在 8 引脚上使用,RX 在 10 引脚上使用等。

每个引脚的最大电流是 16mA,总电流不能超过 51mA。

2. RPi.GPIO 介绍

RPi.GPIO 是 Python 控制 GPIO 引脚的库,树莓派官方系统已经安装,使用步骤如下。

1）导入模块并禁用警告

导入 RPi. GPIO 模块,命令如下:

```
import RPi.GPIO as GPIO          ♯导入 RPi.GPIO 模块
GPIO.setwarnings(False)         ♯禁用警告
```

如果 RPi. GRIO 检测到一个引脚已经被设置成了非默认值,就会发出警告信息,GPIO. setwarnings(False)的作用就是禁用这些警告信息。

2）引脚编号模式设置

将引脚编号设置为 BOARD 模式,命令如下:

```
GPIO.setmode(GPIO.BOARD)          ♯设置 BOARD 引脚编号
```

将引脚编号设置为 BCM 模式,命令如下:

```
GPIO.setmode(GPIO.BCM)          ♯设置 BCM 引脚编号
```

3）通道设置

可以将某些引脚设置为输出或输入,如将 3 引脚设置为输入,将 5 引脚设置为输出,命令如下:

```
GPIO.setup(3, GPIO.IN)          ♯将 3 引脚设置为输入
GPIO.setup(5, GPIO.OUT)         ♯将 5 引脚设置为输出
```

4）设置输出状态

将 12 引脚设置为输出高电平 3.3V,代码如下:

```
GPIO.output(12, GPIO.HIGH)          ♯12 引脚输出高压 3.3V
```

将 12 引脚设置为输出低电平 0V,代码如下:

```
GPIO.output(12, GPIO.LOW)          ♯12 引脚输出低压 0V
```

状态可以用 0/GPIO. LOW/False 或者 1/GPIO. HIGH/True 表示。

同时将 12 引脚设置为输出,高电平 3.3V,命令如下:

```
GPIO.setup(12, GPIO.OUT, initial = GPIO.HIGH)
```

一次设置多个通道,命令如下:

```
chan_list = [ 11,12 ]
♯或者 chan_list = (11,12)
GPIO.setup(chan_list, GPIO.OUT)
```

5）调整 PWM

调整 PWM 对于交流电来讲就是调整频率,对于直流电来讲就是调整占空比来模拟调整频率,代码如下:

```
p = GPIO.PWM(channel, frequency)          #实例化(引脚、初始化设置频率 50)
p.start(dc)                               #启动(0.0 <= dc <= 100.0)
p.ChangeFrequency(freq)                   #改频率,以 Hz 为单位的新频率
p.ChangeDutyCycle(dc)                     #改变占空比 0.0 <= dc <= 100.0
p.stop()                                  #停止
```

6）恢复引脚

恢复引脚,代码如下：

```
GPIO.cleanup()                            #恢复引脚
```

默认恢复所有的引脚。

16.5　树莓派控制传感器的实例

1. 控制发光二极管

发光二极管,长针为正极,短针为负极,电压范围为 2.1～2.6V,电流范围为 5～17.5mA,实物如图 16-46 所示。

图 16-46　发光二极管

1）引脚连接

引脚连接见表 16-2。

表 16-2　发光二极管引脚连接

发光二极管引脚	树莓派引脚	说　　明
正极(长针)	38	3.3V
负极(短针)	39	地线

2）连接图

电路连接如图 16-47 所示。

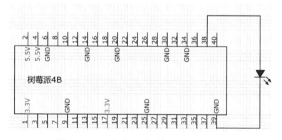

图 16-47　发光二极管电路连接图

3）代码

代码如下：

```
#//第 16 章/16.1.py
import RPi.GPIO as GPIO
import time
GPIO.setmode(GPIO.BOARD)                  #设置引脚模式
GPIO.setup(38, GPIO.OUT)                  #将 38 引脚设置为输出
```

```
GPIO.output(38, GPIO.HIGH)          # 将 38 引脚设置为输出高压
time.sleep(5)
GPIO.cleanup()                      # 重置 GPIO 接口
```

4）测试

通过 WinSCP 把 16.1.py 上传到树莓派，如图 16-48 所示。

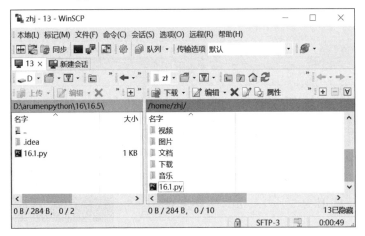

图 16-48　上传程序

通过 PuTTy 登录树莓派，在终端输入的命令如下：

```
python 16.1.py
```

图 16-49　超声波实物图

按 Enter 键，运行程序，发光二极管亮 5s 后熄灭。

2. 超声波测距

HC-SR04 超声波测距模块的精度可达 0.3cm，工作电压为 5V，实物如图 16-49 所示。

1）引脚连接

引脚连接见表 16-3。

表 16-3　超声波测距模块引脚连线

超声波测量距离	树莓派引脚	说　　明
VCC	2	5V
TRIG	15	输入触发信号
ECHO	16	输出回响信号
GND	6	地线

2）连接图

连接图如图 16-50 所示。

3）代码

代码如下：

```
# //第 16 章/16.2.py
import RPi.GPIO as GPIO                # 导入 GPIO 库
```

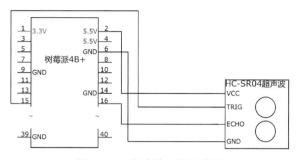

图 16-50　超声波电路连接图

```
import time
GPIO.setmode(GPIO.BOARD)                        # 设置引脚模式
GPIO_TRIGGER = 15                               # 定义 GPIO 引脚
GPIO_ECHO = 16
GPIO.setup(GPIO_TRIGGER, GPIO.OUT)              # 设置引脚工作方式
GPIO.setup(GPIO_ECHO, GPIO.IN)
def distance():
    GPIO.output(GPIO_TRIGGER, True)             # TRIG 引脚高电平
    time.sleep(0.00001)                         # 持续 10us
    GPIO.output(GPIO_TRIGGER, False)
    start_time = time.time()
    stop_time = time.time()
    while GPIO.input(GPIO_ECHO) == 0:
        start_time = time.time()                # 发送超声波时刻 1
    while GPIO.input(GPIO_ECHO) == 1:           # 接收超声波时刻 2
        stop_time = time.time()
    time_elapsed = stop_time - start_time       # 超声波的往返时间
    distance = (time_elapsed * 34300) / 2       # 距离
    return distance

if __name__ == '__main__':
    try:
        while True:
            dist = distance()
            print("距离为 = {:.2f} cm".format(dist))
            time.sleep(1)
    except KeyboardInterrupt:
        GPIO.cleanup()
```

4）测试

将代码另存为 16.2.py，上传到树莓派，在终端运行的命令如下：

```
python 16.2.py
```

按 Enter 键，运行程序，改变书本到传感器的距离，在终端打印出书本到传感器的距离，运行结果如下：

```
距离为 = 74.43 cm
距离为 = 74.04 cm
距离为 = 74.47 cm
```

```
距离为 = 7.00 cm
距离为 = 4.94 cm
距离为 = 4.16 cm
距离为 = 4.57 cm
```

3. 雨滴传感器

YD-A1型雨滴传感器可用于探测是否下雨,工作电压为3.3V～5V,当雨滴检测片上没有水滴时,DO输出高电平,开关指示灯灭;滴上一滴水后(超过设定的雨量监测阈值),DO输出低电平,开关指示灯亮。刷掉上面的水滴后(小于设定的雨量监测阈值),又恢复到DO输出高电平状态。传感器上面蓝色的电位器用于调节雨量监测的阈值,顺时针旋转此电位器,检测雨量的阈值会调大,逆时针旋转此电位器,检测雨量的阈值会调小。

实物如图16-51所示。

(a)雨滴传感器　　　　　　(b)雨滴检测片

图16-51　雨滴传感器

1)引脚连接

引脚连接见表16-4。

表16-4　雨滴传感器引脚连接

雨滴传感器	树莓派引脚	说　　　明
VCC	2	3～5V
DO	12	TTL开关信号输出
AO		模拟信号输出(不使用)
GND	6	地线

2)连接图

连接图如图16-52所示。

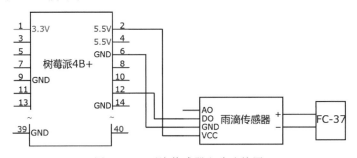

图16-52　雨滴传感器电路连接图

3)代码

代码如下:

```
#//第 16 章/16.3.py
import RPi.GPIO as GPIO
import time
GPIO.setmode(GPIO.BOARD)              #设置引脚模式
GPIO.setup(12, GPIO.IN)               # 将 12 引脚设置为输入
while True:
    if GPIO.input(12):                # 如果 12 引脚是高电压
        print("正常")
    else:
        print("下雨了")
    time.sleep(1)
GPIO.cleanup()                        #重置引脚
```

4）测试

将代码另存为 16.3.py，上传到树莓派，在终端输入的命令如下：

```
python 16.3.py
```

按 Enter 键，运行程序，滴上水滴，终端会打印出"下雨了"。

4. 人体红外传感器

HC-SR501 型红外传感器的实物如图 16-53 所示，如果跳帽连接 1、2 两个针脚，则为 H 模式（可重复触发），在延时时段内，若感应到有人来到 DO 端将一直保持高电平；如果跳帽连接 2、3 两个针脚，则为 L 模式（不可重复触发），延时结束，DO 端自动从高电平转到低电平，一般情况下连接 2、3 两针可实现持续、不断的检测功能。调节距离电位器 4 并向逆时针方向旋转，感应距离可以减小到 3m 左右，反之，感应距离可以增大到 7m 左右。调节延时电位器 5 并向逆时针方向旋转，感应延时可以减短至 0.5s，反之，感应延时可以增加到 300s 左右。

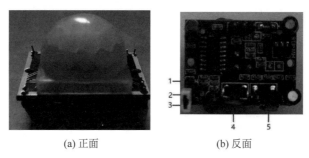

(a) 正面   (b) 反面

图 16-53 人体红外传感器

1）引脚连接

引脚连接见表 16-5。

表 16-5 人体红外传感器引脚连接

人体红外传感器	树莓派引脚	说　　明
＋	2	5V
OUT	12	
－	6	地线

2）连接图

连接图如图 16-54 所示。

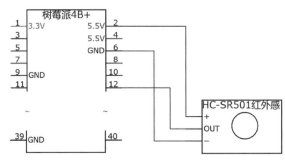

图 16-54　人体红外传感器连接图

3）代码

代码如下：

```
#//第16章/16.4.py
import RPi.GPIO as GPIO
import time
GPIO.setwarnings(False)                    #禁用警告
GPIO.setmode(GPIO.BOARD)                   #设置引脚模式
GPIO.setup(12, GPIO.IN)                    #将12引脚设置为输入
try:
    while True:

        if (GPIO.input(12) == True):       #如果有人,则12引脚是高压
            print(time.strftime('%Y-%m-%d %H:%M:%S',time.localtime\
                                (time.time())) + "有人来了!")

        else:
            print(time.strftime('%Y-%m-%d %H:%M:%S',time.localtime\
                                (time.time())) + " 没有人!")

        time.sleep(5)
except keyboardInterrupt:
    pass
GPIO.cleanup()                             #重置引脚
```

4）测试

将代码另存为 16.4.py，上传到树莓派，在终端运行的命令如下：

```
python 16.4.py
```

图 16-55　有源蜂鸣器

1）引脚连接

引脚连接见表 16-6。

按 Enter 键，运行程序，当有人靠近时，终端会打印出时间和"有人来了！"的提示语。

5. 有源蜂鸣器模块（低电平触发）

有源蜂鸣器的工作电压为 3.3V～5V，当 I/O 口输入低电平时，蜂鸣器发声。实物如图 16-55 所示。

表 16-6 有源蜂鸣器引脚连接

有源蜂鸣器	树莓派引脚	说　　明
VCC	1	3.3V
I/O	12	低电平时,蜂鸣器发声
GND	6	地线

2) 连接图

连接图如图 16-56 所示。

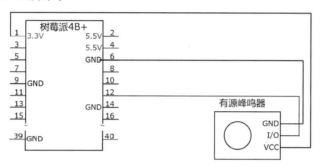

图 16-56　有源蜂鸣器连接图

3) 代码

代码如下:

```
#//第16章/16.5.py
import RPi.GPIO as GPIO
import time
def init():                                          #定义初始化函数
    GPIO.setwarnings(False)                          #禁用警告
    GPIO.setmode(GPIO.BOARD)                         #设置引脚模式
    GPIO.setup(12, GPIO.OUT, initial = GPIO.HIGH)    #将12引脚设置为输出高压

def beep(seconds):                                   #定义发声函数
    GPIO.output(12, GPIO.LOW)                        #将12引脚设置为低压
    time.sleep(seconds)                              #暂停
    GPIO.output(12, GPIO.HIGH)                       #将12引脚设置为高压
def beepBatch(seconds, timespan, counts):            #定义调用函数
    for i in range(counts):
        beep(seconds)
        time.sleep(timespan)
init()                                               #调用初始化函数
beepBatch(0.1, 0.3, 3)                               #调用发声函数
GPIO.cleanup()                                       #重置引脚
```

4) 测试

将代码另存为 16.5.py,上传到树莓派,在终端输入的命令如下:

```
python 16.5.py
```

运行结果是蜂鸣器发出 3 次声音。

图 16-57　光敏电阻

6. 光敏电阻

　　光敏电阻对环境光线敏感,一般用于检测光线亮度。光敏电阻在环境光线亮度达不到设定阈值时,DO 端输出高电平,超过设定阈值时,DO 端输出低电平。可通过调节电位器来设定阈值。实物如图 16-57 所示。

1) 引脚连接

引脚连接见表 16-7。

表 16-7　光敏电阻引脚连接

光敏电阻	树莓派引脚	说　　明
VCC	1	3.3V
DO	12	输出数字信号
AO		输出模拟信号(不用)
GND	6	地线

2) 连接图

连接图如图 16-58 所示。

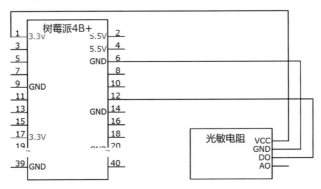

图 16-58　光敏电阻连接图

3) 代码

代码如下:

```python
#//第 16 章/16.6.py
import RPi.GPIO as GPIO
import time
GPIO.setmode(GPIO.BOARD)              #设置引脚模式
GPIO.setup(12, GPIO.IN)               #将 12 引脚设置为输入
for i in range(0, 20):
    if GPIO.input(12) == 1:           #如果 12 引脚是高压
        print('天暗了')
    else:
        print('天亮了')
    time.sleep(1)
GPIO.cleanup()                        #重置引脚
```

4) 测试

将代码另存为 16.6.py,上传到树莓派,在终端运行的命令如下:

```
python 16.6.py
```

按 Enter 键,运行程序,用纸挡住光敏电阻,终端会打印"天暗了",拿走纸后终端会打印"天亮了"。

7. 声音传感器

声音传感器是在有声音触发时,串口不断发送 01,同时开关指示灯亮;在没有声音触发时,串口不发送数据,同时开关指示灯灭。传感器上面的蓝色电位器用于调节声音的阈值。实物如图 16-59 所示。

图 16-59　声音传感器

1) 引脚连接

引脚连接见表 16-8。

表 16-8　声音传感器引脚连接

声音传感器	树莓派引脚	说　　明
VCC	1	3.3V
OUT	12	输入信号
GND	6	地线

2) 连接图

连接图如图 16-60 所示。

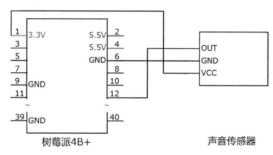

图 16-60　声音传感器连接图

3) 代码

代码如下:

```
#//第 16 章/16.7.py
import RPi.GPIO as GPIO
import time
GPIO.setwarnings(False)              #禁用警告
GPIO.setmode(GPIO.BOARD)             #设置引脚模式
GPIO.setup(12, GPIO.IN)              #将 12 引脚设置为输入
try:
    while True:
        if (GPIO.input(12) == 0):    #当有声音时输出低电平
            print("测到声音!")
            time.sleep(2)
except:
    pass
GPIO.cleanup()                       #重置引脚
```

4）测试

将代码另存为 16.7.py,上传到树莓派,在终端输入的命令如下：

```
python 16.7.py
```

按 Enter 键,运行程序,将模块放置于安静的环境,调节板上蓝色的电位器,直到板上开关指示灯亮,然后往回微调,直到开关指示灯灭,然后在传感器附近产生一个声音（如击掌）,开关指示灯再回到点亮状态,终端打印出"测到声音!"

8. DS18B20 温度传感器

DS18B20 温度传感器的工作电压为 3.3V,在$-10\sim$ $+85$℃的测量范围内其精度为±0.5℃,最大测量范围为$-55\sim125$℃。实物如图 16-61 所示。

图 16-61 温度传感器

1）引脚连接

引脚连接见表 16-9。

表 16-9 温度传感器引脚连接

温度传感器	树莓派引脚	说　明
VCC	1	3.3V
OUT	7	
GND	6	地线

2）连接图

连接图如图 16-62 所示。

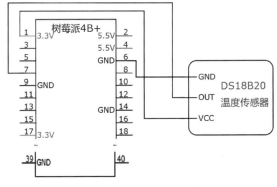

图 16-62 温度传感器连接图

3）启用 1-Wire 总线

连接好传感器,开启树莓派,进入树莓派桌面,选择 ▦ → 首选项 → Raspberry Pi Configuration→Interfaces→1-Wire,单击 OK 按钮,重启树莓派。

在终端输入的命令如下：

```
sudo modprobe w1 – gpio
sudo modprobe w1 – therm
```

在/sys/bus/w1/drivers/目录及子目录下找到 w1_slave 文件,内容如下：

```
70 01 4b 46 7f ff 10 10 e1 : crc = e1 YES
70 01 4b 46 7f ff 10 10 e1 t = 23267
```

最后一个数字"23267"表示温度是 23.267℃。记录下 w1_slave 文件的位置,写入下面的代码中。不同的设备"w1_slave"的路径可能不同,笔者的路径是/sys/bus/w1/drivers/w1_master_driver/w1_bus_master1/28-00000b9e26bd/w1_slave。

4)代码

读取 w1_slave 文件的代码如下:

```
# //第16章/16.8.py
tfile = open("/sys/bus/w1/drivers/w1_master_driver/w1_bus_master1/28 - \
        00000b9e26bd/w1_slave")                    # 打开文件
text = tfile.read()                                # 读取文件的所有内容
tfile.close()                                      # 关闭文件
secondline = text.split("\n")[1]                   # 索引第2行
temperaturedata = secondline.split(" ")[9]         # 索引最后一个
temperature = float(temperaturedata[2:])           # 切片最后面的数值
temperature = temperature / 1000                   # 将单位转换为摄氏度
print(temperature)                                 # 打印温度
```

5)测试

将代码另存为 16.8.py,上传到树莓派,在终端输入的命令如下:

```
python 16.8.py
```

按 Enter 键,运行程序,运行结果如下:

```
zhj@raspberrypi:~ $ python 16.8.py
23.687
```

程序正确地读出了温度值。

9. 火焰传感器

火焰传感器可以检测火焰或者波长在 760～1100nm 的光源,打火机测试火焰距离为 80cm,火焰越大,测试距离越远,探测角度为 60°左右,对火焰光谱特别灵敏,图中蓝色的数字电位器可以调节火焰传感器的灵敏度。实物如图 16-63 所示。

图 16-63　火焰传感器

1)引脚连接

引脚连接见表 16-10。

表 16-10　火焰传感器引脚连接

火焰传感器	树莓派引脚	说　　明
VCC	1	3.3V
DO	12	TTL 开关信号输出
AO		模拟信号输出(不用)
GND	6	地线

2）连接图

连接图如图 16-64 所示。

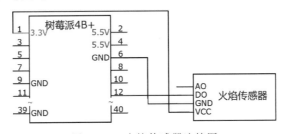

图 16-64　火焰传感器连接图

3）代码

代码如下：

```
#//第 16 章/16.9.py
import RPi.GPIO as GPIO
import time
GPIO.setwarnings(False)                    #禁用警告
GPIO.setmode(GPIO.BOARD)                    #设置引脚模式
GPIO.setup(12, GPIO.IN)                     #将 12 引脚设置为输入
try:
    while True:
        if (GPIO.input(12) == True):    #有火时 12 引脚是低压
            print(time.strftime('%Y-%m-%d %H:%M:%S',time.localtime\
                                              (time.time())) + "平安")
        else:
            print(time.strftime('%Y-%m-%d %H:%M:%S',time.localtime\
                                              (time.time())) + "着火了")
        time.sleep(5)
except:
    pass
GPIO.cleanup()                              #重置引脚
```

4）测试

将代码另存为 16.9.py，上传到树莓派，在终端运行的命令如下：

```
python 16.9.py
```

按 Enter 键，运行程序，先将传感器的灵敏度调节至开关灯不亮，然后点燃打火机测试。无火时，打印出时间和"平安"的信息，有火焰时打印时间和"着火了"的信息。

图 16-65　烟雾传感器

10. 烟雾传感器

MQ 烟雾气敏传感器模块是一款广泛应用于家庭和工厂的气体泄漏检测装置，适用于液化气、甲烷、丙烷、丁烷、酒精、氢气、烟雾等有害气体及有害物质的检测。如果电位器顺时针调节，则灵敏度增高，如果逆时针调节，则灵敏度降低，实物如图 16-65 所示。

1）引脚连接

引脚连接见表 16-11。

表 16-11　烟雾传感器引脚连接

烟雾传感器	树莓派引脚	说　　明
VCC	1	3.3V
DO	12	TTL 开关信号输出
AO	—	模拟信号输出(不用)
GND	6	地线

2) 连接图

连接图如图 16-66 所示。

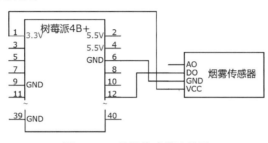

图 16-66　烟雾传感器连接图

3) 代码

代码如下:

```
#//第16章/16.10.py
import RPi.GPIO as GPIO
import time
GPIO.setwarnings(False)                    #禁用警告
GPIO.setmode(GPIO.BOARD)                   #设置引脚模式
GPIO.setup(12, GPIO.IN)                    #将12引脚设置为输入
try:
    while True:
        if (GPIO.input(12) == True):       #无烟雾时12引脚为高压
            print(time.strftime('%Y-%m-%d %H:%M:%S',time.localtime\
                (time.time())) + "一切正常!")
        else:                              #有烟雾时12引脚为低压
            print(time.strftime('%Y-%m-%d %H:%M:%S',time.localtime\
                (time.time())) + "发现烟雾!")
        time.sleep(5)
except keyboardInterrupt:
    pass
GPIO.cleanup()                             #重置引脚
```

4) 测试

将代码另存为 16.10.py,上传到树莓派,终端运行的命令如下:

```
python 16.10.py
```

按 Enter 键,运行程序,有烟雾时控制台会打印出"发现烟雾!",否则打印"一切正常!"

11. 按键

如果按下按键,则按键 OUT 端输出高电平;如果释放按键,则按键 OUT 端输出低电平。实物如图 16-67 所示。

(a) 按键　　　　　　　　　　　(b) 按键帽

图 16-67　按键

1）引脚连接

引脚连接见表 16-12。

表 16-12　按键引脚连接

按　　键	树莓派引脚	说　　明
VCC	2	5V
OUT	12	
GND	6	地线

2）连接图

连接图如图 16-68 所示。

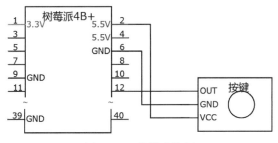

图 16-68　按键连接图

3）代码

代码如下：

```
#//第 16 章/16.11.py
import RPi.GPIO as GPIO
import time
GPIO.setwarnings(False)                  #禁用警告
GPIO.setmode(GPIO.BOARD)                 #设置引脚模式
GPIO.setup(12, GPIO.IN)                  #将 12 引脚设置为输入
try:
    while True:
        if (GPIO.input(12) == True):     #按下时 12 引脚为高压
            print( "已按下,输出了高压")
        else:
            print("已释放,输出了低压")
        time.sleep(5)
except keyboardInterrupt:
    pass
GPIO.cleanup()                           #重置引脚
```

4）测试

将代码另存为 16.11.py，上传到树莓派，终端运行的命令如下：

```
python 16.11.py
```

按 Enter 键，运行程序，按下按键时终端打印"已按下，输出了高压"，释放按键后终端打印"已释放，输出了低压"。

12. TM1637 型 4 位数码管

TM1637 型 4 位共阳极红字数码管，有 8 级灰度可调，工作电压为 5V 或 3.3V。
TM1637 数码管安装驱动程序的命令如下：

```
pip install raspberrypi - tm1637
```

实物如图 16-69 所示。

1）引脚连接

引脚连接见表 16-13。

图 16-69　数码管实物连接

表 16-13　数码管引脚连接

位 数 码 管	树莓派引脚	说　明
VCC	4	5V
DIO Data In	18	
CLK Clock	16	
GND	6	地线

2）连接图

连接图如图 16-70 所示。

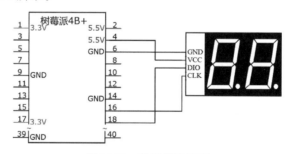

图 16-70　数码管连接图

3）代码

代码如下：

```
#//第 16 章/16.12.py
import sys
import time
import RPi.GPIO as GPIO
import tm1637
Display = tm1637.TM1637(23,24,2)        #将参数 2 初始化为亮度
Display.number(1234)                     #显示数字 1234
time.sleep(3)
Display.numbers(12,34)                   #显示时间 12:34
time.sleep(3)
```

4）测试

将代码另存为 16.12.py,上传到树莓派,在终端输入的命令如下:

```
python 16.12.py
```

按 Enter 键,运行程序,数码管首先显示数字"1234",3s 后显示"12:34"。

13. LCD 显示

LCD1602 显示器用于显示字母、数字、符号等,此显示器为点阵型液晶显示模块。实物如图 16-71 所示。

(a) 正面　　　　　　　　　　　　　(b) 背面

图 16-71　LCD1602

在终端运行的命令如下:

```
sudo raspi-config
```

选择设置面板→interfaces→I^2C→Enable,启用 I^2C 总线。

在终端运行的命令如下:

```
pip install RPLCD
pip install smbus2
```

1）引脚连接

引脚连接见表 16-14。

表 16-14　LCD 显示引脚连接

LCD	树莓派引脚	说　　明
VCC	4	5V
SDA	3	数据线
SCL	5	时钟线
GND	6	地线

2）连接图

连接图如图 16-72 所示。

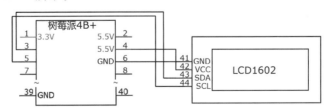

图 16-72　LCD 显示连接图

3）代码

代码如下：

```
#//第16章/16.13.py
import sys
import time
import smbus2
from RPLCD.i2c import CharLCD
sys.modules['smbus'] = smbus2
                                        #初始化屏幕
lcd = CharLCD('PCF8574', address = 0x27, port = 1, backlight_enabled = True)
try:
    print('按下 ctr+c 停止程序')
    lcd.clear()
    while True:
        lcd.cursor_pos = (0, 0)        #第1行
        lcd.write_string('123')        #写入123
        lcd.cursor_pos = (1, 0)        #第2行
        lcd.write_string('566')        #写入566
        time.sleep(1)
except KeyboardInterrupt:
    print('stop')
finally:
    lcd.clear()                        #最后需要清屏幕
```

4）测试

树莓派插上电源后显示屏会亮，同时在第1行显示一排黑方块。如果看不到黑方块或黑方块不明显，则可调节可调电阻，直到黑方块清晰显示。将程序另存为16.13.py，上传到树莓派，在终端运行的命令如下：

```
python 16.13.py
```

按 Enter 键，运行程序，LCD 显示器能够正确显示数据。

14. 土壤湿度检测仪

当湿度低于设定值时，DO 输出高电平，当湿度高于设定值时，DO 输出低电平；模块中蓝色的电位器用于土壤湿度的阈值调节，如果顺时针调节，则控制湿度的阈值会变大，反之会减小；工作电压为 3.3～5V，实物如图 16-73 所示。

(a) 土壤湿度传感器   (b) 检测板
图 16-73 土壤湿度检测仪

1）引脚连接

引脚连接见表 16-15。

表 16-15 土壤湿度检测仪引脚连接

土壤湿度检测仪	树莓派引脚	说　明
VCC	2	5V
AO	—	模拟信号输出（不用）

续表

土壤湿度检测仪	树莓派引脚	说　　明
DO	11	数字信号输出
GND	6	地线

2) 连接图

连接图如图 16-74 所示。

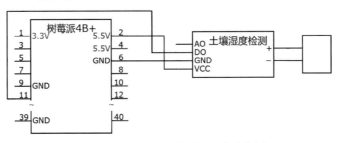

图 16-74　土壤湿度检测仪电路连接图

3) 代码

代码如下:

```
#//第16章/16.14.py
import time
import RPi.GPIO as GPIO
GPIO.setmode(GPIO.BOARD)                            #设置引脚模式
GPIO.setup(11, GPIO.IN, pull_up_down = GPIO.PUD_UP) #11引脚输入上拉模式
def loop():
    while True:
        if GPIO.input(11):                          #如果11引脚为高压
            print("太干了!")
        else:
            print("太湿了")
        time.sleep(1)

if __name__ == '__main__':
    try:
        loop()
    except:
        GPIO.cleanup()
```

4) 测试

将代码另存为 16.14.py,上传到树莓派,在终端运行的如下命令:

```
python 16.14.py
```

调节传感器上的旋钮直到在干燥空气中让 DO-LED 熄灭。倒一杯水,如果 DO-LED 发光,传感器就校准好了。

土壤干燥时终端会打印出"太干了"。

15. 继电器

继电器通常应用于自动控制电路,它是用较小的电流去控制较大电流的一种"自动开关",实物如图 16-75 所示。

IN 端输入高压,继电器工作,绿色指示灯点亮,NC 与
COM 之间断开,同时 NO 与 COM 之间闭合;IN 端输入低
压,继电器不工作,绿色指示灯熄灭,NC 与 COM 之间闭合,
同时 NO 与 COM 之间断开。

图 16-75　继电器

1)引脚连接

引脚连接见表 16-16。

表 16-16　继电器输入端引脚连接

继　电　器	树莓派引脚	说　　明
VCC	1	3.3V
IN	7	
GND	6	地线

2)连接图

连接图如图 16-76 所示

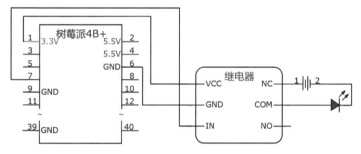

图 16-76　继电器连接图

按 Enter 键,运行程序,灯先熄灭,3s 后点亮,3s 后熄灭,3s 后又点亮。

3)代码

代码如下:

```
#//第 16 章/16.15.py
import RPi.GPIO as GPIO
import time
GPIO.setmode(GPIO.BOARD)              #设置引脚模式
GPIO.setup(7, GPIO.OUT)               #7 引脚为输出
GPIO.output(7, GPIO.HIGH)             #7 引脚为高压
time.sleep(3)
GPIO.output(7, GPIO.LOW)              #7 引脚为低压
time.sleep(3)
GPIO.output(7, GPIO.HIGH)             #7 引脚为高压
time.sleep(3)
GPIO.cleanup()                        #重置 GPIO 接口
```

4)测试

将代码另存为 16.15.py,上传到树莓派,在终端运行的命令如下:

```
python 16.15.py
```

16. L298N 模块驱动直流电机

本节以 L298N 模块连接一个直流电机为例,介绍 L298N 模块的用法。直流电机的工作电流超过了树莓派引脚的最大电流 16mA,所以用一个 L298N 模块连接外部电源。本案例所用 L298N 实物如图 16-77(a)所示,18650 电池实物如图 16-77(b)所示,直流电机实物如图 16-77(c)所示。

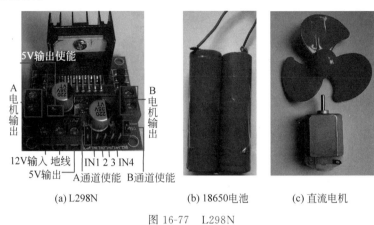

| (a) L298N | (b) 18650电池 | (c) 直流电机 |

图 16-77　L298N

12V 输入:如果 5V 输出给树莓派供电,则其外接电压的范围为 7～35V。如果 5V 输出不用,则外接电压的范围为 5～35V。本实验用两节 18650 电池串联供电,电压约为 8.4V。

地线:18650 电池负极和树莓派地线都接在 L298N 模块的地线上,否则无法工作。

A 通道使能:去掉该跳线帽,否则电机一直以最大速度转动。

电机控制方法见表 16-17(0 为 0V,1 为 3.3V)。

表 16-17　电机控制方法

ENA	IN1	IN2	电机 A
0			停转
1	0	0	停止
1	0	1	反转
1	1	0	正转
1	1	1	停止

1) 引脚连接

引脚连接见表 16-18。

表 16-18　L298N 引脚连接

L298N	树莓派引脚	说　明
ENA	3	A 组输出使能
IN1	5	
IN2	7	
GND	6	地线

2) 连接图

连接图如图 16-78 所示。

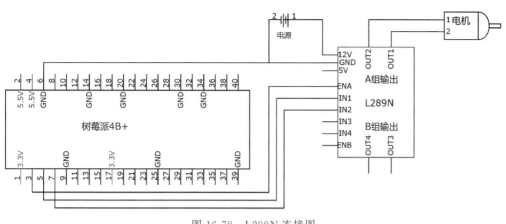

图 16-78 L298N 连接图

3) 代码

代码如下：

```
#//第16章/16.16.py
import RPi.GPIO as GPIO
import time
ENA = 3                          #使能信号
IN1 = 5                          #信号输入1
IN2 = 7                          #信号输入2
GPIO.setwarnings(False)          #关闭警告信息
GPIO.setmode(GPIO.BOARD)
GPIO.setup(ENA, GPIO.OUT)
GPIO.setup(IN1, GPIO.OUT)
GPIO.setup(IN2, GPIO.OUT)
pwm = GPIO.PWM(ENA, 50)          #初始化PWM,占空比为50
pwm.start(0)                     #开始工作,将占空比设置为0,正转
GPIO.output(IN1, 1)
GPIO.output(IN2, 0)
pwm.ChangeDutyCycle(80)
time.sleep(10)
pwm.ChangeDutyCycle(30)
time.sleep(5)
GPIO.output(IN1, 0)              #停转
GPIO.output(IN2, 0)
time.sleep(5)
GPIO.output(IN1, 0)              #反转
GPIO.output(IN2, 1)
pwm.ChangeDutyCycle(80)          #占空比80
time.sleep(10)
pwm.stop()                       #停止
GPIO.cleanup()                   #清除引脚
GPIO.setmode(GPIO.BOARD)
GPIO.setup(ENA, GPIO.OUT)
GPIO.setup(IN1, GPIO.OUT)
GPIO.setup(IN2, GPIO.OUT)
```

4) 测试

将代码另存为 16.16.py,上传到树莓派,在终端运行的命令如下：

```
python 16.16.py
```

按 Enter 键,运行程序,电动机先正转,再停转,后反转。

16.6 连接摄像头

笔者使用的是 CSI 接口、500 万像素摄像头,静止图像分辨率为 2592×1944px,支持 640×480p/1080p/720p 视频,实物如图 16-79 所示。

1. 硬件连接

CSI 连接器在 HDMI1 与 A/V 之间,旁边有 CAMERA 标记,如图 16-80 所示。

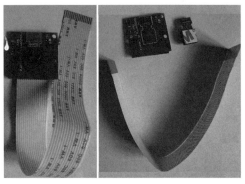

(a)组装后　　　(b)组装前

图 16-79　摄像头

图 16-80　CSI 连接器位置

用手指甲轻轻抬起连接器两端的支托(约 3mm),抬起的过程中同时把支托稍稍向 HDMI1 的反方向、A/V 的方向拉一点,留出插入带状线缆的空隙,如图 16-81 所示。

将带状线缆空出的一端插入 CSI 端口,确保带银色触体的一面朝向 HDMI1,蓝色的一面朝向 A/V。轻轻推入带状线缆,把支托退回原位即可,如图 16-82 所示。

图 16-81　上拉支托

图 16-82　安装线缆

2. 设置

接通树莓派电源,在控制台输入的命令如下:

```
sudo raspi - config
```

打开设置面板如图 16-83 所示。

按向下键↓,选中第 3 行后按 Enter 键,如图 16-84 所示。

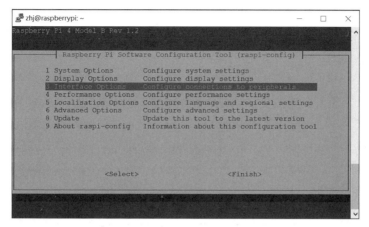

图 16-83　设置面板

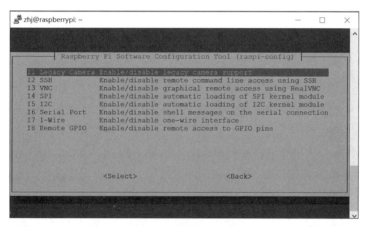

图 16-84　摄像头设置

默认选中第 1 行摄像头设置项，按 Enter 键，如图 16-85 所示。

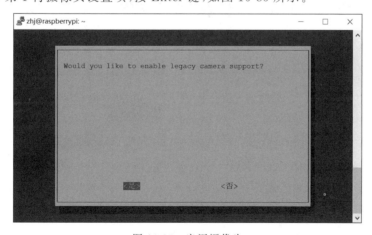

图 16-85　启用摄像头

按下向左方向键←，选中【是】后按 Enter 键，出现的界面如图 16-86 所示。
按 Enter 键后回到设置的主界面，如图 16-83 所示。

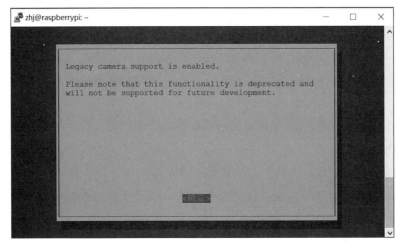

图 16-86　确认打开摄像头

按两下 Tab 键,选中 Finish 后按 Enter 键,此时会弹出提示,如图 16-87 所示。

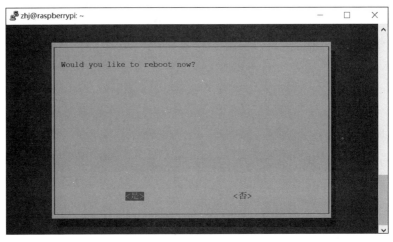

图 16-87　重启提示

按 Enter 键重启树莓派。

3. 测试功能

输入的测试命令如下:

```
raspistill – o testcapture.jpg
```

然后输入的查看命令如下:

```
dir
```

结果如下:

```
zhj@raspberrypi:～ $ raspistill – o testcapture.jpg
zhj@raspberrypi:～ $ dir
公共 模板 视频 图片 文档 下载 音乐 Bookshelf Desktop testcapture.jpg
```

可以看到,成功地拍摄了照片 testcapture.jpg。

4．拍摄功能

在用 raspistill 命令拍摄时,默认预览 5s,可以用参数-t 进行修改,代码如下:

```
raspistill – t 1000 – o testcapture.jpg
```

1000 代表 1000ms,也就是 1s,如果想立即拍摄,则可以修改为 1。

默认保存的照片格式为 jpg,修改格式用参数-e,代码如下:

```
raspistill – o testcapture.png – e png
```

摄像头支持的格式还有 BMP、GIF。

修改宽度用参数-w,修改高度用参数-h,代码如下:

```
raspistill – w 1920 – h 1080 – o testcapture.jpg
```

垂直翻转用参数-vf,水平翻转用参数-hf,代码如下:

```
raspistill – o 1.jpg – vf
```

查看更多使用说明,命令如下:

```
raspistill – – help | less
```

5．Python 定时拍摄

Python 代码如下:

```
#//第16章/16.17.py
from picamera import PiCamera
from time import sleep
camera = PiCamera()                           #初始化摄像头
#camera.rotation = 180                         #设置放置角度
camera.start_preview()                        #开始预览
#camera.start_preview(alpha = 200)             #设置透明度
sleep(5)                                      #停留5s
#camera.capture('/home/zhj/image.jpg')         #拍照
for i in range(5):
    sleep(2)
    camera.capture('/home/zhj/image % s.jpg' % i) #定时拍照
camera.stop_preview()                         #关闭预览
```

用 WinSCP 上传到树莓派,在终端运行的命令如下:

```
python 16.19.py
```

运行结果如图 16-88 所示。

自动拍照成功。

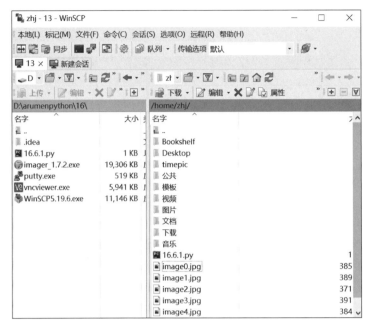

图 16-88 自动拍照

16.7 安装显示屏

笔者使用的是 3.5 英寸的电阻液晶触摸屏显示器,这个
显示屏的优点是价格便宜、体积小、不占空间,缺点是占用树
莓派的引脚。

1. 组装
直接插入引脚,如图 16-89 所示。

图 16-89 安装显示器

2. 安装驱动
在终端输入的命令如下:

```
sudo rm - rf LCD - show
git clone https://github.com/goodtft/LCD - show.git
chmod - R 755 LCD - show
```

3. 切换到 3.5 英寸显示屏
如何从 HDMI 显示模式切换到 3.5 英寸显示屏显示模式? 在终端输入的命令如下:

```
cd LCD - show/
sudo ./LCD35 - show
```

4. 切换到 HDMI 显示器
如何从 3.5 英寸显示屏显示模式切换到 HDMI 显示模式? 在终端输入的命令如下:

```
cd LCD - show/
sudo ./LCD - hdmi
```

第六篇　网站搭建与进阶

第 17 章

Flask 框架搭建网站

Flask 是用 Python 搭建 Web 网站微框架最方便的工具。Web 网页是用 HTML 语言编写的,所以需要了解 HTML 的基础知识。

17.1 HTML 基础

超文本标记语言(Hyper Text Markup Language)简称 HTML,是一种用于创建网页的标准标记语言,HTML 由浏览器解析出来展示给用户看。

1. HTML 页面的结构

新建目录 17.1,右击目录 17.1,选择 Open Folder as PyCharm Community Edition Project,右击目录 17.1,选择【新建】→HTML 文件,如图 17-1 所示。

弹出的新建 HTML 文件对话框如图 17-2 所示。

图 17-1　新建 HTML 文件

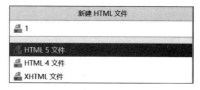

图 17-2　HTML 文件命名

输入文件名,例如"1",按 Enter 键,打开 1. html,代码如下:

```html
<!DOCTYPE html>
<html lang = "en">
<head>
    <meta charset = "UTF - 8">
    <title>Title</title>
</head>
<body>

</body>
</html>
```

这就是一个网页的结构,读者可以试着用浏览器打开,只是没有内容。

代码说明:

<!DOCTYPE html >告诉浏览器这是 HTML5 文档,应按 HTML5 规则解析给用户看。

< html ></html >是整个 HTML 网页的内容。

< head ></head >包含了文档的元(meta)数据,如< meta charset＝"UTF-8">表示将网页编码格式定义为 UTF-8,否则无法正确显示汉字。

< title ></title >描述了文档的标题。

< body ></body >包含了可见的页面内容。

注意 HTML 语言不区分大小写;当将文件扩展名保存为 html 或 htm 时显示的效果是一样的。HTML 标签由尖括号包围关键词,例如 < html >;HTML 标签通常是成对出现的,例如 <b> 和 </b>;标签对中的第 1 个标签是开始标签,第 2 个标签是结束标签。

---

2. 元素种类

HTML 网页包含的常用元素有标题、段落、图像、链接等。

1) 标题与注释

HTML 标题(Heading)是通过< h1 >～< h6 >标签来定义的,与 Word 标题相同,数值越小字越大。HTML 的注释是通过<!--注释文本-->实现的,可以是单行注释,也可以是多行注释。

代码如下(把代码粘贴到 body 内即可,下同):

```
<!-- 这是一个标题的例子 -->
< h1 >标题 h1 </h1 >
< h2 >标题 h2 </h2 >
< h3 >标题 h3 </h3 >
```

2) 段落与换行

HTML 段落是用标签< p >来定义的,换行用< br >来定义,示例代码如下:

```
<p>段落 1</p>
<p>段落 2</p>
<p>段落 3,第 1 行< br>
段落 3,第 2 行
</p>
```

3) 链接

HTML 链接是用标签< a >来定义的,代码如下:

```
< a href = "https://www.baidu.com">百度</a>
```

href 属性用于指定链接的地址。

4) 图像

HTML 图像是用标签<img>来定义的,示例代码如下:

```
< img src = "/images/1.png" width = "200" height = "50" />
```

src 属性指定了图像在 images 目录下的 1. png 文件,width 属性指定了显示图像的宽度,height 属性指定了显示图像的高度。

5）声频

示例代码如下:

```
< audio controls >
    < source src = "horse.wav" type = " audio/wav">
    < source src = "horse.mp3" type = "audio/mpeg">
你的浏览器不支持 audio 元素.
</audio >
```

controls 是具有播放、暂停和音量控制的控件。

< audio >元素允许使用多个< source >提供不同的声频文件,浏览器将使用第 1 个受支持的声频文件。

如果浏览器不支持播放声频,则显示不支持的提醒语句。

6）视频

示例代码如下:

```
< video width = "320" height = "240" controls >
    < source src = "movie.mp4" type = "video/mp4">
    < source src = "movie.ogg" type = "video/ogg">
你的浏览器不支持 Video 标签.
</video >
```

与声频元素的使用方法相同。

7）表格

表格由< table >标签来定义,表格的行由< tr >标签定义,单元格由< td >标签定义,可以包含文本、图像、列表、段落、表单、表格等。

示例代码如下:

```
< table border = "1">
    < tr >
        < td >第 1 行,第 1 列</td>
        < td >第 1 行,第 2 列</td>
    </tr >
    < tr >
        < td >第 2 行,第 1 列</td>
        < td >第 2 行,第 2 列</td>
    </tr >
</table >
```

浏览器显示效果如图 17-3 所示。

border="1"定义了边框的宽度,如果不定义边框属性,则表格将不显示边框。

第1行, 第1列	第1行, 第2列
第2行, 第1列	第2行, 第2列

图 17-3　表格

8）无序列表

无序列表是一个项目的列表，项目使用粗体圆点进行标记。无序列表使用＜ul＞标签表示，每个项目使用＜li＞标签表示，示例代码如下：

```
<ul>
<li>糖醋里脊</li>
<li>蚂蚁上树</li>
</ul>
```

浏览器显示效果如图17-4所示。

9）有序列表

同样，有序列表的项目使用数字进行标记，有序列表始于＜ol＞标签，每个列表项目都始于＜li＞标签，示例代码如下：

```
<ol>
<li>糖醋里脊</li>
<li>蚂蚁上树</li>
</ol>
```

在浏览器中的显示效果如图17-5所示。

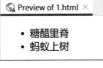

图17-4　无序列表

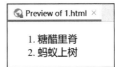

图17-5　有序列表

10）助手（插件）

辅助应用程序（Helper Application）是由浏览器启动的程序，也称为插件，可用于播放声频和视频等，辅助程序可以通过＜object＞标签或者＜embed＞标签添加在页面中。

（1）＜object＞元素定义了在HTML文档中嵌入的对象，该标签用于插入对象（例如在网页中嵌入Java小程序、PDF阅读器、Flash播放器等），示例代码如下：

```
< object width = "400" height = "50" data = "1.swf"></object>
< object width = "100 %" height = "500px" data = "2.html"></object>
< object data = "2.jpeg"></object>
```

（2）＜embed＞元素没有关闭标签，其他用法与＜object＞用法相同，示例代码如下：

```
< embed width = "400" height = "50" src = "1.swf">
< embed width = "100 %" height = "500px" src = "2.html">
< embed src = "1.jpeg">
```

（3）＜iframe＞框架可以在同一个浏览器窗口中显示多个页面，示例代码如下：

```
< iframe name = "myiframe" id = "frame" src = "1.html" frameborder = "0" align = "left" width =
"200" height = "200" scrolling = "no">
```

iframe的常用属性如下。

name：规定＜iframe＞的名称。

width：规定＜iframe＞的宽度。

height：规定＜iframe＞的高度。

src：规定在＜iframe＞中显示的文档的 URL。

frameborder：规定是否显示＜iframe＞周围的边框(0 为无边框,1 为有边框)。

align：规定如何根据周围的元素来对齐＜iframe＞(left,right,top,middle,bottom)。

scrolling：规定是否在＜iframe＞中显示滚动条(yes,no,auto)。

(4)＜script＞标签用于定义客户端脚本,例如 JavaScript 脚本,示例代码如下：

```
< script >
document.write("Hello World!");
</script >
```

11) 表单(输入元素)

表单元素是允许用户在表单中输入内容的元素,例如文本域(textarea)、下拉列表、单选框(radio-buttons)、复选框(checkboxes)等。

表单用标签＜form＞来定义,常用的表单标签是输入标签(＜input＞),输入类型是由类型属性(type)定义的。

(1) 文本域(Text Fields)用标签＜input type＝"text"＞设定,示例代码如下：

```
< form >
用户名: < input type = "text" name = "yhm" >< br >
密码: < input type = "text" name = "mm">
</form >
```

在浏览器中的显示效果如图 17-6 所示。

(2) 密码字段用标签＜input type＝"password"＞定义,示例代码如下：

```
< form >
密码: < input type = "password" name = "mm">
</form >
```

在浏览器中的显示效果如图 17-7 所示。

图 17-6 文本域

图 17-7 密码字段

(3) 单选按钮(Radio Buttons)用标签＜input type＝"radio"＞定义,示例代码如下：

```
< form >
< input type = "radio" name = "xb" value = "1">男< br >
< input type = "radio" name = "xb" value = "0">女
</form >
```

在浏览器中的显示效果如图 17-8 所示。

（4）复选框（Checkboxes）用标签＜input type＝"checkbox"＞定义,示例代码如下：

```
< form >
< input type = "checkbox" name = "yy" value = "python"> Python < br >
< input type = "checkbox" name = "yy" value = "C"> C
</form >
```

在浏览器中的显示效果如图 17-9 所示。

图 17-8　单选按钮　　　　　　　　　　图 17-9　复选框

（5）提交按钮（Submit Button）用标签＜input type＝"submit"＞定义,当用户单击【提交】按钮时,表单的内容会被传送到另一个文件。表单的动作属性定义了目的文件的文件名,示例代码如下：

```
< form name = "input" action = "/" method = "post">
用户名: < input type = "text" name = "user">
< input type = "submit" value = "提交">
</form >
```

图 17-10　提交按钮

在浏览器中的显示效果如图 17-10 所示。

在上面的文本框内键入几个字符,然后单击【确认】按钮,那么输入数据会传送到"/"根目录的页面,详见 17.3 节。

12）＜div＞元素布局

div 元素是用于分组 HTML 元素的块级元素,相当于 PyQt5 的控件组容器,示例代码如下：

```
<!-- //第 17 章/17.0.html -->
<! DOCTYPE html >
< html lang = "en">
< head >
    < meta charset = "UTF - 8">
    < title >//122522Title</title >
</head >
< body >

< div id = "div1" style = "width:500px">
< div id = "div5" style = "clear:both;background - color:#ccFaaf">这是第 1 排,单独占一块,很长</div >
< div id = "div2" style = "background - color:#AAFFF1;height:200px;width:100px;float:left;">
这是第 2 排左边第 1 块</div >
< div id = "div3" style = "background - color:#FFD101;height:200px;width:100px;float:left">
这是第 2 排右边第 1 块</div >
```

```
<div id = "div4" style = "clear:both;background - color: #caaaaf">这是第3排,单独占一块,很
长</div>
</div>

</body>
</html>
```

在浏览器中的运行结果如图 17-11 所示。

图 17-11 div 使用

代码说明:

本例共有 5 对< div >,首先用一对< div >建立一个大容器,再把其他 4 个< div >容器放入其中,如果单独占一排,就用 style = "clear:both"声明,如果是并排排列,就用 style = "float:left"声明,当然也可以居中或靠右排列。

13) style 属性与 font 属性

在 HTML 文档中使用 style 与 font 属性可以改变对象模式、颜色、背景色、对齐方式等,也可以单独以文件形式存在,简单示例如下:

```
<h1 style = "color:blue;text - align:center">这是一个标题</h1>
<p style = "color:green">这是一个段落.</p>
<font size = "5" color = "green">颜色 1</font><font color = "red"> 颜色 2</font>
```

14) HTTP 方法

超文本传输协议(HTTP)是客户端与服务器之间的通信标准,常用的 HTTP 方法有 GET 和 POST 两种。GET 用于获取数据,POST 用于提交数据。对于没有配置请求方式的函数,默认接收的请求方式是 GET 请求。

17.2 Flask 安装与网站运行

1. 安装 Flask 库

进入 cmd 命令行窗口,安装命令如下:

3min

```
pip install flask - i https://pypi.doubanio.com/simple
```

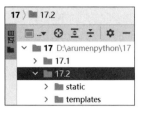

图 17-12　项目配置

2．项目配置

新建一个文件夹,用来存放网站项目,笔者以文件夹 17.2 为例,在 17.2 文件夹下新建两个文件夹,一个文件夹是 templates,用于放置模板网页;另一个文件夹是 static,用于放置静态文件(图像、声频、视频等),右击目录 17.2,选择 Open Folder as PyCharm Community Edition Project,如图 17-12 所示。

3．网站创建、运行与关闭

右击项目,选择【新建】→Python 文件,新建 17.1.py 文件,如图 17-13 所示。

图 17-13　新建 Python 文件

代码如下:

```
#//第17章/17.1.py
from flask import Flask
app = Flask(__name__)                    #实例化应用
@app.route('/')                          #根路由'/'绑定函数
def hello_world():
    return 'Hello World!'
if __name__ == '__main__':
    app.run()                            #运行网站
```

运行代码,在控制台显示的运行结果如下:

```
C:\Users\LENOVO\AppData\Local\Programs\Python\Python36 - 32\python.exe
D:/arumenpython/17/17.2/17.1.py
* Serving Flask app '17.1' (lazy loading)
* Environment: production
  WARNING: This is a development server. Do not use it in a production deployment.
  Use a production WSGI server instead.
* Debug mode: off
* Running on http://127.0.0.1:5000/ (Press 快捷键 Ctrl + C to quit)
```

说明网站已经运行,单击网址链接"http://127.0.0.1:5000/"或者在地址栏粘贴该网址,按 Enter 键就可以访问这个网站了,效果如图 17-14 所示。

@app.route('/')称为路由,'/'称为根路由,'/'对应的网址为"http://127.0.0.1:5000/",访问这个 URL 时,会自动运行它下面定义的函数 hello_world()(称为视图)。

如果将路由改为@app.route('/3')，则'/3'对应的网址为"http://127.0.0.1：5000/3"。路由就是网址与视图之间的对应关系，视图函数的返回值称为响应。

4. 静态文件访问

在 static 目录下的图像、声频、视频等静态文件都可以直接下载或打开，例如在网址后面添加 static/1.png 后按 Enter 键，如图 17-15 所示。

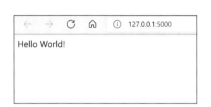

图 17-14　第 1 个网站　　　　　图 17-15　访问网站静态文件

图 17-15 表明已经打开静态文件 1.png。关闭网站，可以像关闭 Python 程序一样直接关闭或按组合键 Ctrl+C 来关闭。

5. 配置文件的访问

新建一个配置文件 setting.py，代码内容如下：

```
NAME = '张三'
KEY = '123'
```

注意　属性一定要用大写字母，例如 NAME。

新建 Python 程序 17.2.py，代码如下：

```
#//第 17 章/17.2.py
from flask import Flask
app = Flask(__name__)
app.config.from_pyfile('setting.py')                 #指定配置文件

@app.route("/")
def index():
    print(app.config['NAME'])                        #索引访问配置文件
    print(app.config['KEY'])
    return "hello world"

if __name__ == '__main__':
    app.run()
```

app.config.from_pyfile('setting.py')命令用于将配置文件指定为 setting.py，app.config['NAME']用于获取在配置文件中'NAME'对应的属性值。

运行 17.2.py，启动网站后，在控制台显示的运行结果如下：

```
C:\Users\LENOVO\AppData\Local\Programs\Python\Python36-32\python.exe
D:/arumenpython/17/17.2/17.2.py
    * Serving Flask app '17.2' (lazy loading)
    * Environment: production
      WARNING: This is a development server. Do not use it in a production deployment.
      Use a production WSGI server instead.
    * Debug mode: off
    * Running on http://127.0.0.1:5000/ (Press 快捷键 Ctrl + C to quit)
张三
123
127.0.0.1 - - [18/Apr/2022 11:58:47] "GET / HTTP/1.1" 200 -
```

成功获取配置信息"张三""123"。

6. 模板访问

首先右击 templates 文件夹,选择【新建】→【HTML 文件】,如图 17-16 所示。

图 17-16　新建模板

图 17-17　模板文件名

此时会弹出新建 HTML 文件窗口,输入"1"后按 Enter 键,创建文件名为 1. html 的文件,如图 17-17 所示。

在< body >与</ body >之间输入"这是第 1 个模板",代码如下:

```
<!DOCTYPE html>
<html lang = "en">
<head>
    <meta charset = "UTF-8">
    <title>Title</title>
</head>
<body>
这是第 1 个模板
</body>
</html>
```

使用同样的方法,再建 2. html 文件,内容为"这是第 2 个模板"。

右击项目目录,新建 Python 文件 17.3. py,代码如下:

```
#//第 17 章/17.3.py
from flask import Flask
from flask import render_template
app = Flask(__name__)

@app.route("/")
def index():
    res = render_template('1.html')           #访问模板 1.html
    return res
@app.route("/2")                              #访问模板 2.html
def index2():
    res2 = render_template('2.html')
    return res2
if __name__ == '__main__':
    app.run()
```

运行程序,在控制台单击网址 http://127.0.0.1:5000/或在地址栏输入网址,打开主页,如图 17-18 所示。

在地址后面加上"\2"按 Enter 键,如图 17-19 所示。

图 17-18 打开第 1 个模板

图 17-19 打开第 2 个模板

打开了第 2 个模板网页。

render_template('1.html')函数用于打开指定的模板网页,参数'1.html'即模板文件。

7. return 用法

在上述例子中,return 返回了字符串和模板,除此之外还可以返回路由和多行文本,代码如下:

```
#//第 17 章/17.4.py
from flask import Flask, render_template, redirect, url_for
app = Flask(__name__)
@app.route("/")                    #1 return 字符串
def zy():
    return '第 1 种 return'

@app.route("/1")                   #2 return 多行文本
def zy2():
    return f"""
            <html><body>
        第 2 种返回
            </body></html>
    """
```

```
@app.route("/2")                    #3 return 模板
def index2():
    res2 = render_template('1.html')
    return res2

@app.route("/3")                    #4 return 路由
def zy3():
    # return redirect('/')
    # return redirect('/2')
    return redirect(url_for('index2'))
if __name__ == '__main__':
    app.run(host = "0.0.0.0")
```

8. 内网访问网站

1）修改 host

对 host 进行修改，代码如下：

```
app.run(host = "0.0.0.0")
```

2）运行网站

运行程序 17.4.py，运行结果如下：

```
C:\Users\LENOVO\AppData\Local\Programs\Python\Python36 - 32\python.exe
D:/arumenpython/17/17.2/17.4.py
    * Serving Flask app '17.4' (lazy loading)
    * Environment: production
      WARNING: This is a development server. Do not use it in a production deployment.
      Use a production WSGI server instead.
    * Debug mode: off
    * Running on all addresses.
      WARNING: This is a development server. Do not use it in a production deployment.
    * Running on http://192.168.10.18:5000/ (Press 快捷键 Ctrl + C to quit)
```

3）内网计算机或者手机访问

内网手机或计算机访问的网址为 192.168.10.18:5000。

4）本机访问

本机访问网站的网址为 127.0.0.1:5000 或者 192.168.10.18:5000。

17.3 网页的交互访问

17.2 节介绍了通过网页访问静态文件、模板、配置文件的方法，网页更重要的应用是交互式访问，例如，查询 Excel 表格、查询 sqlite 数据库等。

1. 获取用户提交信息

request.form.get()函数可以获取用户提交的表单信息，示例代码如下：

```
# //第 17 章/17.5.py
from flask import Flask
from flask import request
```

```
app = Flask(__name__)

@app.route("/",methods = ['GET', 'POST'])                    #允许'GET' 'POST'
def show_excel():
    print(request.form.get("yhming", ""))                    #获取用户名
    print(request.form.get("mima", ""))                      #获取密码
    print(request.form.get("xb", ""))                        #获取性别
    return f"""
            <html><body style = "text-align:left">
            <form action = "/" method = "post">
                用户名:<input type = "text" name = "yhming" value = ""><br>
                密    码:<input type = "text" name = "mima" value = ""><br>
                <input type = "radio" name = "xb" value = "1">男<br>
                <input type = "radio" name = "xb" value = "0">女<br>

                <input type = "submit" name = "submit" value = "登录">
            </form>
            </body></html>
        """

if __name__ == '__main__':
    app.run(host = "0.0.0.0")
```

运行网站,网页效果如图17-20所示。

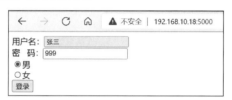

图17-20　获取用户提交信息

输入信息,单击【登录】按钮,在控制台输出的结果如下:

```
C:\Users\LENOVO\AppData\Local\Programs\Python\Python36-32\python.exe
D:/arumenpython/17/17.3/17.5.py
    * Serving Flask app '17.5' (lazy loading)
    * Environment: production
        WARNING: This is a development server. Do not use it in a production deployment.
        Use a production WSGI server instead.
    * Debug mode: off
    * Running on all addresses.
        WARNING: This is a development server. Do not use it in a production deployment.
    * Running on http://192.168.10.18:5000/ (Press 快捷键 Ctrl + C to quit)

192.168.10.18 - - [19/Apr/2022 12:29:03] "GET / HTTP/1.1" 200 -
192.168.10.18 - - [19/Apr/2022 12:29:28] "POST / HTTP/1.1" 200 -
张三
99
1
```

成功获取用户提交的信息。

request. form. get("yhming","")的第 1 个参数"yhming"是表单的 name,第 2 个参数""表示没有数据时返回空字符串,如果去掉第 2 个参数,则当没有提交数据时返回值为None。

< form action = "/" method = "post">语句用 method = 'post'将请求方式指定为 post,并且要将返回的路由 action = '/'指定为接收信息的路由。

@app. route("/",methods = ['GET','POST'])的 methods = ['GET','POST']允许根路由对应的网址使用'GET'和'POST'请求。

2. 本机 Excel 转换为网页

访问 Excel 用 Pandas 比较方便,它有一种方法 df. to_html()可直接把表转换为 html,示例代码如下:

```
#//第 17 章/17.6.py
import pandas as pd
from flask import Flask
app = Flask(__name__)
@app.route("/")
def show_excel():
    df = pd.read_excel("1.xlsx")
    table_html = df.to_html()
    print(table_html)
    return f"""
        < html lang = "en">
            < body >
                < h1 >成绩表</h1 >
                < div >{table_html}</div >
            </body >
        </html >
        """
if __name__ == '__main__':
    app.run(host = "0.0.0.0")
```

运行网站,单击控制台的网址链接,进入主页,效果如图 17-21 所示。

成绩表

	姓名	数学	语文
0	张三	98	99
1	李四	98	99

图 17-21　显示 Excel

print(table_html)命令在控制台打印出 table_html 的内容如下:

```
< table border = "1" class = "dataframe">
  < thead >
    < tr style = "text - align: right;">
      < th ></th >
      < th >姓名</th >
      < th >数学</th >
      < th >语文</th >
```

```
        </tr>
     </thead>
     <tbody>
        <tr>
          <th>0</th>
          <td>张三</td>
          <td>98</td>
          <td>99</td>
        </tr>
        <tr>
          <th>1</th>
          <td>李四</td>
          <td>98</td>
          <td>99</td>
        </tr>
     </tbody>
</table>
```

由此可见,table_html = df.to_html()命令把 Excel 转换成了 html 的表格代码。

3. 前台与后台的交互

修改上例中的代码,去掉索引,同时加上根据用户提交的姓名,返回筛选查询功能,代码如下:

```python
#//第 17 章/17.7.py
import flask
import pandas as pd
from flask import request
app = flask.Flask(__name__)

@app.route("/", methods = ["GET", "POST"])
def query_info():
    df = pd.read_excel("1.xlsx")            #打开 Excel 文件
    medal_data = pd.DataFrame()             #读取数据
    name = request.form.get("xsxm", "")     #返回表单 xsxm 值
    if name:                                #如果有返回的值
        medal_data = df.query(f"姓名 == '{name}'")  #按返回值筛选
    return f"""
        <html><body style = "text - align:center">
        <h3>查询成绩</h3>
        <form action = "/" method = "post">
            姓名:<input type = "text" name = "xsxm" value = "">
            <input type = "submit" name = "submit" value = "查询">
        </form>
        <center> %s </center>
        </body></html>
    """ % medal_data.to_html(index = False)

if __name__ == '__main__':
    app.run(host = "0.0.0.0")
```

运行代码,启动网站,单击控制台的链接便可打开网站主页,效果如图 17-22 所示。
输入查询名字(如"张三")后单击【查询】按钮,结果如图 17-23 所示。

查询成绩

姓名：张三　　　　　　　查询

图 17-22　交互效果

图 17-23　查询结果

代码说明：

(1) action="/"用于提交表单时指向根网页。

(2) name = request.form.get("xsxm","")用于获取 xsxm 的值。

(3) medal_data.to_html(index=False)是把 Excel 表生成 html 的表格代码(不包含索引值)。

(4) %s 是变量占位符,把%后面的值传入 s 位置,类似 format()函数的用法。

4. 查询 sqlite 数据库

模拟 QQ 登录,当用户登录时,查询并对比用户登录密码与 sqlite 数据库中的密码是否相同。

1) 新建数据库

在 9.10 节中介绍了将 CSV 文件导入数据库的方法,本节直接用 DB Browser (SQLite)创建一个简单的数据库。

双击桌面上的 DB Browser (SQLite)快捷方式,选择【新建数据库】,此时会弹出保存对话框,如图 17-24 所示。

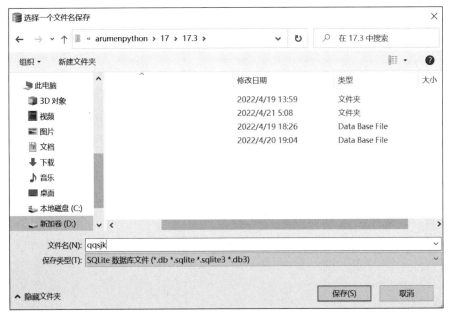

图 17-24　新建数据库

保存到 17.3 节目录下面,输入数据库的文件名,例如 qqsjk,单击【保存】按钮后会弹出新建表的对话框,如图 17-25 所示。

设置表名,如 yhmm,增加两个字段,一个字段名字为 yhm,属性为 TEXT 且"不能为

图 17-25 新建表

空""主键""唯一不能重复";另一个字段名字为 mima,属性为 TEXT 且"不能为空"(勾选图 17-25 所示的项目),然后单击 OK 按钮完成表的创建。

选择【浏览数据】→【在当前表中插入一条新记录】,在字段名下面直接输入记录,如图 17-26 所示,如"张三""999"和"李四""666"。

图 17-26 添加数据

单击【写入更改】按钮,保存数据库,退出软件。

2)新建登录网页程序

在项目目录下创建模板文件夹 templates,右击 17.3 项目目录,选择 Open Folder as PyCharm Community Edition Project,右击模板文件夹 templates,选择【新建】→【HTML文件】,文件名为 dl.html,代码如下:

```html
<!-- //第 17 章/dl.html -->
<!DOCTYPE html >
< html lang = "en">
< head >
    < meta charset = "UTF - 8">
    < title>登录</title>
</head >
```

```
< body >
< form action = "/" method = "post">
            用户名:< input type = "text" name = "dlyhm" value = "">< br >
            密    码:< input type = "password" name = "dlmima" value = "">
< br >

            < input type = "submit" name = "submit" value = "登录">
        </form >
</body >
</html >
```

3）创建 Python 程序

右击项目目录 17.3，选择【新建】→Python 文件，数据库查询，代码如下：

```
# //第 17 章/17.8.py
from flask import Flask, render_template
from flask import request
import sqlite3
app = Flask(__name__)
@app.route("/", methods = ['GET', 'POST'])
def dl():
    if request.method == 'GET':                          # 如果是 GET 请求
        return render_template("dl.html")                # 打开登录网页
    else:
        dlyhm = request.form.get("dlyhm", "")            # 获取登录用户名
        dlmima = request.form.get("dlmima", "")          # 获取登录密码
        conn = sqlite3.connect('qqsjk.db')               # 连接数据库
                                                         # 筛选密码
        sql = 'select mima from yhmm where yhm = " % s"' % dlyhm
        cur = conn.cursor()                              # 获取管理权
        cur.execute(sql)                                 # 执行查询
        conn.close                                       # 关闭连接
        return render_template("dl.html")

if __name__ == '__main__':
    app.run(host = "0.0.0.0")
```

4）写入 sqlite 数据库

在模板 templates 文件夹中新建 zc.html 网页，代码如下：

```
<!-- //第 17 章/zc.html -->
<! DOCTYPE html >
< html lang = "en">
< head >
    < meta charset = "UTF - 8">
    <title>注册</title>
</head >
< body >
< form action = "/" method = "post">
            用户名:< input type = "text" name = "zcyhm" value = "">< br >
            密    码:< input type = "password" name = "zcmima1" value = "">
< br >
```

```
                    密    码:< input type = "password" name = "zcmima2" value = "">
    < br >
                < input type = "submit" name = "submit" value = "注册">
            </form >


</body >
</html >
```

向数据库插入数据,代码如下:

```
#//第 17 章/17.9.py
from flask import Flask, render_template
from flask import request
import sqlite3
app = Flask(__name__)

@app.route("/",methods = ['GET', 'POST'])
def dl():
    if request.method == 'GET':          # 如果是 GET 请示
        return render_template("zc.html")   # 打开注册网页
    else:                                 # 否则
        zcyhm = request.form.get("zcyhm", "")      # 获取注册用户名
        zcmima1 = request.form.get("zcmima1", "")   # 获取注册密码
        conn = sqlite3.connect('qqsjk.db')         # 连接数据库
        cur = conn.cursor()                        # 获取管理权
        sql = 'insert into yhmm (yhm,mima) values(?,?)'  # 写 sql 添加记录语句
        data = (zcyhm, zcmima1)                     # 记录数据
        cur.execute(sql, data)                      # 执行 sql
        conn.commit()                               # 结束插入
        cur.close()                                 # 释放权限
        conn.close                                  # 关闭
        return "注册成功!"

if __name__ == '__main__':
    app.run(host = "0.0.0.0")
```

运行程序,输入新的用户名 zhjzhj 和密码 123 后,单击【注册】按钮。用数据库浏览工具 DB Browser (SQLite)打开数据库,浏览数据,结果如图 17-27 所示。

数据已被成功写入数据库,实际注册程序要先查询数据库是否重名,还有信息加密等。

5. 上传文件

本例介绍如何通过网页上传文件,需要创建一个 img 目录接收文件。在模板 templates 文件夹中新建 sc.html 网页,代码如下:

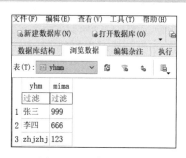

图 17-27 查看数据库

```
<!-- //第 17 章/sc.html -->
< html >
```

```
< body >
    < form action = "http://localhost:5000/uploader" method = "POST"
        enctype = "multipart/form - data">
        < input type = "file" name = "file" />
        < input type = "submit"/>
    </form >

</body >
</html>
```

提交动作指向文件处理页面 uploader, 类型为"multipart/form-data"。Python 程序文件名为 17.10.py, 代码如下:

```
#//第 17 章/17.10.py
from flask import Flask, request, render_template
app = Flask(__name__)
@app.route('/')                                    #将主页设置为上传页
def upload():
    return render_template('sc.html')
@app.route('/uploader', methods = ['GET', 'POST'])  #保存文件函数
def upload_file():
    if request.method == 'POST':
        f = request.files['file']                  #获取文件
        f.save('img/1.jpg')                        #将文件另存为'1.jpg'
        return '上传成功!'
if __name__ == '__main__':
    app.run(host = "0.0.0.0")
```

运行程序, 上传文件后, 提示"上传成功", 在 img 目录下找到了 1.jpg 文件, 当然还可以设置文件类型限制、文件大小限制、文件安全性查询、文件名序列命名等。例如对保存文件部分的代码进行替换, 替换后的代码如下:

```
#//第 17 章/17.11.py
#生成当前时间
nowTime = datetime.datetime.now().strftime("%Y%m%d%H%M%S")
#生成随机整数 n,其中 10 <= n <= 99
randomNum = random.randint(10, 99)
filenum = str(nowTime) + str(randomNum);
f.save('img/{}.jpg'.format(filenum))
```

这样保存文件时不会重名。

17.4　网页与树莓派交互

本节介绍如何通过网页改变树莓派的引脚状态, 实现对树莓派的控制。树莓派最新版是不需要安装任何库的。

图 17-28　硬件连接

1. 引脚连接

发光二极管引脚连接见表 16-2, 电路连接图如图 16-47 所示, 实物连接如图 17-28 所示。

2. Python 程序

代码如下:

```
#//第 17 章/17.12.py
from flask import Flask
from flask import request
import RPi.GPIO as GPIO
app = Flask(__name__)
GPIO.setmode(GPIO.BOARD)                    # 设置引脚模式
GPIO.setup(38, GPIO.OUT)                    # 将 38 引脚设置为输出
@app.route("/", methods = ['GET', 'POST'])
def led_show():
    print(request.form.get("kai", ""))
    print(request.form.get("guan", ""))
    if request.form.get("kai", "") == "1":
        GPIO.output(38, GPIO.HIGH)          # 将 38 引脚设置为高压
    if request.form.get("guan", "") == "0":
        GPIO.output(38, GPIO.LOW)           # 将 38 引脚设置为低压
        # GPIO.cleanup()                     # 重置 GPIO 接口
    return f"""
            <html><body style = "text-align:left">
            <form action = "/" method = "post">
                <input type = "radio" name = "kai" value = "1">开<br>
                <input type = "radio" name = "guan" value = "0">关<br>
                <input type = "submit" name = "submit" value = "提交">
            </form>
            </body></html>
        """

if __name__ == '__main__':
    app.run(host = "0.0.0.0")
```

3. 控制树莓派

通过 WinSCP 把 17.12.py 上传到树莓派，如图 17-29 所示。

图 17-29　上传程序

通过 VNC 在树莓派上打开【文件管理器】,右击 17.12.py,选择【打开】,如图 17-30
所示。

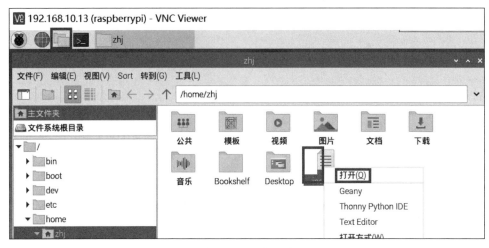

图 17-30   运行程序

选择 Run,单击控制台网址链接 http://0.0.0.0:5000/,如图 17-31 所示。

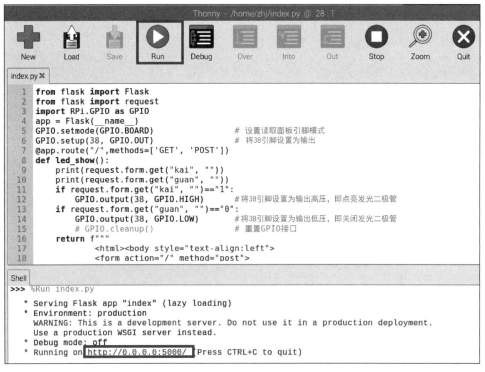

图 17-31   运行网站

打开的浏览器效果如图 17-32 所示。

单击【开】按钮,然后单击【提交】按钮,灯亮了;单击【关】按钮,然后单击【提交】按钮,灯
灭了。从手机浏览器访问树莓派的网址为 192.168.10.18:5000。

效果如图 17-33 所示。

图 17-32　网页控制

图 17-33　手机控制

和在计算机上控制一样,能正常控制灯的开和关。

4. 反馈树莓派引脚状态

查询并反馈树莓派引脚状态,代码如下:

```
♯//第 17 章/17.13.py
from flask import Flask
from flask import request
import RPi.GPIO as GPIO
app = Flask(__name__)
GPIO.setmode(GPIO.BOARD)                    ♯设置引脚模式
GPIO.setup(38, GPIO.OUT)                    ♯将 38 引脚设置为输出
@app.route("/",methods = ['GET', 'POST'])
def led_show():
    print(request.form.get("kai", ""))
    print(request.form.get("guan", ""))
    if request.form.get("kai", "") == "1":
        GPIO.output(38, GPIO.HIGH)          ♯将 38 引脚设置为输出高压
    if request.form.get("guan", "") == "0":
        GPIO.output(38, GPIO.LOW)           ♯将 38 引脚设置为输出低压
        ♯GPIO.cleanup()                     ♯重置 GPIO 接口
    if GPIO.input(38):                      ♯查询引脚状态
        zt = '灯亮了'
    else:
        zt = '灯关了'
    return f"""
            < html >< body style = "text - align:left">
            状态: % s
            < form action = "/" method = "post">
                < input type = "radio" name = "kai" value = "1">开< br >
                < input type = "radio" name = "guan" value = "0">关< br >
                < input type = "submit" name = "submit" value = "提交">
            </form >
            </body ></html >
        """ % zt

if __name__ == '__main__':
    app.run(host = "0.0.0.0")
```

同样将程序上传到树莓派,运行程序,效果如图 17-34 所示。

      (a)灯关了   (b)灯亮了

图 17-34　运行结果

实验表明能正常显示并控制树莓派的状态。

第 18 章

Python 进阶

前面章节介绍了 Python 开发程序的入门知识,本章介绍 Anaconda 及几个开源项目。

18.1 Anaconda 介绍

Anaconda 是一个开源的 Python 发行版本,其中包含了 conda、Python 等 180 多个科学包及其依赖项。在 Python 环境下打包,会把一些与程序无关的库打包进去,既占空间,又容易出错,新建 Anaconda 虚拟环境,安装必要的库再打包,既能减小程序的"体积",又能避免 15.12 节那样频繁地安装、卸载库。

1. 下载与安装

进入 Anaconda 官网,如图 18-1 所示。

1min

图 18-1　Anaconda 官网

单击主页右上角的 Download Anaconda 按钮,进入下载界面,如图 18-2 所示。

单击 Download 按钮进行下载,双击下载好的 Anaconda3-2022.05-Windows-x86_64.exe 进行安装,随后依次单击【运行】→Next →I Agree→ Next →Next → Install→ Next →Next,直到出现如图 18-3 所示的界面。

单击 Finish 按钮,完成安装。选择计算机桌面左下角的 ▦【开始】→Anaconda Navigator(anaconda),如图 18-4 所示。

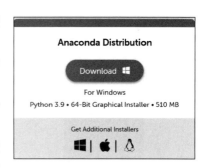

图 18-2　Anaconda 下载

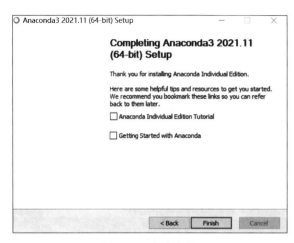

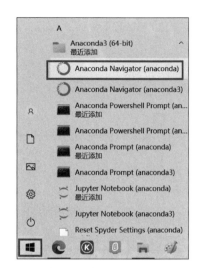

图 18-3　完成安装　　　　　　　图 18-4　打开 Anaconda

此时会出现如图 18-5 所示的提示。

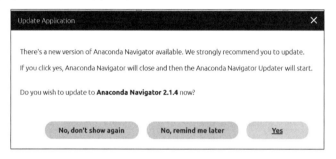

图 18-5　升级提示

单击 No,don't show again 按钮,打开程序主界面,如图 18-6 所示。

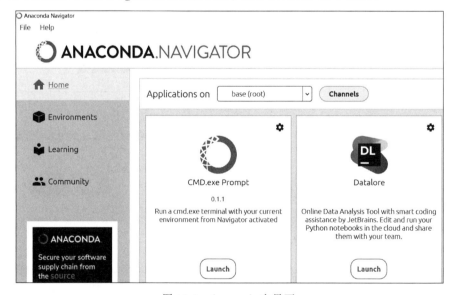

图 18-6　Anaconda 主界面

2. 虚拟环境的管理

选择 ⬢ Environments 进入虚拟环境的管理界面，如图 18-7 所示。

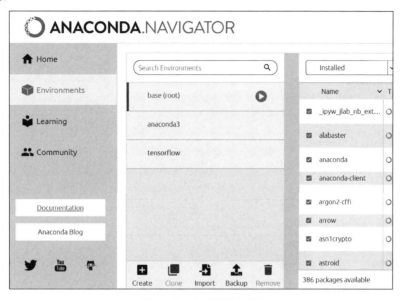

图 18-7　虚拟环境管理

单击 ➕ Create 按钮，新建虚拟环境，如图 18-8 所示。

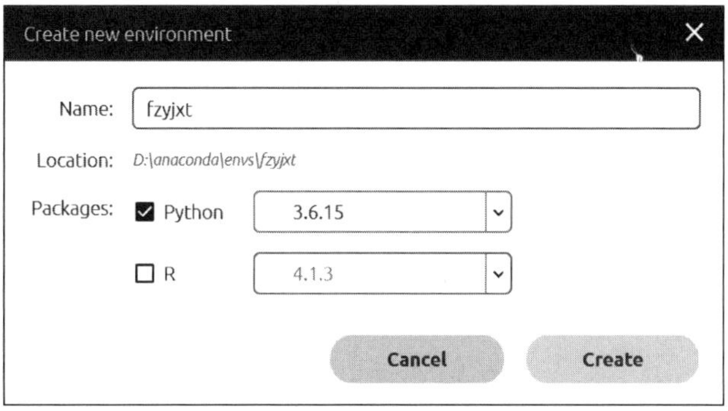

图 18-8　新建虚拟环境

填写新建虚拟环境的名字，例如 fzyjxt，将 Python 版本选择为 3.6.15，然后单击 Create 按钮即可。如何删除一个虚拟环境呢？在如图 18-7 所示的虚拟环境的管理界面，选中虚拟环境之后，单击 🗑 Remove 进行删除。创建完成就可以关闭 Anaconda Navigator 了。

虚拟环境实际上复制了一份 Python 环境文件夹，图 18-8 中 Location 的 D:\anaconda\envs\fzyjxt 目录就是刚创建的虚拟环境目录。

3. PyCharm 配置 Anaconda 虚拟环境

打开 PyCharm，按下 Ctrl＋Alt＋S 组合键，打开设置面板，如图 18-9 所示。

选择【项目】→Python 解释器→ ⚙ 添加解释器→【添加】，添加面板如图 18-10 所示。

选择【Conda 环境】→【现有环境】，稍等片刻【解释器】会自动扫描出已经建立的虚拟环境 fzyjxt，单击【确定】按钮进入如图 18-11 所示的库管理界面。

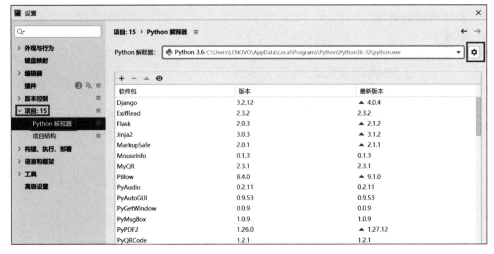

图 18-9　设置面板

图 18-10　添加 Python 解释器

由此可见，新的虚拟环境只有必要的库，非常干净。单击【确定】按钮，回到 PyCharm 主界面，如图 18-12 所示。

从图 18-12 右下角的 Python 3.6(fzyjxt)可以看出，已经切换到了 fzyjxt 虚拟环境。选择 Python 控制台，在图 18-12 第 1 行的 D:\anaconda\envs\fzyjxt\python.exe 也可以看出已切换到了 fzyjxt 虚拟环境。

4. Anaconda 的环境变量设置与常用命令

1）添加环境变量

使用命令操作 Anaconda 更方便而且速度也更快。在安装 Anaconda3-2022.05-

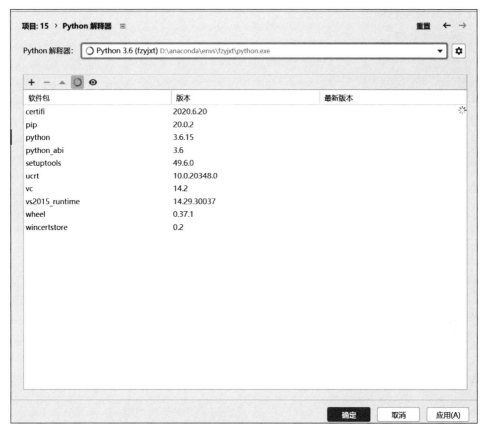

图 18-11 虚拟环境库管理界面

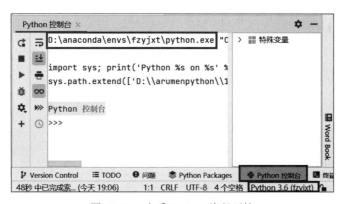

图 18-12 查看 Python 编程环境

Windows-x86_64.exe 的过程中,不能将路径添加到环境变量中,否则容易出错,只能安装后手动添加到环境变量中。以安装到 d:\anaconda3 目录为例,加入环境变量中的路径如下:

```
D:\anaconda3
D:\anaconda3\Scripts
D:\anaconda3\Library\bin
D:\anaconda\Library\mingw-w64\bin
```

添加到环境变量中的方法,详见 5.15 节。

2）常用命令

进入 cmd 命令行窗口,查看所有的虚拟环境,命令如下:

```
conda info - e
```

创建一个名为 py37,Python 版本为 3.7 的虚拟环境,命令如下:

```
conda create - n py37 python = 3.7
```

进入名为 py37 的虚拟环境,命令如下:

```
activate py37
```

在 py37 的环境下安装包 opencv-python 并指定版本、指定源,命令如下:

```
pip install opencv - python = = 4.2.0.34 - i https://pypi.doubanio.com/simple
```

从 py37 虚拟环境退出,命令如下:

```
deactivate py37
```

删除名为 py37 的虚拟环境,命令如下:

```
conda remove py37
```

3）修改配置文件

如果无法用命令创建新的虚拟环境,就需要修改.condarc 配置文件,笔者的配置文件的路径如下:

```
C:\Users\LENOVO\.condarc
```

文件名为.condarc,所在目录为 C:\Users\<用户名>,Users 文件夹显示为"用户"。用记事本打开.condarc,替换成以下内容:

```
channels:
    - http://mirrors.tuna.tsinghua.edu.cn/anaconda/pkgs/free/
    - http://mirrors.tuna.tsinghua.edu.cn/anaconda/cloud/conda - forge/
    - http://mirrors.tuna.tsinghua.edu.cn/anaconda/cloud/msys2/
show_channel_urls: true
```

然后,就可以用命令创建虚拟环境了。

18.2　PyCharm 的外部工具与实时模板

5min

为了提高工作效率,下面把 Python 常用的程序和命令添加到 PyCharm 的外部工具内,这样就可以从 PyCharm 直接运行常用工具了。

18.2.1 PyCharm 的外部工具配置

1. 添加 designer

依次选择【文件】→【设置】→【外部工具】，单击 ➕【添加】按钮，如图 18-13 所示。

图 18-13 外部工具

在【名称】后输入容易记住的名字，如 designer，在【描述】后输入程序描述，例如"UI 设计"，【程序】输入 designer. exe 所在的路径，例如笔者的是 C：\Users\LENOVO\AppData\ Local\Programs\Python\Python36-32\Lib\ site-packages\qt5_applications\Qt\bin\ designer. exe，单击【工作目录】右侧的 ➕【插入宏】按钮，打开的窗口如图 18-14 所示。

选择"ProjectFileDir-项目文件的目录"，单击【插入】按钮，如图 18-15 所示。

【实参】的设置与【工作目录】的设置相似，也可以直接输入参数"＄FileName＄"。单击【确定】按钮完成添加，下同。

2. 添加 UI 编译命令

添加 UI 编译命令，如图 18-16 所示。

在【名称】和【描述】后均填写"ui2py"，在【程序】后填入编译程序 pyuic5. exe 所在的路径，笔者的路径是"C：\Users\LENOVO\

图 18-14 插入宏

AppData\Local\Programs\Python\Python36-32\Scripts\pyuic5. exe"，在【实参】项后填入

图 18-15　完成添加 designer

图 18-16　添加 ui2py 工具

"$FileName$-o $FileNameWithoutExtension$.py-x",然后将【工作目录】设置为"$FileDir$"。最后单击【确定】按钮,完成添加。

3. 添加 eric6

单击 ➕ 添加按钮,如图 18-17 所示。

在【名称】和【描述】后均填写"eric6",在【程序】后填入 eric6.bat 所在的路径,例如笔者的路径是 C:\Users\LENOVO\AppData\Local\Programs\Python\Python36-32\Scripts\eric6.cmd,然后将【工作目录】设置为"$ProjectFileDir$",【实参】不填写。最后单击【确定】按钮,完成添加。

4. 添加 PyInstaller

单击添加按钮 ➕,如图 18-18 所示。

图 18-17　添加 eric6 工具

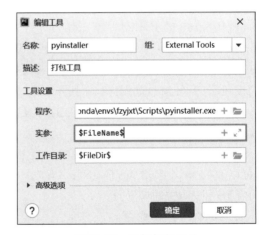
图 18-18　添加打包工具

【名称】和【描述】如图 18-18 所示,在【程序】后填写打包程序 pyinstaller.exe 所在的路径,一般在 Scripts 目录下,笔者的打包程序的位置是 D:\anaconda\envs\fzyjxt\Scripts\pyinstaller.exe;【实参】为"$FileName$",如果打包成单一文件,则应将实参改为"-F $FileName$";【工作目录】为 $FileDir$。

5. 工具的使用方法

如何使用这些外部工具呢？以 ui2py 为例，右击所要编辑的 ui 文件，弹出的菜单如图 18-19 所示。

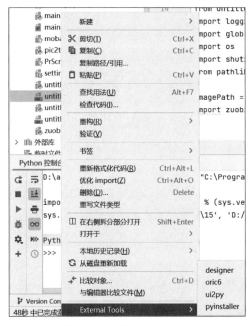

图 18-19　使用外部工具

选择 External Tools→ui2py 即可，其他工具的使用方法与此相同。

18.2.2　PyCharm 的实时模板

为了提高编辑效率，下面把笔者常用的实时模板分享如下（括号内为实时模板的缩写）。

1. pip 常用命令（mbpip）

命令如下：

```
#//第18章/18.1.py
https://pypi.douban.com/simple/          # 豆瓣源
https://pypi.tuna.tsinghua.edu.cn/simple # 清华源
pip freeze > requestment.txt             # 导出所有库名
pip uninstall – r requestment.txt – y    # 卸载文件中所有的库
pip install – r requestment.txt          # 安装文件中所有的库
```

2. 列表的排序（mblist）

命令如下：

```
#//第18章/18.1.py
[3,1,5].sort()                                    # 列表升序排列
[3,1,5].sort(reverse = True)                      # 列表降序排列
['A:20', 'B:17'].sort(key = lambda x:x[1],reverse = True)    # 按数字降序排列
[(2,20),(3,17)].sort(key = lambda x:x[0],reverse = True)     # 按0位置降序排列
L1 = [3,1,5].sorted()                             # 排序(不修改数据)
```

3．字典的排序（mbdict）

命令如下：

```
# //第 18 章/18.1.py
for w in words:                                        # 统计词的出现次数
    d[w] = d.get(w,0) + 1
d.keys().sort()                                        # 字典的键升序列表
d.values().sort()                                      # 字典的值升序列表
d.items().sort(key = lambda x:x[1],reverse = True)     # 按值降序排列的列表
d.items().sort(key = lambda x:x[0],reverse = True)     # 按键降序排列的列表
```

与列表排序方法相同，只是先把字典转换为列表，再按列表排序。

4．编译命令（mbui2py）

命令如下：

```
# //第 18 章/18.1.py
pyuic5 – o untitled.py untitled.ui
```

5．打包命令（mbpyinstaller）

命令如下：

```
# //第 18 章/18.1.py
pyinstaller 1.py
pyinstaller – F – W 1.py
```

共 36 个实时模板，使用 PyCharm 建立实时模板的方法，详见 5.1 节。全部的模板在文件 18.1.py 内。

18.3　虚拟环境下打包成单个文件

虚拟环境下打包成文件夹与 15.12 节的方法相同，不再重复。只要是打包成文件夹的，缺什么文件，直接复制到打包后的目录下就可以了。因为打包成文件夹，程序查找文件是从打包后的文件夹开始查找的。如果打包成单个文件，则程序引用的第三方库是从文件解压的临时目录查找的，每次运行程序，临时目录都不一样，还要在程序内进行设置，比较麻烦。

本节以一个拼图游戏为例，讲解打包成单个文件的方法，项目目录为 18.3-1。

1．源码

源码文件为 18.3-1 目录下的 pt.py。

2．新建虚拟环境

选择【文件】→【设置】→【项目】→【Python 解释器】→解释器下拉菜单→显示全部解释器→✚添加解释器，如图 18-20 所示。

选择【新环境】→选择版本 3.6，单击【确定】按钮，建好后如图 18-21 所示。

单击【确定】→【确定】，在 PyCharm 内打开 pt.py 主程序，此时会发现库名下有红色波浪线，这表示没有安装相应的库。

3．安装库

在 PyCharm 内打开▶终端，依次运行的命令如下：

图 18-20 新建虚拟环境

图 18-21 选择虚拟环境

```
pip install pgzero
pip install pypiwin32
pip install pillow
pip install pyinstaller
```

4. 打包

输入的打包命令如下：

```
pyinstaller - F pt.py
```

把任意一张图像复制到打包好的 dist 目录下，如图 18-22 所示。

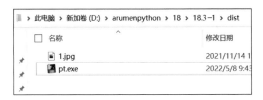

图 18-22　复制图像

双击 pt.exe 运行程序，程序会出现闪退现象，如何查找闪退的原因呢？在命令行窗口运行 pt.exe，错误提示如下：

```
D:\arumenpython\18\18.3 - 1\dist > pt.exe
pygame 2.1.0 (SDL 2.0.16, Python 3.6.5)
Hello from the pygame community. https://www.pygame.org/contribute.html
Traceback (most recent call last):
    File "pt.py", line 1, in < module >
    File "< frozen importlib._Bootstrap >", line 971, in _find_and_load
    File "< frozen importlib._Bootstrap >", line 955, in _find_and_load_unlocked
    File "< frozen importlib._Bootstrap >", line 665, in _load_unlocked
    File "pyinstaller\loader\pyimod03_importers.py", line 495, in exec_module
    File "pgzrun.py", line 23, in < module >
    File "pgzero\runner.py", line 106, in prepare_mod
    File "pgzero\game.py", line 92, in show_default_icon
    File "pkgutil.py", line 634, in get_data
    File "PyInstaller\loader\pyimod03_importers.py", line 344, in get_data
FileNotFoundError: [Errno 2] No such file or directory: 'C:\\Users\\LENOVO\\AppData\\Local\\
Temp\\_MEI66722\\pgzero\\data\\icon.png'
[13112] Failed to execute script 'pt' due to unhandled exception!
```

其中 File "pt.py", line 1, in < module >提示源码第 1 行引入库出问题了，具体问题是 pgzero\\data\\icon.png 这个目录下的图像没有引入，如果打包成文件夹，则可将图像复制到打包好的目录，打包成单个文件的情况下是不能直接复制的。

把 18.3-1 目录复制、粘贴、重新命名为 18.3-2，把 icon.png 所在的目录"pgzero\data"复制到 18.3-2 文件夹，右击 18.3-2 目录，选择 Open Folder as PyCharm Community Edition Project，解释器选择 18.3-1 节建立的虚拟环境，修改关键代码如下：

```
#如果临时解压文件夹找不到,则可在绝对路径中查找
def res_path(relative_path):
    try:
```

```
        base_path = sys._MEIPASS
    except Exception:
        base_path = os.path.abspath(".")
    return os.path.join(base_path, relative_path)
```

代码定义了一个路径函数,其余代码每个路径都用路径函数引用,让程序在查找文件时,如果临时文件夹找不到,就到绝对路径中查找。

在 PyCharm 内打开终端,输入的打包命令如下:

```
pyinstaller - F - w pt.py -- add - data = "./images/ * ;./images" -- add - data = "./miu/ * ;.
/miu" -- add - data = "./pgzero/data/ * ;./pgzero/data"
```

--add-data 参数用于打包文件夹,这里打包了 3 个文件夹,一个是 icon.png 所在的文件夹 pgzero,一个是音效的文件夹 miu;另一个是切割图片的文件夹 images。

打包完成后,任意复制一张图像文件,例如将 1.jpg 复制到 dist 目录,双击 pt.exe 运行程序,成功运行后如图 18-23 所示。

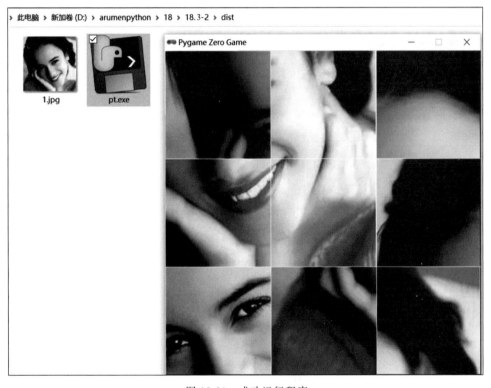

图 18-23　成功运行程序

打包时应尽量打包成文件夹。

18.4　文字识别库 PaddleOCR

在众多免费的、开源的文字识别库中,百度的飞桨 PaddleOCR 是最好用的。目前飞桨支持的环境如下。

操作系统：Windows 7/8/10 专业版/企业版（64bit）。

显卡：GPU 版本支持 CUDA 10.1/10.2/11.0/11.1/11.2，并且仅支持单卡。

Python：Python 版本 3.6＋/3.7＋/3.8＋/3.9＋（64 bit）。

pip：pip 版本 20.2.2 或更高版本（64 bit）。

无论是操作系统还是 Python，只支持 64 位的。

1. 安装 Microsoft Visual C++14.0

进入下载网页，如图 18-24 所示。

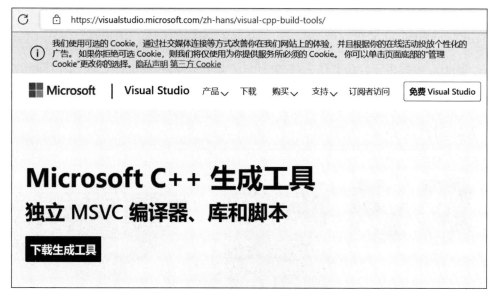

图 18-24　下载网页

单击【下载生成工具】按钮，双击下载好的 vs_BuildTools.exe，在弹出警告对话框后，单击【运行】按钮，单击【是】按钮，直到出现安装选项界面，如图 18-25 所示。

图 18-25　安装选项

先勾选【使用 C++的桌面开发】，再勾选 M8VC v143-VS 2022 C++ x64/x86 生成工具、

Windows 10 SDK(10.0.19041.0)，最后单击【安装(I)】按钮，安装完成后重启计算机。

2. 创建虚拟环境

创建虚拟环境，命令如下：

```
conda create - n py39 python = 3.9
```

然后激活虚拟环境，命令如下：

```
activate py39
```

3. 安装 PaddlePaddle

安装 CPU 版的 PaddlePaddle，命令如下：

```
python - m pip install paddlepaddle == 2.2.2
```

为了提高速度，加以指定下载源。

如果有独立显卡，则应尽量安装 GPU 版的 PaddlePaddle，程序运行速度会快得多，安装方法详见 PaddlePaddle 官网。

4. 安装 PaddleOCR

安装 PaddleOCR，命令如下：

```
pip install paddleocr - i https://mirror.baidu.com/pypi/simple
```

5. 编写代码

代码如下：

```
#//第18章/18.2.py
from paddleocr import PaddleOCR
ActOCR = PaddleOCR()
result = ActOCR.ocr('3607.jpg')              #识别
str1 = ''
for i in result:
    print(i[1][0])                            #按行打印结果
    str1 = str1 + i[1][0]
print(str1)                                   #以字符串形式输出结果
```

运行结果如下：

```
[2022/08/21 23:50:46] ppocr WARNING: Since the angle classifier is not initialized, the angle
classifier will not be uesd during the forward process
[2022/08/21 23:50:46] ppocr Debug: dt_boxes num : 2, elapse : 0.3141603469848633
[2022/08/21 23:50:48] ppocr Debug: rec_res num : 2, elapse : 1.6017169952392578
只玩世界杯:我也刚好用这个数据集,这 3
个是不同位的加速度计所测的信号(BA:
只玩世界杯:我也刚好用这个数据集,这 3 个是不同位的加速度计所测的信号(BA:
```

第 1 次运行程序，程序会自动下载轻量级的识别模型，如果想提高准确率，则可以从百度飞桨官网下载其他模型。

识别多张图像的文字，代码如下：

```
#//第18章/18.3.py
from paddleocr import PaddleOCR
from pathlib import Path
imgpath = Path.cwd()                          #获取程序所在路径
str1 = ''                                      #初始化字符串
ActOCR = PaddleOCR()
for i in (imgpath.glob('*.*')):                #遍历照片
    if str(i)[-3:] == 'jpg' or str(i)[-3:] == 'png':
        #print(str(i))
        result = ActOCR.ocr(str(i))            #识别
        for j in result:
            print(j[1][0])                      #逐行打印结果
            str1 = str1 + j[1][0]
        str1 = str1 + '\n'                     #加换行符
print(str1)                                    #打印结果
```

运行结果如下：

```
d during the forward process
[2022/08/23 07:53:08] ppocr Debug: dt_boxes num : 1, elapse : 0.028922557830810547
[2022/08/23 07:53:09] ppocr Debug: rec_res num : 1, elapse : 0.22739171981811523
酷狗音乐
[2022/08/23 07:53:09] ppocr WARNING: Since the angle classifier is not initialized, the angle
classifier will not be uesd during the forward process
[2022/08/23 07:53:09] ppocr Debug: dt_boxes num : 2, elapse : 0.048866987228393555
[2022/08/23 07:53:10] ppocr Debug: rec_res num : 2, elapse : 1.5114452838897705
只玩世界杯:我也刚好用这个数据集,这 3
个是不同位的加速度计所测的信号(BA:
酷狗音乐
只玩世界杯:我也刚好用这个数据集,这 3 个是不同位的加速度计所测的信号(BA:
```

18.5 人脸识别库 face_recognition

face_recognition 是开源的、最简洁的人脸识别库。

1. 新建虚拟环境

新建项目目录 18.5，右击目录 18.5，选择 Open Folder as PyCharm Community Edition Project→【文件】→【设置】→【项目】→【Python 解释器】→解释器下拉菜单→显示全部解释器→✚新建→【Conda 环境】→【新环境】→Python 版本用 3.6，如图 18-26 所示。

单击【确定】→【确定】→【确定】完成创建。

2. 安装库

在 PyCharm 内打开 ➤ 终端，依次运行的命令如下：

```
pip install CMake -i https://mirror.baidu.com/pypi/simple
pip install opencv-python -i https://mirror.baidu.com/pypi/simple
pip install dlib -i https://mirror.baidu.com/pypi/simple
pip install face_recognition -i https://mirror.baidu.com/pypi/simple
```

安装第 2 个库时提示出错，重新安装后成功，但安装第 3 个库时试了 3 次也没成功。下

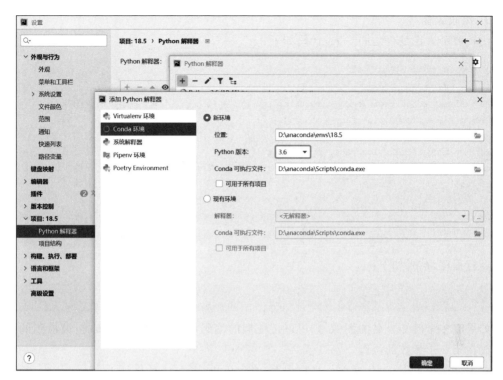

图 18-26　新建虚拟环境

面用功能强大的 Anaconda Navigator 安装。

选择计算机桌面左下角的 ⊞【开始】→Anaconda Navigator→Environments 进入虚拟环境的管理界面,如图 18-27 所示。

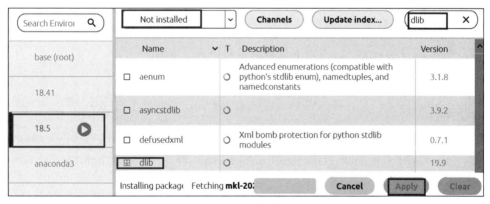

图 18-27　安装 dlib 库

选择新建的虚拟环境"18.5",将筛选栏的 Installed 改为 Not installed,输入 dlib 进行搜索,找到后选中库,单击 Apply 按钮,单击【确定】按钮开始安装。

安装成功后,在筛选栏输入"face_recognition"进行搜索,找到后选中库,单击 Apply 按钮,安装人脸识别库。

安装成功!这就是 Anaconda 受欢迎的原因,对于许多不易安装的库,用 Anaconda Navigator 就很容易安装成功。

3. 比较人像

比较两个人像是否是同一人,代码如下:

```
#//第18章/18.4.py
import face_recognition
p1 = face_recognition.load_image_file("pjw.png")          #1加载图片1
P1bm = face_recognition.face_encodings(p1)[0]             #2图片1编码
P2 = face_recognition.load_image_file("unknow.png")       #3加载图片2
P2bm = face_recognition.face_encodings(p2)[0]             #4图片2编码
results = face_recognition.compare_faces([p1bm], p2bm)    #5比较两张图片
if results[0] == True:                                    #6打印结果
    print("同一个人!")
else:
    print("不是同一个人!")
```

运行程序,结果如下:

```
同一个人!
```

如果有多个已知人名的图像,则可以把他们的编码放入列表,将未知的、被检测的图像编码放在第2个参数的位置。

对于摄像头人像识别、面部信息提取等功能,不再演示,详见代码18.5.py。

18.6 语音转换为文字

声频或者视频转换为文字的开源项目,目前做得最好的是 Whisper,下载网址如下:

```
https://github.com/Const-me/Whisper/releases/tag/1.8.1
```

单击 WhisperDesktop.zip 进行下载并解压到任意目录内。

下载模型网址如下:

```
https://huggingface.co/ggerganov/whisper.cpp/tree/main
```

根据显卡的显存大小选择模型,ggml-tiny.bin 要求 390MB,ggml-base.bin 要求 500MB,ggml-small.bin 要求 1GB,ggml-medium.bin 要求 2.6GB,ggml-large.bin 要求 4.7GB。

Whisper 和 ggml-tiny.bin 均已在本书源代码中,读者可以直接运行 WhisperDesktop.exe 启动程序,进入"选择模型"界面,如图18-28所示。

选择模型所在的位置,如 E:\18.6\ggml-tiny.bin。ggml-tiny.bin 模型需要的显存最小,一般的集成显卡就能满足要求,单击 OK 按钮。如果使用独立显卡,则可以单击 advanced 按钮选择自己的显卡后,再单击 OK 按钮进入"转换"界面,如图18-29所示。

其中 Language(识别的语音)选择 Chinese(中文),Transcribe File(识别的文件)选择需要识别的声频或视频文件,Output Format(输出格式)可以选择 Text file 格式,设置输出文件位置,单击 Transcribe 按钮后开始转换。

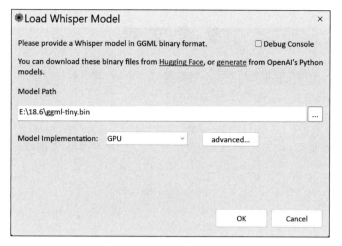

图 18-28　"选择模型"界面

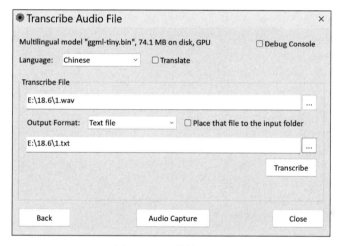

图 18-29　"转换"界面

　　这种方式可以不联网、离线使用。联网情况下,使用"剪映"软件的识别字幕、字幕导出功能更方便、更准确,目前是免费的。

参 考 文 献

［1］ 教育部考试中心.全国计算机等级考试二级教程——Python 语言程序设计［M］.北京：高等教育出版社,2018.

［2］ 王硕,孙洋洋.PyQt5 快速开发与实战［M］.北京：电子工业出版社,2017.

［3］ 李立宗.OpenCV 轻松入门：面向 Python［M］.北京：电子工业出版社,2019.

［4］ 埃本·阿普顿,加雷思·哈菲克.树莓派用户指南［M］.王伟,马永刚,高照玲,等译.北京：人民邮电出版社,2020.

图 书 推 荐

书　名	作　者
Flink 原理深入与编程实战——Scala＋Java(微课视频版)	辛立伟
HarmonyOS 应用开发实战(JavaScript 版)	徐礼文
HarmonyOS 原子化服务卡片原理与实战	李洋
鸿蒙操作系统开发入门经典	徐礼文
鸿蒙应用程序开发	董昱
鸿蒙操作系统应用开发实践	陈美汝、郑森文、武延军、吴敬征
HarmonyOS 移动应用开发	刘安战、余雨萍、李勇军 等
HarmonyOS App 开发从 0 到 1	张诏添、李凯杰
HarmonyOS 从入门到精通 40 例	戈帅
JavaScript 基础语法详解	张旭乾
华为方舟编译器之美——基于开源代码的架构分析与实现	史宁宁
Android Runtime 源码解析	史宁宁
鲲鹏架构入门与实战	张磊
鲲鹏开发套件应用快速入门	张磊
华为 HCIA 路由与交换技术实战	江礼教
深度探索 Go 语言——对象模型与 runtime 的原理、特性及应用	封幼林
深入理解 Go 语言	刘丹冰
剑指大前端全栈工程师	贾志杰、史广、赵东彦
深度探索 Flutter——企业应用开发实战	赵龙
Flutter 组件精讲与实战	赵龙
Flutter 组件详解与实战	［加］王浩然（Bradley Wang）
Flutter 跨平台移动开发实战	董运成
Dart 语言实战——基于 Flutter 框架的程序开发(第 2 版)	亢少军
Dart 语言实战——基于 Angular 框架的 Web 开发	刘仕文
IntelliJ IDEA 软件开发与应用	乔国辉
深度探索 Vue.js——原理剖析与实战应用	张云鹏
Vue＋Spring Boot 前后端分离开发实战	贾志杰
Vue.js 快速入门与深入实战	杨世文
Vue.js 企业开发实战	千锋教育高教产品研发部
Python 从入门到全栈开发	钱超
Python 全栈开发——基础入门	夏正东
Python 全栈开发——高阶编程	夏正东
Python 全栈开发——数据分析	夏正东
Python 游戏编程项目开发实战	李志远
Python 人工智能——原理、实践及应用	杨博雄 主编，于营、肖衡、潘玉霞、高华玲、梁志勇 副主编
Python 深度学习	王志立
Python 预测分析与机器学习	王沁晨
Python 异步编程实战——基于 AIO 的全栈开发技术	陈少佳
Python 数据分析实战——从 Excel 轻松入门 Pandas	曾贤志
Python 数据分析从 0 到 1	邓立文、俞心宇、牛瑶
FFmpeg 入门详解——音视频原理及应用	梅会东

书　名	作　者
FFmpeg 入门详解——SDK 二次开发与直播美颜原理及应用	梅会东
FFmpeg 入门详解——流媒体直播原理及应用	梅会东
Python Web 数据分析可视化——基于 Django 框架的开发实战	韩伟、赵盼
Python 玩转数学问题——轻松学习 NumPy、SciPy 和 Matplotlib	张骞
Pandas 通关实战	黄福星
深入浅出 Power Query M 语言	黄福星
深入浅出 DAX——Excel Power Pivot 和 Power BI 高效数据分析	黄福星
云原生开发实践	高尚衡
云计算管理配置与实战	杨昌家
虚拟化 KVM 极速入门	陈涛
虚拟化 KVM 进阶实践	陈涛
边缘计算	方娟、陆帅冰
物联网——嵌入式开发实战	连志安
动手学推荐系统——基于 PyTorch 的算法实现(微课视频版)	於方仁
人工智能算法——原理、技巧及应用	韩龙、张娜、汝洪芳
跟我一起学机器学习	王成、黄晓辉
深度强化学习理论与实践	龙强、章胜
自然语言处理——原理、方法与应用	王志立、雷鹏斌、吴宇凡
TensorFlow 计算机视觉原理与实战	欧阳鹏程、任浩然
计算机视觉——基于 OpenCV 与 TensorFlow 的深度学习方法	余海林、翟中华
深度学习——理论、方法与 PyTorch 实践	翟中华、孟翔宇
HuggingFace 自然语言处理详解——基于 BERT 中文模型的任务实战	李福林
AR Foundation 增强现实开发实战(ARKit 版)	汪祥春
AR Foundation 增强现实开发实战(ARCore 版)	汪祥春
ARKit 原生开发入门精粹——RealityKit + Swift + SwiftUI	汪祥春
HoloLens 2 开发入门精要——基于 Unity 和 MRTK	汪祥春
巧学易用单片机——从零基础入门到项目实战	王良升
Altium Designer 20 PCB 设计实战(视频微课版)	白军杰
Cadence 高速 PCB 设计——基于手机高阶板的案例分析与实现	李卫国、张彬、林超文
Octave 程序设计	于红博
ANSYS 19.0 实例详解	李大勇、周宝
ANSYS Workbench 结构有限元分析详解	汤晖
AutoCAD 2022 快速入门、进阶与精通	邵为龙
SolidWorks 2020 快速入门与深入实战	邵为龙
SolidWorks 2021 快速入门与深入实战	邵为龙
UG NX 1926 快速入门与深入实战	邵为龙
Autodesk Inventor 2022 快速入门与深入实战(微课视频版)	邵为龙
全栈 UI 自动化测试实战	胡胜强、单镜石、李睿
pytest 框架与自动化测试应用	房荔枝、梁丽丽